Öl- und Faserpflanzen

Diagnose von
Krankheiten und Beschädigungen
an Kulturpflanzen

Akademie der Landwirtschaftswissenschaften
der Deutschen Demokratischen Republik
Institut für Phytopathologie, Aschersleben

Öl- und Faserpflanzen

Prof. Dr. Drs. h. c. Dieter Spaar
Prof. Dr. sc. Helmut Kleinhempel
Prof. Dr. sc. Rolf Fritzsche

Mit 71 Farbtafeln sowie 22 Zeichnungen
von Horst Thiele, Aschersleben

Springer-Verlag
Berlin Heidelberg New York London Paris Tokyo Hong Kong

Unter Mitarbeit von:

Prof. Dr. sc. R. Fritzsche (Koordination, Bestimmungstabellen,
abiotische Schäden, tierische Schaderreger)

Prof. Dr. sc. H. Kleinhempel (Mykoplasmosen, Bakteriosen)

Dr. sc. H. E. Schmidt (Virosen)

Dr. J. Gabler (Mykosen)
Institut für Phytopathologie Aschersleben der Akademie
der Landwirtschaftswissenschaften der DDR

Dr. W. Wrazidlo (Ernährungsstörungen), vormals:
Institut für Pflanzenernährung Jena der Akademie
der Landwirtschaftswissenschaften der DDR

Prof. Dr. sc. H. Decker (Nematoden)
Wilhelm-Pieck-Universität Rostock,
Sektion Meliorationswesen und Pflanzenproduktion,
Wissenschaftsbereich Phytopathologie und Pflanzenschutz

Vertriebsrechte für die nichtsozialistischen Länder
Springer-Verlag Berlin Heidelberg New York London Paris Tokyo Hong Kong
ISBN-13:978-3-642-74298-9   e-ISBN-13:978-3-642-74297-2
DOI: 10.1007/978-3-642-74297-2

Lektor: K. Rohloff
Grafische Gestaltung: Sieghard Hawemann
Lichtsatz: Karl-Marx-Werk Pößneck

2131/3140-543210

Vorwort

Mit dem vorliegenden Band „Öl- und Faserpflanzen" setzen wir die nach Kulturarten
geordnete Buchreihe fort, die sich sowohl an
die Praktiker als auch Wissenschaftler auf
dem Gebiet des Pflanzenschutzes wendet.
Wir hoffen, damit zur Lösung der vor dem
Pflanzenschutz stehenden Aufgaben beitra-
gen zu können.
Für die Auswahl der aufgenommenen
Schadursachen und -erreger war in erster Linie deren wirtschaftliche Bedeutung aus-
schlaggebend. Darüber hinaus wird auf wei-
terführende Literatur verwiesen.
Wir haben uns im wesentlichen auf die mit-
teleuropäischen Verhältnisse beschränkt,
aber auch Schaderreger einbezogen, die unter bestimmten Bedingungen in Mitteleu-
ropa Bedeutung gewinnen könnten bzw. unter dem Gesichtspunkt der Quarantäne von
wirtschaftlichem Interesse sind.
Für die Diagnose der behandelten Krankheitserreger und -ursachen von Beschädigungen verweisen wir auf den bereits erschiene-
nen Band „Diagnosemethoden" der Reihe.
Darin werden die Arbeitsmethoden beschrieben, die unter Praxisbedingungen bzw. in
Pflanzenschutzdienststellen anwendbar sind.
In wenigen Fällen sind Spezialmethoden,
besonders spezifische serologische Methoden, einbezogen, die zunehmend auch in
der Pflanzenschutzpraxis Anwendung finden. Auf elektronenoptische Methoden und
DNA-Sondentechnik wurde verzichtet.

Grundlage für die Diagnose ist auch in diesem Band eine Bestimmungstabelle, die auf
Text und Bildtafeln verweist. Schaderreger
sind jeweils in dem Entwicklungsstadium
der Pflanzen aufgenommen, in welchem die
Diagnose und die danach einzuleitenden
Maßnahmen von Interesse sind.
Die verwendeten wissenschaftlichen Namen
sind der angeführten Standardliteratur ent-
nommen und bedeuten keine Stellung-
nahme zu Nomenklaturfragen.
Für die bessere Orientierung ist am Kopf je-
der Seite die Kulturpflanzengruppe bzw. die
Schaderregergruppe genannt.
Aus der Impressumseite geht hervor, welcher
Fachwissenschaftler für welches bearbeitete
Gebiet die Verantwortung übernommen hat.
Die Aquarelltafeln und Schwarz-Weiß-
Zeichnungen wurden nach Vorlagen der
Autoren und unter Benutzung von Ver-
gleichsmaterial von Herrn Horst Thiele,
Aschersleben, angefertigt.
Besonderer Dank gebührt dem Verlag, der
unserem Vorhaben von der Planung bis zur
endgültigen Gestaltung jede Unterstützung
gewährt und mit uns gemeinsam bemüht ist,
den Anforderungen der angesprochenen In-
teressentengruppen gerecht zu werden.
Für jede Anregung und fördernde Kritik werden wir dankbar sein.

D. Spaar, H. Kleinhempel, R. Fritzsche

Inhaltsübersicht

Bestimmungstabellen

Krankheiten und Beschädigungen an Raps, Rübsen, Senf, Ölrettich, Krambe, Leindotter

I. Krankheiten und Beschädigungen nach der Aussaat bis zum Keimpflanzenstadium

AUFLAUFSCHÄDEN, WACHSTUMS-
HEMMUNGEN

– Samen keimen nicht oder Keimlinge sterben vor Erreichen der Bodenoberfläche ab. Äußere Beschädigungen nicht erkennbar. Die Erscheinung ist mehr oder weniger gleichmäßig über den gesamten Bestand verbreitet. Pilzliche und tierische Schaderreger nicht nachweisbar.

Mangelhafte Saatgutqualität
Fehler bei der Anwendung von Saatgut-
behandlungsmitteln
Nachwirkung von Bodenherbiziden, angewandt
zu Vorkulturen 3
Trockenheitsschaden 2

– Die Erscheinung ist auf mehr oder weniger begrenzte Flächen in einem Bestand beschränkt.

Stauende Nässe, Überschwemmungen . . . 2
Mietenplätze, Strohdiemenplätze u. a. wurden bei der Aussaat in den Bestand einbezogen . 1
Umfallkrankheit, Schwarzbeinigkeit,
Wurzelbrand, Keimlingskrankheit 5
Halsnekrose (*Phoma lingam* [Tode ex Fr.]
Desm.) 17

– In den Samen bzw. in den verdickten oder verdrehten Keimlingen 1 bis 1,5 mm lange Fadenwürmer mit geknöpftem Mundstachel.

Stengelälchen (Stockälchen) (*Ditylenchus*
dipsaci [Kühn] Filipjev) 7

– Samen oder Keimlinge an- oder abgefressen, in ihrem Bereich im Boden zahlreiche, etwa 1 bis 2 mm lange, verschieden gefärbte, springende Insekten.

Springschwänze (Collembolen) 8

– Ein ähnliches Schadbild verursachen
Tausendfüßer, verschiedene Arten 9

– Samen sind aus dem Boden gescharrt. Scharrspuren erkennbar.
Vögel

VERFÄRBUNGEN, FLECKENBILDUNGEN,
FÄULEN
(Siehe auch „Absterbeerscheinungen, Welken, Umfallen")

– Keimblätter (auch die ersten Laubblätter) von Sommerölfruchtsaaten weisen am Rand, aber auch ganzflächig Verbräunungen und Schwärzungen auf. Pilzliche Krankheitserreger nicht nachweisbar.

Frostschaden 1

– Keimpflanzen vergilben, kümmern und sterben nach Überschwemmungen bzw. extrem langanhaltender, hoher Bodenfeuchtigkeit ab, vornehmlich in Bodensenken.

Stauende Nässe 2

– Keimblätter vergilben, Schadbild meist stufenweise im Bestand, besonders auf Vorgewenden.

Nachwirkung von Bodenherbiziden, angewandt
zu Vorkulturen 3

– Unterer Stengelteil der Keimpflanzen verfärbt sich unter Gewebeerweichung braun bis schwarz. Wurzeln dunkel verfärbt, Keimpflanzen fallen um und vertrocknen mit auffälligen Einschnürungen des verbräunten Wurzelhalses.

Umfallkrankheit, Schwarzbeinigkeit,
Wurzelbrand, Keimlingskrankheit 5
Halsnekrose (*Phoma lingam* [Tode ex Fr.]
Desm.). 17

– Zu den Ursachen möglicherweise bereits auf Keimblättern auftretenden Blattflecken siehe unter II. „Krankheiten und Beschädigungen an Pflanzen bis zum Beginn des Schossens".

– Vergilbung und später Braunverfärbung, meist verbunden mit Umfallen und Absterben an Keimpflanzen können verursacht werden durch den Fraß an den Wurzeln durch

ABSTERBEERSCHEINUNGEN, WELKEN, UMFALLEN
(Siehe auch „Verfärbungen, Fleckenbildungen, Fäulen" sowie „Fraßschäden an keimenden Samen, Keimwurzeln, Keimblättern")

– Das Absterben von Keimpflanzen, verbunden mit Welken und Umfallen, kann verursacht werden durch

sowie den Fraß an den Wurzeln der Keimpflanzen durch

MISSBILDUNGEN

– Keimlinge im Boden verdreht, mitunter auch verdickt. Nematoden im Pflanzengewebe nicht nachweisbar.

Fehlerhafte Anwendung von Pflanzenschutzmitteln zur Saatgutbehandlung, **falsche Wirkstoffwahl**

– Keimblätter unterschiedlich deformiert, gewellt oder gekräuselt. Hypokotyl verdreht oder gebogen. Nematoden im Pflanzengewebe nicht nachweisbar.

– Keimblätter gewellt oder verdreht, Hypokotyl angeschwollen, zum Teil verbogen. Im Gewebeinneren 1 bis 1,5 mm lange Fadenwürmer mit geknöpftem Mundstachel.

FRASSSCHÄDEN AN KEIMENDEN SAMEN, KEIMWURZELN, KEIMBLÄTTERN

– Vor allem auf feuchten Standorten Keimpflanzen meist nesterweise abgefressen. Keimblätter mit unregelmäßig geformten Fraßstellen mit Schleimspuren.

– Vor allem auf feuchten Standorten feiner Schabe- bzw. Lochfraß an den Keimblättern sowie an den jungen Stielen, mitunter auch Randfraß durch etwa 1 bis 2 mm lange, verschieden gefärbte, springende Insekten.

– An den Keimblättern sowie am Hypokotyl Rand-, Loch- oder Schabefraß durch 1,7 bis 4,5 mm lange, verschieden gefärbte (meist mit Metallglanz) Käfer mit Sprungvermögen.

– An den Keimblättern und ersten Laubblättern buchtenförmiger Randfraß bzw. Lochfraß. Keimpflanzen können vollständig abgefressen werden durch verschiedene Käfer-Arten und ihre Larven.

– Zahlreiche Rüsselkäfer-Arten führen in Form eines feinen Nage- oder Schabefraßes ihren Reifungsfraß nach Schlüpfen oder nach Verlassen der Winterlager bereits an Keimpflanzen durch (siehe hierzu Tafeln

– An den Wurzeln, zum Teil auch am Hypokotyl und an den Keimblättern unregelmäßige Fraßstellen. Pflanzen können absterben.

mitunter auch möglich:
Wurzelfliegenlarven 9
Mäuse

– Keimpflanzen mehr oder weniger nester-

weise völlig abgebissen. Es entstehen im Bestand Kahlstellen, vielfach in der Nähe von Gehölzen, aber auch im Bestandesinneren.

Kaninchen, Hasen, Rehe

II. Krankheiten und Beschädigungen an Pflanzen bis zum Beginn des Schossens

MECHANISCHE BESCHÄDIGUNGEN

– Blätter zerrissen, durchlöchert oder abgeschlagen, ebenso die sich gerade entwickelnden Knospenstände. Nahezu alle Pflanzen eines Bestandes betroffen, ebenso Unkräuter und benachbarte Kulturen.

Hagelschaden 2

WACHSTUMSHEMMUNGEN

– Wachstumshemmungen in diesem Entwicklungsstadium der Pflanzen sowohl bei kreuzblütigen Winter- als auch Sommerölfrüchten können mit zahlreichen und unterschiedlichen Krankheiten und Beschädigungen verbunden sein. Für die Diagnose sind jedoch die jeweils spezifischen Symptome zu berücksichtigen. Deshalb wird an dieser Stelle auf die übrigen Abschnitte der Bestimmungstabelle verwiesen. Nachfolgend werden nur die möglichen und wichtigsten, mit Wachstumshemmungen verbundenen Schadursachen aufgeführt:

Fehler in der Ackerkultur
Stauende Nässe 2
Trockenheitsschaden 2
Nachwirkungen von Bodenherbiziden, angewandt zu Vorkulturen 3
Stickstoff-Mangel 10, 13
Phosphor-Mangel 10
verschiedene **pflanzenpathogene**
Viren 14, 15, 16
Umfallkrankheit, Schwarzbeinigkeit,
Wurzelbrand 5
Halsnekrose (*Phoma lingam* [Tode ex Fr.]
Desm.) 17
Cylindrosporium-**Krankheit** (*Cylindrosporium concentricum* Grev.) 17
Falscher Mehltau (*Peronospora brassicae* Gäum., *Peronospora camelina* Gäum.) 18
Kohlhernie (*Plasmodiophora brassicae* Wor.) 20
Rapskrebs (Weißstengeligkeit, Handgriffkrankheit) (*Sclerotinia sclerotiorum* [Lib.] de Bary) 20, 50

Typhula gyrans Fr. 20
Nördliches Wurzelgallenälchen (*Meloidogyne hapla* Chitwood) 6
Rübenzystenälchen (*Heterodera schachtii* Schmidt). 6
Kohlzystenälchen (*Heterodera cruciferae* Franklin) 6
Stengelälchen (Stockälchen) (*Ditylenchus dipsaci* [Kühn] Filipjev) 7
Rapserdfloh (*Psylliodes chrysocephala* [L.]) 21
Großer Rapsstengelrüßler (*Ceutorhynchus napi* Gyll.) 23
Schwarzer Kohltriebrüßler (*Ceutorhynchus picitarsis* Gyll.) 24
Kohlgallenrüßler (*Ceutorhynchus pleurostigma* Marsh.) 26
Mauszahnrüßler (*Baris* spp.) 26
an den Wurzeln fressende, verschiedene **tierische Schaderreger** 8, 9

VERFÄRBUNGEN, FLECKENBILDUNGEN, FÄULEN, WELKEN, ABSTERBEN

Abiotische Schäden

– Nach extrem ungünstigen Winterwetterbedingungen Vergilben und Absterben der Blätter der Winterölfruchtkulturen. Auch die Herzblätter und die Wurzeln können absterben.

Auswinterung der Winterölfruchtsaaten . . 1

– Laubblätter weisen am Rand, aber auch ganzflächig Verbräunungen und Schwärzungen auf. Krankheitserreger nicht nachweisbar.

Spätfrostschaden 1

– Blätter zerrissen, durchlöchert oder abgeschlagen, zum Teil mit hell verfärbten Anschlagstellen. Nahezu alle Pflanzen eines Bestandes betroffen. Geschädigte Blätter verbräunen und sterben teilweise oder ganz ab.

Hagelschaden 2

– Unspezifisches Vergilben der Pflanzen

(bei Raps und Rübsen zum Teil verbunden mit Adernaufhellungen), oft nesterweise im Bestand, später Welken und Absterben können verursacht werden durch

Trockenheitsschaden 2
Stauende Nässe, Überschwemmungen . . . 2
Mietenplätze, Strohdiemenplätze u. a. wurden bei der Aussaat in den Bestand einbezogen . 1
Nachwirkung von Bodenherbiziden, angewandt zu Vorkulturen 3

– Blattspreiten mit unregelmäßigen Aufhellungen, Nekrosen mit blaß- bis dunkelgrünen Verfärbungen, mitunter auch scharf gegen das gesunde Gewebe abgegrenzte, braune, unregelmäßig geformte Blattflecke. Blätter können absterben. Pilzliche Krankheitserreger nicht nachweisbar.

Herbizidschaden 3
Verbrennungen, Verätzungen, Rauchgasschaden 3

– Vereinzelte Pflanzen im Bestand mit teilweise weiß verfärbten Blattspreiten, oft nur eine Blatthälfte betroffen.

Panaschierung, Albikation 3

Ernährungsstörungen
Bei Raps:

– Blattfarbe insgesamt hellgrün bis gelblich. Basalblätter gelb, mit hellbrauner Farbe vertrocknend. Mehr oder minder deutliche Anthocyanverfärbungen an unteren Pflanzenteilen. Blätter häufig kleiner und schmaler als diejenigen gesunder Pflanzen. Wachstumshemmung.

Stickstoff-Mangel 10

– Blätter bleiben klein. Blattstiele und Blätter zumindest im Anfang dunkel- bis blaugrün, mit purpurfarbenen Anthocyananreicherungen. Ältere Blätter vertrocknen nach grünbrauner oder gelbrötlicher Verfärbung. Pflanze zeigt Starrtracht.

Phosphor-Mangel 10

– Welketracht der blaugrün gefärbten Blätter. An älteren Blättern gelbliche Rand- und Interkostalchlorosen, in gelbbraune bis braune Nekrosen übergehend, Blätter krümmen sich mit ihren Rändern nach unten und oben, Interkostalgewebe aufgewölbt, wellig, geschädigte Blätter vertrocknen bei vorwiegender Braunfärbung.

Kalium-Mangel 10

– Jüngere Blätter zeigen im Spitzen- und Randbereich chlorotische Sprenkelung bis zu ausgedehnten Chlorosen und/oder Nekrosen. Spitzen der jüngeren Blattspreiten hakenförmig verformt.

Calcium-Mangel 10

– Ältere Blätter mit gelbgrünen bis gelben Chlorosen in den Interkostalfeldern, in Nekrosen übergehend, auf der geschädigten Blattspreite häufig bronzene bis rötlich-purpurne Einfärbungen, Blattrippen bleiben am längsten grün, Mangelblätter steif und spröde.

Magnesium-Mangel 11

– An jüngeren bis mittleren Blättern verstärkter Chlorophyllabbau in den aderfernen Gewebepartien der Interkostalfelder, im Zentrum der Chloroseflecken gelbweiße bis braune, punkt- und fleckenartige Nekrosen. Adern mit angrenzendem Saum bleiben grün.

Mangan-Mangel 12

– Anfänglich nur randständige, chlorotische Aufhellungen und fleckenartige Nekrosen an älteren Blättern erfassen allmählich auch weitere Teile der Blattspreite, geschädigte Blattränder löffelartig aufgerollt.

Mangan-Überschuß 11

– Im Rosettenstadium mangelhafte Ergrünung der Blätter ähnlich dem Stickstoff-Mangel, die von blaßgrün bis zu einer weißgelben Verfärbung reicht, Blätter mit weiß gefärbten Randnekrosen, Spreiten der jüngeren Blätter mißgestaltet.

Molybdän-Mangel 12

Bei Senf:

– Pflanzen hellgrün, untere Blätter gelb mit hellbrauner Farbe vertrocknend. Pflanze zeigt Starrtracht.

Stickstoff-Mangel 13

– An den Rändern und Spitzen älterer Blätter entstehen gelbliche, in Braun übergehende Flecke, die sich bis in das aufgewölbte Interkostalgewebe erstrecken, geschädigte Blätter sterben nach gelbbrauner Verfärbung ab, Welketracht.

Kalium-Mangel 13

11

Bei Krambe:

– Gelblichgrünes Mosaik auf den deformierten, zum Teil gekräuselten Blättern.

Krambenmosaik, verursacht durch das
Wasserrübenmosaik-Virus 16

Bei Leindotter:

– Ältere Blätter verzwergter Pflanzen gelbgrün gefleckt, jüngere Blätter mit hellgrünem Mosaik.

Leindottermosaik, verursacht durch das
Wasserrübenmosaik-Virus 16

Mykosen

– Pflanzen vergilben und welken, sterben mitunter ab, Wurzelhals eingeschnürt und geschwärzt, Wachstumshemmung.

Schwarzbeinigkeit, Wurzelbrand 5
Halsnekrose (*Phoma lingam* [Tode ex Fr.]
Desm.) 17

– Pflanzen mit Vergilbungserscheinungen. Im Bereich der Halsregion der Triebe dunkel verfärbte, später nekrotisch werdende Flecke. Darauf sind in der Folge dunkle, punktförmige Fruchtkörper des Erregers (Pyknidien) feststellbar.

Halsnekrose (*Phoma lingam* [Tode ex. Fr.]
Desm.) 17

– Auf der Blattoberseite wenige Millimeter große, silbrige Flecke. Später an der Blattunterseite an diesen Stellen aufgehellte, grüne Flecke, erreichen einen Durchmesser bis zu 1 cm, sind nicht scharf begrenzt, auf den Flecken weiße Punkte (Acervuli des Erregers).

Cylindrosporium-**Krankheit** (*Cylindrosporium
concentricum* Grev.). 17

– Besonders bei feuchtem Wetter an den Blättern graubraune Verfärbung, darauf graubrauner bis dunkelolivbrauner, stäubender Pilzbelag (Sporenträgerrasen des Erregers).

Grauschimmel (*Botrytis*-**Fäule**)
(*Botrytis cinerea* Pers.) 17, 62

– Helle, gelbliche, vieleckige Flecken an Blättern. Blattunterseits an diesen Stellen (mitunter auch blattoberseits) grauweißer Pilzmyzelüberzug.

Falscher Mehltau (*Peronospora brassicae* Gäum.,
Peronospora camelina Gäum.) 18

– Auf den Blättern runde, zonierte, hellbraune bis graue oder dunkelbraune bis schwarze Flecke von etwa 0,5 bis 12 mm Durchmesser.

Rapsschwärze (*Alternaria*-**Blattfleckenkrankheit**)
(*Alternaria brassicae* [Berk.] Sacc.,
Alternaria brassicicola [Schw.] Wiltsh.) 18

– Weitere Erreger von Blattflecken
siehe Tafel 18

– An den Blättern (vor allem bei Senf, Krambe und Leindotter) weiße bis cremefarbene, kalkartige Pusteln und Flecken. Blattspreiten deformiert. Blätter sehen aus, als ob sie mit weißem Lack besprüht wären.

Weißer Rost (*Albugo candida* [Pers. ex. Hook.]
O. Kuntze) 19

– Winterölpflanzen können im Herbst oder über Winter absterben. Blätter schlaff und welk. An den Wurzeln fingerförmige oder knollige Wucherungen und Vergallungen. Durch Gewebeschnitte können Dauersporen in den Wirtszellen der Wucherungen nachgewiesen werden. In den Wucherungen keine Fraßgänge bzw. weißlich-gelbe Käferlarven.

Kohlhernie (*Plasmodiophora brassicae*
Wor.) 20

– Pflanzen vergilben, sind im Wuchs gehemmt. Am Wurzelhals erweicht und verbräunt, weißer, flockiger Myzelüberzug, darin mitunter unregelmäßig geformte, rötliche oder braune, später schwarze, schwach runzlige, etwa 10 bis 30 mm große Sklerotien.

Rapskrebs (Weißstengeligkeit, Handgriffkrankheit)
(*Sclerotinia sclerotiorum* [Lib.]
de Bary) 20, 50

– Nach der Schneeschmelze an den oberirdischen Teilen von Winterölpflanzen weiche, bräunliche Faulstellen, darüber weißes, watteartiges Pilzgeflecht mit rapskorngroßen, rotbraunen bis schwarzbraunen Sklerotien.

Typhula gyrans Fr. 20

Tierische Schaderreger

– Vor Eintritt des Winters werden vor allem bei Winterraps die Blätter vom Rande her gelb und sterben ab. Pflanzen können über Winter absterben. In den Blattstielen und im

Herz der Pflanzen Fraßgänge und 6 bis 7,5 mm lange, schmutzig-weiße Käferlarven.

Rapserdfloh (Raps-Flohkäfer)
(*Psylliodes chrysocephala* [L.]) 21

– Auf den Blättern kleine, helle Flecke, die sich später hellgrau, graubraun oder gelblich-braun verfärben. Blätter sterben später ab. An den befallenen Pflanzenteilen, vor allem auf der Blattunterseite, verschieden gefärbte, etwa 0,3 bis 0,5 mm lange Milben, zum Teil in lockerem Gespinst, daneben Eier und Larven.

Gemeine Spinnmilbe (*Tetranychus urticae* Koch) 44

– An Blattspreiten und Blattstielen helle Stichstellen. Pflanzenteile im Bereich der Stichstellen krümmen sich, Umgebung der Stichstellen rötlich verfärbt. Blattränder werden bräunlich bis rötlichbraun, rollen sich ein, vertrocknen.

Wanzen, verschiedene Arten 29, 44, 55

– An Blättern mit Loch-, Rand- bzw. Schabefraß verbräunt das Blattgewebe um die Fraßstellen herum. Bei starkem Befall verfärben sich die Blätter graubraun, vertrocknen und sterben ab.

Rapserdfloh (Raps-Flohkäfer)
(*Psylliodes chrysocephala* [L.]) 21
Kohlerdflöhe, verschiedene *Phyllotreta*- und *Psylliodes*-Arten 21

– Die Herzen von Winterölpflanzen platzen auf. Pflanzen wintern leicht aus, sterben ab. Überlebende Pflanzen zeigen buschigen Wuchs. Im Rosettenstadium fressen in den Herzen der Pflanzen 3 bis 4 mm lange, walzliche Käferlarven.

Schwarzer Kohltriebrüßler (Schwarzer Triebrüßler) (*Ceutorhynchus picitarsis* Gyll.) . . . 24

– Selten: Blätter vergilben, Pflanzen im Wuchs gehemmt, können absterben. An den Wurzeln und am Wurzelhals erbsen- bis kirschkerngroße Gallen, darin bis 8 mm lange, weißliche, beinlose Käferlarven.

Kohlgallenrüßler (*Ceutorhynchus pleurostigma* Marsh.) 26

– Blätter vergilben, verbräunen, verwelken und vertrocknen. In den Blattstielen fressen minenartig bis 6 mm lang werdende, weißliche bis gelblich-weiße Fliegenlarven.

14

Blattstiel-Minierfliege (Blumenkohlminierfliege) (*Phytomyza rufipes* Meig.) 30

– Auf den Blättern zeichnen sich einfache, sich nur wenig erweiternde Gangminen deutlich hell gegenüber dem umgebenden Blattgewebe ab. In den Minen etwa 3 mm lange, gelblich-weiße Fliegenlarven und bräunliche, 2,5 mm lange Puppen.

Erbsenminierfliege (*Phytomyza atricornis* Meig.) 30, 65

– Beiderseits entlang der Hauptader der Blätter hellgrün erscheinende Platzmine, darin 3 bis 4 mm lange, weißliche Fliegenlarve und flüssiger Kot in Minenausbuchtungen.

Minierfliege (*Scaptomyza flaveola* Meig.) . . 30

– Unspezifisches Vergilben, Welken und Absterben der Pflanzen können verursacht werden durch Fraß an den Wurzeln durch

Erdraupen 8
Engerlinge 8
Drahtwürmer 8
Wurzelfliegenlarven 9
Schnakenlarven 9
Haarmückenlarven 9
Tausendfüßer 9
Maulwurfsgrille 9
Mäuse

MISSBILDUNGEN AN BLÄTTERN

Abiotische Schäden

– Blätter unterschiedlich deformiert, Blattspreiten gewellt, gekräuselt, unnatürlich verbreitet oder bis zur Unkenntlichkeit verändert.

Herbizidschaden 3

– Wuchsveränderungen an Blättern, die auf Ernährungsstörungen zurückzuführen sind, sind unter III. „Krankheiten und Beschädigungen an Blättern und Trieben älterer Pflanzen", „Mißbildungen, Veränderungen des Wuchshabitus" dargestellt, da in diesem Falle in der Regel auch die schossenden Triebe betroffen sind.

Virosen, Mykoplasmosen

Bei Raps:

– Beulenartige Blattdeformationen. Adernaufhellungen, hellgrüne Flecke oder unregelmäßige Ringmuster auf den Blättern. Interkostalfelder mit Chlorosen. Pflanzen unterentwickelt.

Rapsscheckung, verursacht durch das Wasserrübenmosaik-Virus 14

– Zwergwuchs, Blätter gekräuselt und deformiert, Blattadern aufgehellt, dunkelgrün gebändert, auf den Blättern mosaikartige Fleckung oder Ringfleckung.

Rapskräuselmosaik, verursacht durch verschiedene pflanzenpathogene Viren . . . 14

Rapsmosaik, verursacht durch das Gurkenmosaik-Virus 14

– Verformung der Blätter, Adernaufhellung, Zwergwuchs der vergilbenden Pflanze. Später Blütenvergrünung.

Blütenvergrünung, verursacht durch Mykoplasmen. 15

Bei Ölrettich:

– Verkleinerte Blätter stark gekräuselt, vergilbt, am Rande gerötet, jüngere Blätter zeigen Mosaikfleckung.

Kräuselmosaik, verursacht durch verschiedene pflanzenpathogene Viren 15

Bei Senf:

– Blätter verbeult, mosaikartig gefleckt, Blattadern der unterentwickelten Pflanzen aufgehellt.

Senfmosaik, verursacht durch das Wasserrübenmosaik-Virus 16

Bei Rübsen:

– Kräuselung der Blätter, Adernaufhellung und hellgrüne oder gelbliche Verfärbung der Blätter.

Kräuselkrankheit, verursacht durch das Wasserrübenkräusel-Virus 16

– Rosettenartig eingerollte, verkleinerte Blätter mit Adernaufhellung, Gelbfleckung und Stielnekrosen.

Rosettenkrankheit, verursacht durch das Wasserrübenrosetten-Virus 16

– Blätter asymmetrisch verformt, gekräuselt, mosaikartig gefleckt, Blattadern aufgehellt.

Rübsenmosaik, verursacht durch das Wasserrübenmosaik-Virus 16

– Jüngere Blätter gekräuselt, Adernnekrose, ältere Blätter chlorotische bis nekrotische Flecke, nekrotische Linien- und Ringmuster.

Rübsennekrose, verursacht durch das Rettichmosaik-Virus 16

Bei Krambe:

– Blätter gekräuselt, deformiert. Auf den Blättern gelblich-grünes Mosaik.

Krambenmosaik, verursacht durch das Wasserrübenmosaik-Virus 16

Mykosen, tierische Schaderreger

– Blattspreiten deformiert. Helle, gelbliche, vieleckige Flecken an den Blättern. Blattunterseits befindet sich an diesen Stellen (mitunter auch blattoberseits) ein grauweißer Pilzmyzelüberzug.

Falscher Mehltau (*Peronospora brassicae* Gäum., *Peronospora camelina* Gäum.) 18

– Vor allem an Senf, Krambe und Leindotter sind die Blätter deformiert und sehen aus, als ob sie mit weißem Lack besprüht sind. Weiße bis cremefarbige, kalkartige Pusteln und Flecken auf allen Pflanzenteilen.

Weißer Rost (*Albugo candida* [Pers. ex. Hook.] O. Kuntze) 19

– Blätter gewellt oder verdreht, an der Blattstielbasis verdickt, mitunter verkrümmt. Im Gewebeinneren 1 bis 1,5 mm lange Fadenwürmer mit geknöpftem Mundstachel.

Stengelälchen (Stockälchen) (*Ditylenchus dipsaci* [Kühn] Filipjev) 7

– Blattstiele mit gelblich-bräunlichen Narben oder Aufwerfungen, mit Fraßgängen durchzogen, in denen sich braunes Fraßmehl und schmutzig-weiße, schwarz gefleckte, 6 bis 7,5 mm lange Käferlarven befinden.

Rapserdfloh (Raps-Flohkäfer) (*Psylliodes chrysocephala* [L.]) 21

– Verdrehte Herzblätter. Diese bleiben klein.

Großer Rapsstengelrüßler (Großer Kohltriebrüßler (*Ceutorhynchus napi* Gyll.) 23

Kohldrehherzmücke (*Contarinia nasturtii* Kieff.) 30

– Die Herzen von Winterölpflanzen platzen im Rosettenstadium auf. Darin fressen 3 bis 4 mm lange, walzenförmige Käferlarven.

Schwarzer Kohltriebrüßler (Schwarzer Triebrüßler) (*Ceutorhynchus picitarsis* Gyll.) . . . 24

– Auf den Blattadern der Blattunterseite, manchmal auf die Interkostalfelder übergehend, flache, linsenförmige Gallen mit einem Durchmesser bis zu 6 mm. In diesen Gallen leben 3 bis 4 mm lange Käferlarven.

Kohlblattrüßler (*Ceutorhynchus leprieuri* Bris.) 24

– Herzbildung bleibt aus, Pflanzen kümmern. In den Blattstielen, im Stengelmark sowie in der Wurzel fressen minenartig 5 bis 6 mm lange, gelblich-weiße Käferlarven.

Mauszahnrüßler, verschiedene Arten der Gattung *Baris*. 26

– Blätter gekräuselt und gewellt, Deformationen der Blattränder. Zwischen den Blattadern unregelmäßig große, gelblich-weiße Saugflecke. Blätter werden braun. Es entstehen unregelmäßige Löcher und Risse auf der Blattspreite.

Wanzen, verschiedene Arten 29, 44, 55

– Oberseite der Blätter gekräuselt, bucklig oder wellig deformiert mit teilweise hellen Flecken, mitunter von den Blatträndern her eingerollt, vergilben und werden schließlich braun. An den Blättern saugen in Kolonien lebende, geflügelte und ungeflügelte Blattläuse.

Mehlige Kohlblattlaus (*Brevicoryne brassicae* [L.]) 28
Schwarze Bohnenlaus (*Aphis fabae* Scop.) . 46
Grüne Pfirsichblattlaus (*Myzus persicae* [Sulz.]) 28

FRASSSCHÄDEN AN BLÄTTERN

– Blattstiele mit gelblich-bräunlichen Narben oder Aufwerfungen, mit Fraßgängen durchzogen, in denen sich braunes Fraßmehl und schmutzig-weiße, schwarz gefleckte, 6 bis 7,5 mm lange Käferlarven befinden.

Rapserdfloh (Raps-Flohkäfer) (*Psylliodes chrysocephala* [L.]) 21

– Blätter mit Loch-, Rand- bzw. Schabefraß. Blattgewebe um die Fraßstellen verbräunt. Bei starkem Befall verfärben sich die Blätter graubraun, vertrocknen und sterben ab.

Rapserdfloh (Raps-Flohkäfer) (*Psylliodes chrysocephala* [L.]) 21
Kohlerdflöhe, verschiedene *Phyllotreta*- und *Psylliodes*-Arten 21

– An den Blättern vor Beginn des Schossens buchtenförmiger Randfraß bzw. Loch- oder Schabefraß werden durch verschiedene tierische Schaderreger verursacht, vor allem

Schnecken, verschiedene Arten 8
(Schleimspuren auf den Blättern)
Brauner Rübenaaskäfer (*Blitophaga opaca* [L.]) 27
Schwarzer Rübenaaskäfer (*Blitophaga undata* [Müll.]) 27
Roter Rapsblattkäfer (*Entomoscelis adonidis* [Pall.]) 27
Senfblattkäfer (Senfkäfer) (*Colaphellus sophiae* [Schall.]) 27
An unteren Blättern:
Erdraupen 8

– Zahlreiche Rüsselkäfer-Arten führen in Form feinen Nage- oder Schabefraßes ihren Reifungsfraß nach Schlüpfen oder nach Verlassen der Winterlager an den Blättern kreuzblütiger Ölpflanzen durch, siehe hierzu Tafeln 23, 24, 25, 26

– Im Rosettenstadium der Pflanzen fressen in den (vielfach aufgeplatzten) Herzen 3 bis 4 mm lange, walzenförmige Käferlarven.

Schwarzer Kohltriebrüßler (Schwarzer Triebrüßler (*Ceutorhynchus picitarsis* Gyll.) 24

– In bzw. zwischen verdrehten Herzblättern, die klein bleiben, fressen die Larven von

Großem Rapsstengelrüßler (*Ceutorhynchus napi* Gyll.) 23
Kohldrehherzmücke (*Contarinia nasturtii* Kieff.) 30

– In den Blattstielen, im Stengelmark sowie in der Wurzel fressen minenartig 5 bis 6 mm lange, gelblich-weiße Käferlarven.

Mauszahnrüßler, verschiedene Arten der Gattung *Baris*. 26

– In den Blattstielen bzw. in den Blattspreiten fressen minenartig

Blattstiel-Minierfliege (Blumenkohlminierfliege) (*Phytomyza rufipes* Meig.) 30
Erbsenminierfliege (*Phytomyza atricornis* Meig.) 30, 65
Minierfliege (*Scaptomyza flaveola* Meig.) . . 30
Larven des **Gelbstreifigen Kohlerdflohes** (*Phyllotreta nemorum* [L.]) 21

– In diesem Entwicklungsstadium der Pflanzen sind bei bestimmten kreuzblütigen Ölpflanzen bereits die Knospenstände ausgebildet. An diesen noch kleinen Knospen fressen 1,5 bis 2,7 mm lange, metallisch grüne, blaugrüne bis blauviolette oder braune, glänzende Käfer.

Glanzkäfer, verschiedene Arten der Gattung *Meligethes* 22

– Pflanzen vor allem an den Bestandesrändern völlig abgebissen.

Kaninchen, Hasen, Rehe

– Pflanzen im Umkreis um aufgewühlte Erdlöcher abgefressen.

Hamster

– Nesterweise im Bestand sind die Pflanzen abgefressen. Laufgänge auf dem Boden sowie im oberen Bodenbereich erkennbar.

Mäuse

SAUGSCHÄDEN AN BLÄTTERN

– Auf den Blättern kleine, helle Saugflecke, die sich später hellgrau, graubraun oder gelblich-braun verfärben und zusammenfließen. Blätter sterben später ab. An den befallenen Pflanzenteilen, vor allem auf der Blattunterseite, verschieden gefärbte, etwa 0,3 bis 0,5 mm lange Milben, zum Teil in lockerem Gespinst, daneben Eier und Larven.

Gemeine Spinnmilbe (*Tetranychus urticae* Koch) 44

– An Blattspreiten und Blattstielen helle, gelblich-weiße Stichstellen. Pflanzenteile im Bereich der Stichstellen krümmen sich, Umgebung der Stichstellen rötlich verfärbt. Blätter werden bräunlich bis rötlichbraun, rollen sich ein, vertrocknen. Unregelmäßige Löcher und Risse auf der Blattspreite.

Wanzen, verschiedene Arten 29, 44, 55

– Oberseite der Blätter gekräuselt, bucklig oder wellig deformiert mit teilweise hellen Flecken, mitunter von den Blatträndern her eingerollt, vergilben und werden schließlich braun. An den Blättern saugen in Kolonien lebende, geflügelte und ungeflügelte Blattläuse.

Mehlige Kohlblattlaus (*Brevicoryne brassicae* [L.]) 28
Schwarze Bohnenlaus (*Aphis fabae* Scop.) . 46
Grüne Pfirsichblattlaus (*Myzus persicae* [Sulz.]) 28

– Relativ selten saugen an den Blattunterseiten hellgrüne, etwa 4 mm lange, zum Teil springende Insekten.

Zikaden, verschiedene Arten, vergleiche hierzu Tafel 71

III. Krankheiten und Beschädigungen an Blättern und Trieben älterer Pflanzen nach Beginn des Schossens

(Krankheiten und Beschädigungen an Knospen, Blüten, Schoten und Samen siehe unter IV.)

MECHANISCHE BESCHÄDIGUNGEN

– Nach starkem Wind oder Stürmen (vielfach verbunden mit starken Niederschlägen) Pflanzen mehr oder weniger gleichmäßig nach einer Seite geneigt. Bestände lagern.

Windschaden 2

– Blätter und Triebe sowie Knospenstände an- oder abgeschlagen, Blattspreiten zerrissen oder durchlöchert. Anschlagstellen heben sich durch ihre hellere Färbung von dem übrigen Pflanzengewebe ab, verbräunen später.

Hagelschaden 2

– Triebe von Raps und Rübsen im späten Frühjahr aufgerissen, oft brettartig. Käferlarven im Trieb nicht nachweisbar.

Spätfrostschaden 1

WACHSTUMSHEMMUNGEN

– Wachstumshemmungen in diesem Entwicklungsstadium der Pflanzen können mit zahlreichen und unterschiedlichen Krankheiten und Beschädigungen verbunden sein. Für die Diagnose sind jedoch die jeweils spezifischen Symptome zu berücksichtigen. Deshalb wird an dieser Stelle auf die übrigen Abschnitte der Bestimmungstabelle verwiesen. Die möglichen und wichtigsten, mit Wachstumshemmungen verbundenen Schadursachen wurden bereits unter II.

„Krankheiten und Beschädigungen an Pflanzen bis zum Beginn des Schossens" zusammengestellt. Hierauf wird verwiesen.

Zusätzlich hierzu führen nach Beginn des Schossens noch folgende Ursachen zu Wachstumshemmungen:

Kalium-Mangel 10
Bor-Mangel 12
Bor-Überschuß 13
Herbizidschaden 3, 11
Blütenvergrünungen, verursacht durch
Mykoplasmen 15
Grauschimmel (*Botrytis*-Fäule)
(*Botrytis cinerea* Pers.) 17, 62
Weißer Rost (*Albugo candida* [Pers. ex Hook.]
O. Kuntze) 19
Gefleckter Kohltriebrüßler (Kleiner Kohltriebrüßler (*Ceutorhynchus quadridens* [Panz.]) . . 23
Blauer Rapstriebrüßler (*Ceutorhynchus sulcicollis* [Payk.]) 23
Blattläuse, verschiedene Arten 28, 46
Wanzen, verschiedene Arten 29, 44, 55
Kohldrehherzmücke (*Contarinia nasturtii* Kieff.) 30

VERFÄRBUNGEN,
FLECKENBILDUNGEN,
FÄULEN, WELKEN, UMBRECHEN,
ABSTERBEN

Abiotische Schäden

– Laubblätter weisen am Rand, aber auch ganzflächig Verbräunungen und Schwärzungen auf. Bei Raps und Rübsen kommt es zum Aufreißen der bereits entwickelten Triebe, vielfach brettartig. Larven in den Stengeln nicht nachweisbar (Verwechslungsmöglichkeit mit dem durch den Großen Rapsstengelrüßler (*Ceutorhynchus napi* Gyll.) (Tafel 23) verursachten Schaden.)

Spätfrostschaden 1

– Hell verfärbte Anschlagstellen, vor allem an Trieben, mitunter auch an Blättern, diese verbräunen und sterben im Bereich der Verletzungen ab. Blätter sind zerrissen und durchlöchert, Triebe bisweilen abgeknickt oder abgeschlagen.

Hagelschaden 2

– Unspezifisches Vergilben der Pflanzen, bei Raps und Rübsen zum Teil verbunden mit Adernaufhellungen, oft nesterweise im Bestand, später Welken und Absterben.

Trockenheitsschaden 2

Stauende Nässe, Überschwemmungen . . . 2
Mietenplätze, Strohdiemenplätze u. a. wurden bei der Aussaat in den Bestand einbezogen . 1
Nachwirkung von Bodenherbiziden, angewandt zu Vorkulturen 3

– Blattspreiten mit unregelmäßigen Aufhellungen, Nekrosen mit blaß- bis dunkelgrünen Verfärbungen, mitunter auch scharf gegen das gesunde Gewebe abgegrenzt, braune, unregelmäßig geformte Blattflecke. Blätter können absterben. Pilzliche Krankheitserreger nicht nachweisbar.

Herbizidschaden 3, 11
Verbrennungen, Verätzungen, Rauchgasschaden 3

– Blätter rotviolett bis hellbraun verfärbt, Blattstiele, Blattspreiten und Triebe verkrümmt mit epinastischen Verformungen. Spreitenreduktion an neugebildeten Blättern.

Schäden durch Wuchsstoffherbizide . . 3, 11

– Vereinzelte Pflanzen im Bestand mit teilweise weiß verfärbten Blattspreiten, oft nur eine Blatthälfte betroffen.

Panaschierung, Albikation 3

Ernährungsstörungen
Bei Raps:

– Blattfarbe insgesamt hellgrün bis gelblich. Basalblätter gelb, mit hellbrauner Farbe vertrocknend. Mehr oder minder deutliche Anthocyanverfärbungen an unteren Pflanzenteilen. Blätter häufig kleiner und schmaler als diejenigen gesunder Pflanzen. Wachstumshemmung.

Stickstoff-Mangel 10

– Blätter bleiben klein. Blattstiele und Blätter zumindest im Anfang dunkel- bis blaugrün, mit purpurfarbenen Anthocyananreicherungen. Ältere Blätter vertrocknen nach grünbrauner oder gelbrötlicher Verfärbung. Pflanze zeigt Starrtracht.

Phosphor-Mangel 10

– An älteren Blättern gelbliche Rand- und Interkostalchlorosen, in gelbbraune bis braune Nekrosen übergehend. Blätter krümmen sich mit ihren Rändern nach unten und oben. Interkostalgewebe aufgewölbt, wellig, geschädigte Blätter vertrocknen bei vorwiegender Braunfärbung. Welketracht der Pflanze.

Kalium-Mangel 10

– Jüngere Blätter zeigen im Spitzen- und Randbereich chlorotische Sprenkelung bis zu ausgedehnten Chlorosen und/oder Nekrosen. Spitzen der jüngeren Blattspreiten hakenförmig verformt. Stengel unterhalb der Blüte glasig und verbräunt, knickt um und verfärbt sich dunkelbraun.

Calcium-Mangel 10

– Ältere Blätter mit gelbgrünen bis gelben Chlorosen in den Interkostalfeldern, in Nekrosen übergehend, auf der geschädigten Blattspreite häufig bronzene bis rötlich-purpurne Einfärbungen, Blattrippen bleiben am längsten grün, Mangelblätter steif und spröde.

Magnesium-Mangel 11

– An jüngeren bis mittleren Blättern verstärkter Chlorophyllabbau in den aderfernen Gewebepartien der Interkostalfelder, im Zentrum der Chloroseflecken gelbweiße bis braune, punkt- und fleckenartige Nekrosen. Adern mit angrenzendem Saum bleiben grün.

Mangan-Mangel 12

– Anfänglich nur randständige, chlorotische Aufhellungen und fleckenartige Nekrosen an älteren Blättern erfassen allmählich auch weitere Teile der Blattspreite, geschädigte Blattränder löffelartig aufgerollt.

Mangan-Überschuß 11

– Ältere Blätter im Rand- und Interkostalbereich rotviolett. Rosettenartiger Wuchs der Pflanze („Sitzenbleiben"). Sproßspitze stirbt ab, an verdickten Stengeln braune Narben, in Risse übergehend.

Bor-Mangel 12

Bei Senf:

– Pflanzen hellgrün, untere Blätter gelb mit hellbrauner Farbe vertrocknend. Längenund Dickenwachstum der Sproßachse gehemmt. Pflanze zeigt Starrtracht.

Stickstoff-Mangel 13

– An den Rändern und Spitzen älterer Blätter entstehen gelbliche, in Braun übergehende Flecken, die sich bis in das aufge-

wölbte Interkostalgewebe erstrecken, geschädigte Blätter sterben nach gelbbrauner Verfärbung ab. Welketracht.

Kalium-Mangel 13

– An den jüngsten Blättern im Blattrandbereich chlorotische Aufhellungen, nachfolgend braune Nekrosen, Blattspitzen aufgerollt und eingekrümmt. Unterhalb der Sproßspitze glasige Stellen, verfärben sich dunkelbraun, knicken und sterben ab.

Calcium-Mangel 13

– Ausbildung von gelbgrünen bis goldgelben Chlorosen an älteren Blättern, auch bronzene bis rotbraune Farbtöne möglich, Blattrippen grün.

Magnesium-Mangel 13

– Grüngelbe bis gelbe, fleckenartige Interkostalchlorosen mit eingesunkenen, nekrotischen Flecken an jüngeren bis mittleren Blättern, Hauptadern grün gesäumt.

Mangan-Mangel 13

– An Spitzen und Rändern älterer Blätter treten Chlorosen auf, die in Nekrosen übergehen, Blattränder zum Teil aufgerollt.

Bor-Überschuß 13

Virosen und Mykoplasmosen
Bei Raps:

– Randzone älterer Blätter gerötet, Vergilbung der Interkostalfelder, beginnend am Blattrand. Hauptadernpartien im Bereich der Blattmittelrippe von hellgrünem Gewebe umsäumt, Blätter brüchig.

Rapsvergilbung, verursacht durch das Milde Rübenvergilbungs-Virus 14

– Unterentwickelte Pflanzen mit Adernaufhellungen, gelbgrünen Flecken oder unregelmäßigen Ringmustern auf den Blättern. Interkostalfelder mit Chlorosen.

Rapsscheckung, verursacht durch das Wasserrübenmosaik-Virus 14

– Pflanzen mit gestauchtem Wuchs oder Zwergwuchs, Blattadern aufgehellt, dunkelgrün gebändert, mosaikartig gefleckt oder Ringfleckung, Blattkräuselung.

Rapskräuselmosaik, verursacht durch verschiedene pflanzenpathogene Viren . . . 14
Rapsmosaik, verursacht durch das Gurkenmosaik-Virus 14

– Zwergwuchs vergilbender Pflanzen. Adernaufhellung, Verformung der Blätter, Blütenvergrünung, blattähnliches Durchwachsen der Blüten und Blütenstände. An Stelle der Blüten grüne, blasige Gebilde, zum Teil blattähnlich.

Blütenvergrünung, verursacht durch Mykoplasmen 15

Bei Ölrettich:

– Verkleinerte Blätter vergilbt, am Rande gerötet und stark gekräuselt, jüngere Blätter zeigen Mosaikfleckung.

Kräuselmosaik, verursacht durch verschiedene pflanzenpathogene Viren . . . 15

– Randzone älterer Blätter gerötet, Vergilbung der Interkostalfelder, Gewebe brüchig.

Vergilbung, verursacht durch das Milde Rübenvergilbungs-Virus 15

Bei Senf:

– Ältere Blätter brüchig, weinrot umsäumt, Vergilbung der Interkostalfelder, Triebe spärlich ausgebildet.

Senfvergilbung, verursacht durch das Milde Rübenvergilbungs-Virus 16

– Blattadern der unterentwickelten Pflanzen aufgehellt, Blätter mosaikartig gefleckt, verbeult.

Senfmosaik, verursacht durch das Wasserrübenmosaik-Virus 16

Bei Rübsen:

– Kräuselung der Blätter, Adernaufhellung und hellgrüne oder gelbliche Verfärbung.

Kräuselkrankheit, verursacht durch das Wasserrübenkräusel-Virus 16

– Rosettenartig eingerollte, verkleinerte Blätter mit Adernaufhellung. Gelbfleckung und Blattstielnekrose.

Rosettenkrankheit, verursacht durch das Wasserrübenrosetten-Virus 16

– Ältere Blätter weinrot umsäumt, Chlorose der Interkostalfelder bis zur Vergilbung.

Milde Rübsenvergilbung, verursacht durch das Milde Rübenvergilbungs-Virus 16

– Aufhellung der Blattadern, Fleckung, Mosaik und Kräuselung der mitunter asymmetrisch verformten Blätter, streifenartige Stengelnekrose.

Rübsenmosaik – verursacht durch das Wasserrübenmosaik-Virus 16

– Jüngere Blätter gekräuselt, ältere Blätter mit chlorotischen bis nekrotischen Flecken, nekrotischen Linien- und Ringmustern. Adern- und Stengelnekrosen, gestauchter Wuchs.

Rübsennekrose, verursacht durch das Rettichmosaik-Virus 16

– Leuchtend gelbes Mosaik, Fleckung und gelbgrüne Verfärbung größerer Blattareale.

Rübsengelbmosaik, verursacht durch das Wasserrübengelbmosaik-Virus 16

Bei Krambe:

– Gelblich-grünes Mosaik auf deformierten, zum Teil gekräuselten Blättern.

Krambenmosaik, verursacht durch das Wasserrübenmosaik-Virus 16

Bei Leindotter:

– Ältere Blätter verzwergter Pflanzen gelbgrün gefleckt, jüngere Blätter mit hellgrünem Mosaik.

Leindottermosaik, verursacht durch das Wasserrübenmosaik-Virus 16

Mykosen

– Pflanzen vergilben und welken, sterben mitunter ab, Wurzelhals eingeschnürt und geschwärzt, Wachstumshemmung.

Schwarzbeinigkeit, Wurzelbrand 5

– Pflanzen vergilben, Triebe im Bereich der Halsregion dunkel verfärbt, mitunter mit ausgeblichenen, später nekrotischen Flecken, darauf zahlreiche dunkle Punkte (Pyknidien). Pflanzen können absterben.

Halsnekrose (*Phoma lingam* [Tode ex Fr.] Desm.) 17

– Auf der Blattoberseite wenige Millimeter große, silbrige, an den Stengeln etwas dunklere Flecke. Später an der Blattunterseite an diesen Stellen aufgehellte, grüne Flecke, erreichen einen Durchmesser bis zu 1 cm, sind nicht scharf begrenzt, auf den Flecken weiße Punkte (Acervuli des Erregers).

Cylindrosporium-**Krankheit** (*Cylindrosporium concentricum* Grev.) 17

– Besonders bei feuchtem Wetter an den Blättern und Stengeln graubraune Verfärbung, darauf graubrauner bis dunkeloliv-brauner, stäubender Pilzbelag (Sporenträger-rasen des Erregers).

Grauschimmel (*Botrytis*-**Fäule**)
(*Botrytis cinerea* Pers.) 17, 62

– Helle, gelbliche, vieleckige Flecken an Blättern. Blattunterseits an diesen Stellen (mitunter auch blattoberseits) grauweißer Pilzmyzelüberzug.

Falscher Mehltau (*Peronospora brassicae* Gäum., *Peronospora camelina* Gäum.) 18

– Auf Blättern und Stengeln runde, zo-nierte, hellbraune bis graue oder dunkel-braune bis schwarze Flecke (0,5 bis 12 mm Durchmesser). Entlang der Mittelrippen der Blätter länglich und eingesunken.

Rapsschwärze (*Alternaria*-**Blattfleckenkrank-heit** (*Alternaria brassicae* [Berk.] Sacc., *Alternaria brassicicola* [Schw.] Wiltsh.) 18

– Weitere Erreger von Blattflecken siehe Tafel 18

– An den Blättern und Stengeln (vor allem bei Senf, Krambe und Leindotter) weiße bis cremefarbene, kalkartige Pusteln und Flek-ken, Blattspreiten deformiert, Stengel verbo-gen. Befallene Pflanzenteile sehen aus, als ob sie mit weißem Kalk besprüht wären.

Weißer Rost (*Albugo candida* [Pers. ex Hook.] O. Kuntze) 19

– Auf Blattoberseiten und an Stengeln zarte, weißliche, spinnwebartige Pilzmyzel-Über-züge, später hellbraune Myzelpusteln, darin dunkle Pünktchen (Kleistothecien). Blätter vergilben und sterben ab.

Echter Mehltau (*Erysiphe* spp.) 19, 52

– Pflanzen welken, vergilben. Grauverfär-bung des Stengelgrundes, die sich nach oben ausdehnt. Gefäßbündel der Stengel ver-bräunt.

Verticillium-**Stengelfäule** (*Verticillium dahliae* Kleb.) 19

– Pflanzen werden bei Trockenheit schlaff und welken, bleiben im Wuchs zurück. An den Wurzeln fingerförmige oder knollige Wucherungen. Durch Gewebeschnitte kön-nen Dauersporen in den Wirtszellen der Wucherungen nachgewiesen werden. In den Wucherungen keine Fraßgänge bzw. weiß-lichgelbe Käferlarven.

Kohlhernie (*Plasmodiophora brassicae* Wor.) 20

– Pflanzen vergilben, sind im Wuchs ge-hemmt. Am Stengel, vor allem im unteren Teil, bleiche Verfärbung, Rinde erweicht, verbräunt, mit weißem, flockigem Myzel-überzug, Stengelmark zerstört, im Stengel ebenfalls Myzel und unregelmäßig geformte, rötliche oder braune, später schwarze, schwach runzlige, etwa 10 bis 30 mm große Sklerotien.

Rapskrebs (Weißstengeligkeit, Handgriff-krankheit) (*Sclerotinia sclerotiorum* [Lib.] de Bary) 20, 50

Tierische Schaderreger

– Auf den Blättern kleine, helle Flecke, die sich später hellgrau, graubraun oder gelb-lich-braun verfärben. Blätter sterben später ab. An den befallenen Pflanzenteilen, vor al-lem auf der Blattunterseite, verschieden ge-färbte, etwa 0,3 bis 0,5 mm lange Milben, zum Teil in lockerem Gespinst, daneben Eier und Larven.

Gemeine Spinnmilbe (*Tetranychus urticae* Koch) 44

– An Blattspreiten, Blattstielen und an Sten-geln helle Stichstellen, Umgebung der Stich-stellen vielfach rötlich gefärbt. Pflanzenteile im Bereich der Stichstellen krümmen sich. Blattränder werden bräunlich bis rötlich-braun, rollen sich ein, vertrocknen.

Wanzen, verschiedene Arten 29, 44, 55

– Oberseite der Blätter gekräuselt, bucklig oder wellig deformiert mit teilweise hellen Flecken, mitunter von den Blatträndern her eingerollt, vergilben und werden schließlich braun. Triebspitzen welken und vertrocknen, zeigen Verdrehungen und Anthocyanbil-dung. An den betroffenen Pflanzenteilen saugen in Kolonien lebende, geflügelte und ungeflügelte Blattläuse.

Mehlige Kohlblattlaus (*Brevicoryne brassi-cae* [L.]) 28
Schwarze Bohnenlaus (*Aphis fabae* Scop.) . 46

– An Blättern mit Loch-, Rand- bzw. Scha-befraß verbräunt das Blattgewebe um die Fraßstellen herum. Bei starkem Befall verfär-ben sich die Blätter graubraun, vertrocknen und sterben ab. An den Stengeln mitunter hell verfärbte Fraßstellen.

Erdflöhe, verschiedene *Phyllotreta-* und *Psylliodes-*Arten 21

– Brettartig aufgeplatzte und vielfach S-förmig gekrümmte Triebe knicken vor allem bei Wind um und brechen zuweilen ab. Im Inneren der Triebe fressen bis zu 7 mm lang werdende, beinlose, gelblich-weiße und braunköpfige Käferlarven.

Großer Rapsstengelrüßler (Großer Kohltriebrüßler) (*Ceutorhynchus napi* Gyll.) 23

– Selten: Blätter vergilben, Pflanzen im Wuchs gehemmt, können absterben. An den Wurzeln und am Wurzelhals erbsen- bis kirschkerngroße Gallen, darin befinden sich bis 8 mm lange, weißliche, beinlose Käferlarven.

Kohlgallenrüßler (*Ceutorhynchus pleurostigma* Marsh.) 26

– Blätter vergilben, verbräunen, verwelken und vertrocknen. In den Blattstielen fressen minenartig bis 6 mm lang werdende, weißliche bis gelblich-weiße Fliegenlarven.

Blattstiel-Minierfliege (Blumenkohlminierfliege) (*Phytomyza rufipes* Meig.) 30

– Auf den Blättern zeichnen sich einfache, sich nur wenig erweiternde Gangminen deutlich hell gegenüber dem umgebenden Blattgewebe ab. In den Minen etwa 3 mm lange, gelblich-weiße Fliegenlarven und bräunliche, 2,5 mm lange Puppen.

Erbsenminierfliege (*Phytomyza atricornis* Meig.) 30, 65

– Beiderseits entlang der Hauptader der Blätter hellgrün erscheinende Platzmine, darin 3 bis 4 mm lange, weißliche Fliegenlarve und flüssiger Kot in Minenausbuchtungen.

Minierfliege (*Scaptomyza flaveola* Meig.) . . 30

– Unspezifisches Vergilben, Welken und Absterben der Pflanzen können verursacht werden durch Fraß an den Wurzeln durch

Erdraupen 8
Engerlinge 8
Drahtwürmer 8
Wurzelfliegenlarven 9
Schnakenlarven 9
Haarmückenlarven 9
Tausendfüßer 9
Maulwurfsgrille 9
Mäuse

MISSBILDUNGEN, VERÄNDERUNGEN DES WUCHSHABITUS

Abiotische Schäden

An dieser Stelle sind nur solche Mißbildungen und Wuchsveränderungen berücksichtigt worden, bei denen neben den Blättern auch die Triebe durch Krankheiten und Beschädigungen in Mitleidenschaft gezogen werden. Hinsichtlich der Mißbildungen und Wuchsveränderungen an Blättern wird mit Ausnahme der auf Ernährungsstörungen beruhenden Wuchsveränderungen auf II. „Krankheiten und Beschädigungen an Pflanzen bis zum Beginn des Schossens" – Mißbildungen an Blättern – verwiesen.

– Bei Raps und Rübsen Aufreißen der bereits entwickelten Triebe, vielfach brettartig. Larven in den Stengeln nicht nachweisbar.

Spätfrostschaden 1

– Vereinzelte Pflanzen im Bestand mit band- oder brettartig verbreiterten Trieben. In dem deformierten Stengelbereich zahlreiche kleine Blätter sowie Seitentriebe.

Verbänderung 4

– Triebe und Blätter unterschiedlich deformiert, Triebe verkrümmt und epinastisch verformt. Blätter rotviolett bis hellbraun verfärbt. Reduktion der Blattspreite an neu gebildeten Blättern.

Schäden durch Wuchsstoffherbizide . . 3, 11

Ernährungsstörungen
Bei Raps:

– Hemmung des Längen- und Dickenwachstums der Sproßachse sowie des Blattwachstums, Starrtracht, Blätter häufig kleiner und schmaler, Blattfarbe insgesamt hellgrün bis gelblich, Basalblätter gelb, mit hellbrauner Farbe vertrocknend, mehr oder minder deutliche Anthocyanverfärbungen an unteren Pflanzenteilen.

Stickstoff-Mangel 10

– Sproßwachstum gehemmt. Stengel relativ kurz und dünn, Starrtracht, Blätter bleiben klein, Stengel, Blattstiele und Blätter zumindest im Anfang dunkel- bis blaugrün, mit purpurfarbenen Anthocyananreicherungen, ältere Blätter vertrocknen nach grünbrauner oder gelbrötlicher Verfärbung.

Phospor-Mangel 10

– Welketracht mit zunächst blaugrüner Blattfarbe, an älteren Blättern gelbliche Rand- und Interkostalchlorosen, in gelbbraune bis braune Nekrosen übergehend, Blätter krümmen sich mit ihren Rändern nach unten und oben, das Interkostalgewebe wölbt sich auf und wird dadurch wellig, geschädigte Blätter vertrocknen bei vorwiegender Braunfärbung.

Kalium-Mangel 10

– Unterhalb des Sproßvegetationspunktes Abknicken und Absterben der Sproßspitze, an jüngeren Blättern im Spitzen- und Randbereich chlorotische Sprenkelungen bis zu ausgedehnten Chlorosen und/oder Nekrosen, Spitzen der jüngeren Blattspreiten hakenförmig verformt.

Calcium-Mangel 10

– Blätter steif und spröde. Ältere Blätter mit gelbgrünen bis gelben Chlorosen in den Interkostalfeldern, in Nekrosen übergehend, auf der geschädigten Blattspreite häufig bronzene bis rötlich-purpurne Einfärbungen, Blattrippen bleiben am längsten grün.

Magnesium-Mangel 11

– Blattränder löffelartig aufgerollt. Anfänglich nur randständige chlorotische Aufhellungen und fleckenartige Nekrosen an älteren Blättern erfassen allmählich auch weitere Teile der Blattspreite, geschädigte Blattränder löffelartig aufgerollt.

Mangan-Überschuß 11

– Gehemmte Internodienstreckung führt zur Rosettenbildung. Stengelverdickung und Aufplatzen des Stengels, Sproßspitze stellt Wachstum ein und stirbt ab, verstärktes Austreiben von Achselknospen, jüngere Blattspreiten verdickt, unsymmetrisch verformt oder reduziert, ältere Blätter rot-violett verfärbt.

Bor-Mangel 12

Bei Senf:

Längen- und Dickenwachstum der Sproßachse gehemmt, Starrtracht, Pflanzen hellgrün, untere Blätter gelb mit hellbrauner Farbe vertrocknend.

Stickstoff-Mangel 13

– Blattspreite oft verformt. Abknicken und Absterben der Sproßspitze, an jüngsten Blättern im Blattrandbereich chlorotische Aufhellungen, nachfolgend dunkelbraune Nekrosen.

Calcium-Mangel 13

– Blattränder zum Teil aufgerollt. An Spitzen und Rändern älterer Blätter treten Chlorosen auf, die in Nekrosen übergehen.

Bor-Überschuß 13

Virosen, Mykoplasmosen
Bei Raps:

– Beulenartige Blattdeformation, Pflanzen unterentwickelt, Adernaufhellung, gelbgrüne Flecken oder unregelmäßige Ringmuster auf den Blättern. Interkostalfelder mit Chlorosen.

Rapsscheckung, verursacht durch das Wasserrübenmosaik-Virus 14

– Pflanzen mit gestauchtem Wuchs oder Zwergwuchs. Blattadern aufgehellt, Kräuselung und Deformation der mosaikkranken Blätter. Blattadern aufgehellt, dunkelgrün gebändert, mosaikartig gefleckt, oder Ringfleckung.

Rapskräuselmosaik, verursacht durch verschiedene pflanzenpathogene Viren . . . 14

Rapsmosaik, verursacht durch das Gurkenmosaik-Virus 14

– Zwergwuchs vergilbender Pflanzen. Verformung der Blätter, Adernaufhellung, Blütenvergrünung, blattähnliches Durchwachsen der Blüten und Blütenstände. An Stelle der Blüten grüne, blasige Gebilde, zum Teil blattähnlich.

Blütenvergrünung, verursacht durch Mykoplasmen 15

Bei Ölrettich:

– Verkleinerte Blätter stark gekräuselt, vergilbt, am Rande gerötet. Jüngere Blätter zeigen Mosaikfleckung.

Kräuselmosaik, verursacht durch verschiedene pflanzenpathogene Viren 15

Bei Senf:

– Blätter verbeult, Blattadern der unterentwickelten Pflanzen aufgehellt, Blätter mosaikartig gefleckt.

Senfmosaik, verursacht durch das
Wasserrübenmosaik-Virus 16

Bei Rübsen:

– Kräuselung der Blätter, Adernaufhellung
und hellgrüne oder gelbliche Verfärbung.
Kräuselmosaik, verursacht durch das
Wasserrübenkräusel-Virus 16

– Rosettenartig eingerollte, verkleinerte
Blätter mit Adernaufhellung. Gelbfleckung
und Blattstielnekrose.
Rosettenkrankheit, verursacht durch das
Wasserrübenrosetten-Virus 16

– Kräuselung der asymmetrisch verformten
Blätter, Aufhellung der Blattadern, mosaik-
artige Fleckung, streifenartige Stengelne-
krose.
Rübsenmosaik, verursacht durch das
Wasserrübenmosaik-Virus 16

– Jüngere Blätter gekräuselt, gestauchter
Wuchs der Pflanzen, ältere Blätter mit chlo-
rotischen bis nekrotischen Flecken, nekroti-
schen Linien- und Ringmustern. Adern- und
Stengelnekrosen.
Rübsennekrose, verursacht durch das
Rettichmosaik-Virus 16

Bei Krambe:

– Blätter gekräuselt, deformiert, auf den
Blattspreiten gelblich-grünes Mosaik.
Krambenmosaik, verursacht durch das
Wasserrübenmosaik-Virus 16

Bei Leindotter:

– Pflanzen verzwergt, ältere Blätter unregelmäßig gelbgrün gefleckt, jüngere Blätter mit
hellgrünem Mosaik.
Leindottermosaik, verursacht durch das
Wasserrübenmosaik-Virus 16

Mykosen

– Triebe deformiert, gebogen, verdreht,
helle, gelbliche, vieleckige Flecken an Blättern. Blattunterseits an diesen Stellen (mitunter auch blattoberseits) grauweißer Pilzmyzelüberzug.
Falscher Mehltau (*Peronospora brassicae* Gäum.,
Peronospora camelina Gäum.) 18

– Vor allem an Senf, Krambe und Leindotter Blattspreiten deformiert, Stengel verbo-

gen. Darauf weiße, cremefarbene, kalkartige
Pusteln. Befallene Pflanzenteile sehen aus,
als ob sie mit weißem Lack besprüht wären.
Weißer Rost (*Albugo candida* [Pers. ex Hook.]
O. Kuntze) 19

Tierische Schaderreger

– Stengel verkrümmt, am Grunde mitunter
verdickt gestauchter Wuchs, Blätter gewellt
oder verdreht. Im Gewebeinneren 1 bis
1,5 mm lange Fadenwürmer mit geknöpftem
Mundstachel.
Stengelälchen (Stockälchen) (*Ditylenchus dipsaci*
[Kühn] Filipjev) 7

– Stengel mit hellen Stichstellen, deren Umgebung vielfach rötlich gefärbt ist, krümmen
sich im Bereich der Stichstellen. Ähnliches
Schadbild auch an Blättern und Blattstielen.
Blattränder werden bräunlich bis rötlich-
braun, rollen sich ein, vertrocknen.
Wanzen, verschiedene Arten 29, 44, 55

– Triebspitzen welken und vertrocknen, zeigen Verdrehungen und Anthocyanbildung.
Blätter gekräuselt, bucklig oder wellig deformiert, mitunter von den Blatträndern her
eingerollt. An den betroffenen Pflanzenteilen saugen in Kolonien lebende, geflügelte
und ungeflügelte Blattläuse.
Mehlige Kohlblattlaus (*Brevicoryne
brassicae* [L.]) 28
Schwarze Bohnenlaus (*Aphis fabae* Scop.) . 46

– Triebe brettartig aufgeplatzt und vielfach
S-förmig gekrümmt, knicken vor allem bei
Wind um und brechen zuweilen ab. Im In-
nern der Triebe fressen bis 7 mm lang werdende, beinlose, gelblich-weiße und braunköpfige Käferlarven.
**Großer Rapsstengelrüßler (Großer Kohltrieb-
rüßler)** (*Ceutorhynchus napi* Gyll.) 23

– Durch Austreiben von Nebenknospen er-
halten die Pflanzen einen buschigen Wuchs.
Die Herzen sind geplatzt. Schadbild ist die
Folge eines vorangegangenen Befalls mit
dem
**Schwarzen Kohltriebrüßler (Schwarzer Trieb-
rüßler)** (*Ceutorhynchus picitarsis* Gyll.) . . . 24

– Triebe im oberen Bereich gestaucht, mitunter auch verdreht (vereinzelt in den Beständen). Blüten bzw. Schoten der Spitzen-

24

region stehen büschelartig zusammen, Blüten- oder Schotenstielchen sind verkürzt.

Kohldrehherzmücke (*Contarinia nasturtii*
Kieff.*)*) **30**

FRASSSCHÄDEN

– An Blättern und Trieben unregelmäßiger und unterschiedlich ausgedehnter Loch-, Rand- bzw. Schabefraß, mitunter auch Skelettierfraß kann verursacht werden durch

Schnecken, verschiedene Arten **8**
(vor allem an Pflanzenteilen in Bodennähe)
Erdflöhe, verschiedene Arten **21**
Brauner Rübenaaskäfer (*Blitophaga opaca*
[L.]*)*) **27**
Schwarzer Rübenaaskäfer (*Blitophaga undata*
[Müll.]*)*) **27**
Laufkäfer der Gattung *Amara* **24**
Roter Rapsblattkäfer (*Entomoscelis adonidis*
[Pall.]*)*) **27**
Senfblattkäfer (Senfkäfer) (*Colaphellus
sophiae* [Schall.]*)*) **27**
Larven verschiedener Schmetterlings-Arten:
Kohlschabe (Kohlmotte) (*Plutella maculipennis*
Curtis) **31**
Rübenzünsler (Wiesenzünsler) (*Loxostege
sticticalis* [L.]*)*) **31**
(zwischen den Fraßlöchern feine Gespinstfäden)
Großer Kohlweißling (*Pieris brassicae* L.) . **32**
Kleiner Kohlweißling (Rübsenweißling)
(*Pieris rapae* L.) **32**
Rapsweißling (*Pieris napi* L.) **32**
Gammaeule (*Phytometra gamma* L.) **65**
Kohleule (*Barathra brassicae* L.) **55**
Erbseneule (*Polia pisi* L.) **65**
Gemüseeule (*Polia oleracea* [L.]*)*) **65**
Erdraupen **8**
(vor allem an Pflanzenteilen in bodennahem
Bereich)
Rübsenblattwespe (Kohlrübenblattwespe)
(*Athalia rosae* L.) **25**

– Zahlreiche Rüsselkäfer-Arten führen in Form von feinem Nage- oder Schabefraß ihren Reifungsfraß an Blättern und Trieben durch, siehe hierzu Tafeln . . **23, 24, 25, 26**

– An den Knospenständen und Knospen der Pflanzen im Stadium des Schossens fressen 1,5 bis 2,7 mm lange, metallisch grüne, blaugrüne bis blauviolette oder braune, glänzende Käfer.

Glanzkäfer, verschiedene Arten der
Gattung *Meligethes* **22**

– In oft brettartig aufgeplatzten und mitun-

ter S-förmig gekrümmten Trieben fressen bis 7 mm lang werdende, beinlose, gelblichweiße und braunköpfige Käferlarven.

Großer Rapsstengelrüßler (Großer Kohltriebrüßler) (*Ceutorhynchus napi* Gyll.) **23**

– Im Inneren der Triebe braune Fraßgänge. Darin fressen 5 bis 6 mm lange, beinlose, gelblich-weiße Käferlarven. Äußerlich keine besonderen Befallssymptome erkennbar.

Gefleckter Kohltriebrüßler (Kleiner Kohltriebrüßler) (*Ceutorhynchus quadridens*
[Panz.]*)*) **23**
Blauer Rapstriebrüßler (*Ceutorhynchus sulcicollis* [Payk.]*)*) **23**

– In den unteren Teilen der Blattstiele sowie im Mark des unteren Stengelteils fressen 5 bis 6 mm lange, gelblich-weiße Käferlarven mit dunkler Kopfkapsel Gänge zur Wurzelspitze.

Mauszahnrüßler, verschiedene Arten der
Gattung *Baris* **26**

– In den Blattstielen Minierfraß mit braunem Bohrmehl und Kot, in den Minen 3 bis 4 mm lange, walzenförmige Käferlarven.

Schwarzer Kohltriebrüßler (Schwarzer Triebrüßler) (*Ceutorhynchus picitarsis* Gyll.) . . . **24**
sowie 4 bis 6 mm lange gelblich-weiße Larven
Gelbstreifiger Kohlerdfloh
(*Phyllotreta nemorum* [L.]*)*) **21**

– In den Blattstielen fressen minenartig bis 6 mm lang werdende, weißliche bis gelblichweiße Fliegenlarven.

Blattstiel-Minierfliege (Blumenkohlminierfliege) (*Phytomyza rufipes* Meig.) **30**

– In linsenförmigen Blattgallen auf den Blattadern der Blattunterseite fressen 3 bis 4 mm lange, beinlose Käferlarven.

Kohlblattrüßler (*Ceutorhynchus leprieuri*
Bris.) **24**

– In Gang- oder Platzminen auf den Blättern, die sich deutlich hellgrün gegenüber dem umgebenden Blattgewebe abheben, fressen 3 bis 4 mm lange weißliche bis gelblich-weiße Fliegenlarven.

Erbsenminierfliege (*Phytomyza atricornis*
Meig.) **30**
Minierfliege (*Scaptomyza flaveola* Meig.) . . **30**

– Pflanzen vor allem an den Bestandesrändern völlig abgebissen.

Kaninchen, Hasen, Rehe

– Pflanzen im Umkreis um aufgewühlte Erdlöcher abgefressen.

Hamster

– Nesterweise im Bestand sind die Pflanzen abgefressen. Laufgänge auf dem Boden sowie im oberen Bodenbereich erkennbar.

Mäuse

SAUGSCHÄDEN

– Auf Blättern und Trieben kleine, helle Saugflecke, die sich später hellgrau, graubraun oder gelblich-braun verfärben und zusammenfließen. Blätter sterben später ab, mitunter auch die Triebspitzen. An den befallenen Pflanzenteilen, vor allem auf der Blattunterseite, verschieden gefärbte, etwa 0,3 bis 0,5 mm lange Milben, zum Teil in lockerem Gespinst, daneben Eier und Larven.

– An Blattspreiten, Blattstielen und an Stengeln helle Stichstellen, Umgebung der Stichstellen vielfach rötlich gefärbt. Pflanzenteile im Bereich der Stich- bzw. Saugstellen krümmen sich. Blattränder werden bräunlich bis rötlichbraun, rollen sich, vertrocknen.

– Oberseite der Blätter gekräuselt, bucklig oder wellig deformiert mit teilweise hellen Flecken, mitunter von den Blatträndern her eingerollt, vergilben und werden schließlich braun. Triebspitzen welken und vertrocknen, zeigen Verdrehungen und Anthocyanbildung. An diesen Pflanzenteilen saugen in Kolonien, geflügelte und ungeflügelte Blattläuse.

sowie meist ohne dieses Schadbild zu verursachen die meist einzeln oder in kleinen Kolonien lebende

(wichtigster Überträger zahlreicher pflanzenpathogener Viren (siehe Tafeln 14–16)

– Relativ selten saugen an den Blattunterseiten hellgrüne, etwa 4 mm lange, zum Teil springende Insekten.

Zikaden, verschiedene Arten.

– An Leindotter saugen an den Triebspitzen sowie den oberen Blättern der Triebe braunschwarze, kurzbeinige Insekten mit befransten Flügeln bzw. deren weißgelb gefärbte, ungeflügelte Larven.

IV. Krankheiten und Beschädigungen an Knospen, Blüten Schoten und Samen

(Siehe auch „Krankheiten und Beschädigungen an Blättern und Trieben älterer Pflanzen nach Beginn des Schossens")

MECHANISCHE BESCHÄDIGUNGEN

– Knospen, Blüten und Schoten abgeschlagen. Noch grüne Schoten mit hohen Anschlagstellen, reife Schoten zerschlagen oder aufgeplatzt, Samen herausgefallen. Zur Diagnose der Ursache Blatt- und Triebsymptome sowie Schäden an Nachbarkulturen und Unkräutern beachten.

VERFÄRBUNGEN, FLECKENBILDUNGEN, FÄULEN, WELKEN, ABSTERBEN

Abiotische Schäden, Ernährungsstörungen

– Vorzeitiges Absterben der Triebspitzen, Knospen, Blüten und Schoten kann verursacht werden durch

– Vor allem im mittleren und unteren Bereich, manchmal aber auch im Spitzenbereich der Triebe werden die Blütenknospen braun, vertrocknen und fallen ab. Keine Fraßstellen an den vertrockneten Knospen oder Knospenstielchen nachweisbar. Verwechslungsmöglichkeit mit Schaden durch Glanzkäfer, verschiedene Arten der Gattung *Meligethes* (Tafel 22).

Bei Raps:

– Bei stark reduziertem Blütenansatz sind die Blüten relativ klein und werden häufig vorzeitig abgestoßen. Insgesamt Blüten- und Fruchtbildung stark in Mitleidenschaft gezogen.

– Blütenbildung unterbleibt gänzlich, oder die Blüten bzw. nur unvollständig entwickelte Schoten werden vorzeitig abgeworfen.

– Abknicken und Absterben der Triebspitze mit den Knospen und Blüten bzw. Schoten kann in Zusammenhang stehen mit

– Blüten reduziert, Taubblütigkeit erhöht und Schotengröße verringert.

– Sproßspitze stirbt vielfach vorzeitig ab. Die ansonsten meist gedrungenen Blütenstände bringen nur wenige Blüten hervor, die entweder taub sind oder schwache Schoten mit vermindertem Anteil keimfähiger Samen zur Reife bringen.

Bei Senf:

– Abknicken und Absterben der Triebspitze mit den Knospen und Blüten bzw. Schoten kann in Zusammenhang stehen mit

Virosen, Mykoplasmosen

Bei Raps:

– Mangelhafte Schotenausbildung in Verbindung mit allgemeiner Scheckung und Deformation der Blätter.

– Blütenvergrünung, blattähnliches Durchwachsen der Blüten und Blütenstände. An Stelle der Blüten grüne, blasige Gebilde, zum Teil blattähnlich.

Bei Senf:

– Lückiger Schotenbesatz der spärlich ausgebildeten Fruchttriebe. Ältere Blätter brü-

chig, weinrot umsäumt, Vergilbung der Interkostalfelder.

– Geringer Schotenansatz an unterentwickelten Pflanzen mit mosaikartig gefleckten und verbeulten Blättern.

Bei Rübsen:

– An Stengeln mit streifenartigen Nekrosen Untergrößen der lückig angesetzten Schoten, asymmetrisch verformte, mosaikartig gefleckte Blätter.

Bei Krambe:

– An schwachwüchsigen Pflanzen mit deformierten, gekräuselten und gelblichgrün mosaikartig gefleckten Blättern Anzahl der Schoten vermindert.

Bei Leindotter:

– An verzwergten Pflanzen mit gelbgrünen, mosaikartig gefleckten Blättern Blütenstand verformt, Schoten degeneriert und lückig angeordnet.

Mykosen

– Bei feuchtem Wetter an Knospen, Blütenstielen und Blütenstandsachsen sowie später auf den Schoten graubraune Verfärbungen, darauf graubrauner bis dunkelolivbrauner, stäubender Pilzbelag (Sporenträgerrasen des Erregers).

– An mitunter deformierten, gebogenen Trieben helle, gelbliche, vieleckige Flecke, mitunter auch an Schoten, darauf grauweißer Pilzüberzug.

– Bei Leindotter auf Stengeln, Blättern und Schötchen weißlicher, lockerer Pilzüberzug.

Triebspitzen welken, verbräunen und sterben ab. Triebe mitunter deformiert, Schötchen reifen vorzeitig.

Falscher Mehltau (*Peronospora camelina* Gäum.) **18**

– An Stengeln und Schoten runde, zonierte hellbraune bis graue oder dunkelbraune bis schwarze Flecke. Schoten platzen vorzeitig auf, die notreifen Körner fallen heraus.

Rapsschwärze (*Alternaria*-**Blattfleckenkrankheit**) (*Alternaria brassicae* [Berk.] Sacc., *Alternaria brassicicola* [Schw.] Wiltsh.) **18**

– Mitunter auf den Schoten dunkel verfärbte, ausgeblichene, später nekrotisch werdende Flecke, mit zahlreichen, dunklen, punktförmigen Pyknidien (Fruchtkörper des Erregers) besetzt.

Halsnekrose (*Phoma lingam* [Tode ex Fr.] Desm.) **17**

– Weitere Erreger von Fleckenbildungen an Schoten siehe Tafel **18**

– Vor allem an Senf, Krambe und Leindotter Triebspitzen deformiert, verbogen. Darauf sowie auf den Schoten weiße, cremefarbene, kalkartige Pusteln. Befallene Pflanzenteile sehen aus, als ob sie mit weißem Lack besprüht wären.

Weißer Rost (*Albugo candida* [Pers. ex Hook] O. Kuntze) **19**

Tierische Schaderreger

– Blüten und Fruchttriebe, mitunter auch die grünen Schoten, mit hellen Stichstellen, deren Umgebung vielfach rötlich gefärbt ist. Sie krümmen sich im Bereich der Stichstellen, verbräunen mitunter und sterben ab.

Wanzen, verschiedene Arten **29, 44, 55**

– Triebspitzen mit den Knospen, Blüten bzw. Schoten welken und vertrocknen, zeigen Verdrehungen und Anthocyanbildung. An den betroffenen Pflanzenteilen saugen in Kolonien lebende, geflügelte und ungeflügelte Blattläuse.

Mehlige Kohlblattlaus (*Brevicoryne brassicae* [L.]) **28**
Schwarze Bohnenlaus (*Aphis fabae* Scop.) . **46**

– An Leindotter saugen an den Triebspitzen, besonders den oberen Blättern, Knospen und an den Schötchen braunschwarze

kurzbeinige Insekten mit befransten Flügeln bzw. deren weißgelb gefärbte Larven. Betroffene Pflanzenteile vergilben, verbräunen und sterben ab. Spitzen der Triebe zum Teil welkend.

Blasenfüße, verschiedene Arten **64**

– Knospen oder Knospenstielchen angefressen, durch 1,5 bis 2,7 mm lange, metallisch grüne, blaugrüne bis blauviolette oder braune, glänzende Käfer. Viele der betroffenen Knospen verbräunen und fallen ab.

Glanzkäfer, verschiedene Arten der Gattung *Meligethes* **22**

– In vorzeitig vergilbenden und mitunter leicht deformierten Schoten fressen 3 bis 4 mm lange, weißliche und beinlose Käferlarven mit brauner Kopfkapsel. Zum Teil an den Schoten Ausbohrlöcher zu erkennen.

Kohlschotenrüßler (*Ceutorhynchus assimilis* Payk.) **25**
Ceutorhynchus gallorhenanus Solari **25**

– Schoten vergilben vorzeitig, sind an der Oberfläche leicht deformiert bzw. schwellen an und sind mitunter an der Spitze verkrümmt. Im Inneren fressen 1,5 bis 3 mm lange, gelblich-weiße, kopf- und beinlose Gallmückenlarven. Schoten verbräunen später und platzen vorzeitig auf.

Kohlschotenmücke (Kohlgallmücke) (*Dasyneura brassicae* Winn.) **25**

– Bei Leindotter frißt in vergilbenden Schötchen eine 2,5 bis 3,5 mm lange, gelblichweiße, beinlose und sichelförmige Käferlarve.

Leindotterrüßler (*Ceutorhynchus syrites* Germ.) **25**

MISSBILDUNGEN, VERÄNDERUNG DES WUCHSHABITUS

– Blüten relativ klein bzw. nur unvollständig entwickelte Schoten werden vorzeitig abgeworfen. Stark reduzierter Blütenansatz.

Phosphor-Mangel **10**

– Blütenbildung unterbleibt gänzlich oder die Blüten bzw. nur unvollständig entwickelte Schoten werden vorzeitig abgeworfen.

Kalium-Mangel **10**

– Blüten reduziert, Taubblütigkeit erhöht und Schotengröße verringert.

FRASSSCHÄDEN

(Siehe hierzu auch III. „Krankheiten und Beschädigungen an Blättern und Trieben älterer Pflanzen nach Beginn des Schossens" – Fraßschäden –)

– An den Knospen sowie in den Knospen an den Staubgefäßen fressen etwa 1,5 bis 2,7 mm lange, metallisch grüne, blaugrüne bis blauviolette oder braune, glänzende Käfer. Zur Zeit der Blüte fressen in sich öffnenden Knospen, in Blüten und später an den jungen Schoten 3,4 bis 4 mm lange, weißgraue und bräunlich gepunktete Larven.

– In vorzeitig vergilbenden und mitunter leicht deformierten Schoten fressen 3 bis 4 mm lange, weißliche und beinlose Käferlarven mit brauner Kopfkapsel. Zum Teil an den Schoten Ausbohrlöcher zu erkennen.

– In vorzeitig vergilbenden und an der Oberfläche deformierten Schoten fressen 1,5 bis 3 mm lange, gelblich-weiße, kopf- und beinlose Gallmückenlarven. Schoten verbräunen und platzen vorzeitig auf.

– Bei Leindotter frißt in vergilbenden Schötchen eine 2,5 bis 3,5 mm lange, gelblichweiße, beinlose und sichelförmige Käferlarve.

– Bei Leindotter frißt an Knospen, Blüten und Schötchen ein 1,5 bis 2,1 mm langer, schwarzer Rüsselkäfer mit gestreiften Flügeldecken und weißer bis goldgelber Behaarung.

– Die jungen Schoten sind fein zusammengesponnen, in den Schotenwänden Lochfraßstellen, die bis zu den Samen in die Schoten hineinreichen. Der Fraß wird verursacht, durch 18 bis 20 mm lange, gelbgrüne Schmetterlingslarven.

– Unspezifischer, mehr oder weniger ausgedehnter Loch-, Rand- und Schabefraß an Knospen, Blüten und Schoten kann durch zahlreiche weitere tierische Schaderreger verursacht werden. Zur Diagnose auf jeden Fall die Schaderreger selbst beachten. Es kommen vor allem in Frage

– Vor allem die reifenden Schoten werden mehr oder weniger stark angefressen, angehackt, und die Samen herausgefressen.

SAUGSCHÄDEN

– An Knospen, Blüten und Schoten können Saugschäden
(siehe unter III. – Saugschäden –) verursachen:

V. Krankheiten und Beschädigungen an Wurzeln

(Diagnose in der Regel mit Symptomen an oberirdischen Pflanzenteilen)

ABSTERBEERSCHEINUNGEN, VERFÄRBUNGEN, FÄULEN

– Nach langanhaltenden Kahlfrösten bzw. einer extremen Winterwitterung Absterben der Blätter der Winterölfruchtpflanzen, ebenso der Herzblätter und mitunter sogar der Wurzeln.

Auswinterung 1

– Bei Raps bleiben die Wurzeln kurz, sterben von der Spitze her ab, Entwicklung der Seitenwurzeln unterbleibt, Wurzelhaare nur schwach ausgebildet.

Calcium-Mangel 10

– Bei Senf zeigen die Wurzeln ein struppiges und schleimiges Aussehen. Sie bleiben kurz.

Calcium-Mangel 13

– Wurzeln stark verkürzt, dick und kaum gestreckt, mit nekrotischen Verdickungen an den Wurzelspitzen.

Bor-Mangel 12

– Die Wurzeln umfallender und absterbender Keimpflanzen oder welkender und vergilbender älterer Pflanzen sind dunkel verfärbt, werden später schwarz, verfaulen. Es kann auch der Wurzelhals eingeschnürt und verbräunt sein, unterer Stengelteil verfärbt sich dunkel und unter Gewebeerweichung braun bis schwarz.

Umfallkrankheit, Schwarzbeinigkeit, Wurzelbrand, Keimlingskrankheit 5
ähnlich:
Halsnekrose (*Phoma lingam* [Tode ex Fr.] Desm.) 17
Wurzelfäule (Wurzelbräune) (*Thielaviopsis basicola* [Berk. et Br.] Ferr.) 59

– Wurzeln verbräunt und meist stark zerstört. Wurzel- und Stengelrinde runzlig und silbergrau. Pflanzen vergilben und welken.

Verticillium-**Stengelfäule** (*Verticillium dahliae* Kleb.) 19

– Wurzelhals erweicht und verbräunt, weißer Myzelüberzug, im Bereich verbräunter und abgestorbener Wurzeln unregelmäßig geformte, schwach runzlige, braune bis schwarze, 10 bis 30 mm große Sklerotien, Pflanzen welken und sterben ab.

Rapskrebs (Weißstengeligkeit, Handgriffkrankheit) (*Sclerotinia sclerotiorum* [Lib.] de Bary) **20, 50**

MISSBILDUNGEN

– An den Wurzeln im Wachstum zurückbleibender Pflanzen, die bei Trockenheit schlaff werden, fingerförmige oder knollige Wucherungen und Vergallungen. Durch Querschnitte können Dauersporen in den Wirtszellen der Wucherungen nachgewiesen werden. In den Wucherungen keine Fraßgänge sowie Käferlarven.

Kohlhernie (*Plasmodiophora brassicae* Wor.) **20**

– An den Wurzeln Gallen von unregelmäßiger Gestalt, meist rundlich bis spindelförmig, mehr oder weniger zerklüftet. Pflanzen im Wachstum gehemmt. In den Gallen bis 1 mm lange und 0,5 mm breite, birnenförmige Gebilde (Weibchen) nachweisbar.

Nördliches Wurzelgallenälchen (*Meloidogyne hapla* Chitwood) **6**

– Im Bestand nesterweise im Wachstum gehemmte Pflanzen, die bei Trockenheit welken, an den Wurzeln befinden sich etwa 0,5 mm lange, dickbauchige, zitronenförmige, oft asymmetrische, weißliche, gelbe bis braune Zysten.

Kohlzystenälchen (*Heterodera cruciferae* Franklin) **6**

– An den Wurzeln etwa 0,6 bis 0,8 mm lange, zitronenförmige, weißliche, gelbe bis braune Zysten.

Rübenzystenälchen (*Heterodera schachtii* Schmidt) **6**

– Am Wurzelhals und an der Hauptwurzel, manchmal auch am Stengelgrund, kugelige, erbsen- bis kirschkerngroße, mitunter ineinander übergehende Gallen. In den Gallen lassen sich bis 8 mm lang werdende, weißliche, beinlose Käferlarven mit brauner Kopfkapsel feststellen.

Kohlgallenrüßler (*Ceutorhynchus pleurostigma* Marsh.) **26**

FRASSSCHÄDEN

– Im Inneren der Wurzel fressen 5 bis 6 mm lange, gelblich-weiße, beinlose Käferlarven mit rotbrauner Kopfkapsel in Richtung Wurzelspitze. In den Fraßgängen Bohrmehl sowie im späteren Stadium gelblich-weiße, bis 5 mm lange Puppen.

Mauszahnrüßler, verschiedene Arten der

– An den Wurzeln, zum Teil auch am Wurzelhals unregelmäßige Fraßbeschädigungen. Pflanzen sind im Wachstum gehemmt oder welken, vergilben und sterben vorzeitig ab.

– Nesterweise im Bestand sind die Wurzeln, vielfach aber auch die ganzen Pflanzen abgefressen. Laufgänge auf dem Boden sowie im oberen Bodenbereich erkennbar.

Mäuse

SAUGSCHÄDEN

– An den Wurzeln braune, dunkle Flecke, Pflanzen bleiben im Wachstum zurück und können sich mitunter verfärben und welken. Im Wurzelbereich sowie im Wurzelgewebe mundstacheltragende Nematoden.

Wandernde Wurzelnematoden, verschiedene

– Besonders auf lockeren, steinigen Böden saugen an den Wurzeln im Bereich der oberen Bodenschicht 1,9 bis 2,4 mm lange, hellbraune oder weißlich-bräunliche Wurzelläuse, die zum Teil mit weißem Wachsstaub bepudert sind.

Krankheiten und Beschädigungen an Sonnenblume und Saflor

I. Krankheiten und Beschädigungen nach der Aussaat bis zum Keimpflanzenstadium

AUFLAUFSCHÄDEN, WACHSTUMS-HEMMUNGEN

– Samen keimen nicht oder Keimlinge sterben vor Erreichen der Bodenoberfläche ab. Äußere Beschädigungen nicht erkennbar. Die Erscheinung ist mehr oder weniger gleichmäßig über den gesamten Bestand verbreitet. Pilzliche und tierische Schaderreger nicht nachweisbar.

Mangelhafte Saatgutqualität, schlechte Keimfähigkeit
Nachwirkung von Bodenherbiziden, angewandt zu Vorkulturen 3
Trockenheitsschaden 2

– Die Erscheinung ist auf mehr oder weniger begrenzte Flächen in einem Bestand beschränkt.

Stauende Nässe, Überschwemmungen . . . 2
Mietenplätze, Strohdiemenplätze u. a. wurden bei der Aussaat in den Bestand einbezogen 1
Umfallkrankheit, Schwarzbeinigkeit, Wurzelbrand, Keimlingskrankheit 5

– In den Samen bzw. in den verdickten oder verdrehten Keimlingen 1 bis 1,5 mm lange Fadenwürmer mit geknöpftem Mundstachel.

Stengelälchen (Stockälchen) (*Ditylenchus dipsaci* [Kühn] Filipjev) 7

– Samen oder Keimlinge an- oder abgefressen, in ihrem Bereich im Boden zahlreiche, etwa 1 bis 2 mm lange, verschieden gefärbte, springende Insekten.

Springschwänze (Collembolen) 8

– Ein ähnliches Schadbild verursachen
Tausendfüßer, verschiedene Arten 9

– Samen sind aus dem Boden gescharrt, Scharrspuren erkennbar.
Vögel

VERFÄRBUNGEN, FLECKENBILDUNGEN, FÄULEN

(Siehe auch „Absterbeerscheinungen, Welken, Umfallen")

– Keimblätter (auch die ersten Laubblätter) weisen am Rand, aber auch ganzflächig Verbräunungen und Schwärzungen auf. Verwechslung mit Windschaden (Tafel 2) ist möglich. Pilzliche Krankheitserreger nicht nachweisbar.

Frostschaden 1

– Keimpflanzen vergilben, kümmern und sterben nach Überschwemmungen bzw. extrem langanhaltender, hoher Bodenfeuchtigkeit ab, vornehmlich in Bodensenken.

Stauende Nässe 2

– Keimblätter vergilben, Schadbild meist streifenweise im Bestand, besonders auf Vorgewenden.

Nachwirkung von Bodenherbiziden, angewandt zu Vorkulturen 3

– Unterer Stengelteil der Keimpflanzen verfärbt sich unter Gewebeerweichung braun bis schwarz, Wurzeln dunkel verfärbt, Keimpflanzen fallen um und vertrocknen mit auffälligen Einschnürungen des verbräunten Wurzelhalses.

Umfallkrankheit, Schwarzbeinigkeit, Wurzelbrand, Keimlingskrankheit 5

– An Keimblättern runde, zonierte, hellbraune bis graue oder dunkelbraune bis schwarze Flecke mit einem Durchmesser von 0,5 bis 12 mm.

Alternaria-Blattfleckenkrankheit
(*Alternaria* spp.) **40, 63**

– Gelbliche bis braune Flecke auf den Keimblättern mit einem Durchmesser bis zu 15 mm. Darauf später gelbliche, später dunkelbraune, von hellolivgrünem Hof umgebene Pyknidien.

Septoria-Blattfleckenkrankheit (*Septoria helianthi* Ell. et Kell.) **40**

– Keimpflanzen verfärben sich braun, welken und sterben ab. Wurzeln sind verbräunt und verfaulen. Pflanzen lassen sich leicht aus dem Boden ziehen. Auf den befallenen Pflanzenteilen weißes Pilzmyzel.

Stengelfäule (Stengelbrenner, Weißfäule, Sklerotienkrankheit) (*Sclerotinia sclerotiorum* [Lib.] de Bary) **41, 50**

– Keimpflanzen verfärben sich gelb bis braun, fallen um und sterben ab. Auf den Keimblättern mitunter mehr oder weniger große, braune Flecke.

Holzkohlenfäule (Aschiger Stengelbrand, Schwarzfäule) (*Macrophomina phaseolina* [Tassi] Goid., *Macrophomina* spp.) **43**

– Auflaufende Pflanzen verfärben sich graubraun, sterben mitunter ab. Auf den Keimblättern und am Hypokotyl graubrauner bis olivbrauner, stäubender Pilzbelag (Sporenträgerrasen des Erregers).

Grauschimmel (*Botrytis cinerea* Pers.) . **41, 62**

– Vergilbung und später Braunverfärbung, meist verbunden mit Umfallen und Absterben an Keimpflanzen können verursacht werden durch Fraß an den Wurzeln durch

tierische Schaderreger, verschiedene Arten. **8, 9**

ABSTERBEERSCHEINUNGEN, WELKEN, UMFALLEN
(Siehe auch „Verfärbungen, Fleckenbildungen, Fäulen" sowie „Fraßschäden an keimenden Samen, Keimwurzeln, Keimblättern")

– Das Absterben von Keimpflanzen, verbunden mit Welken und Umfallen kann verursacht werden durch

Trockenheitsschaden **2**

34

pilzliche Krankheitserreger, vor allem: der **Umfallkrankheit, Schwarzbeinigkeit, Wurzelbrand, Keimlingskrankheit** **5**

Alternaria-**Blattfleckenkrankheit** (*Alternaria* spp.) **40, 63**

Septoria-**Blattfleckenkrankheit** (*Septoria helianthi* Ell. et Kell.) **40**

Stengelfäule (Stengelbrenner, Weißfäule, Sklerotienkrankheit) (*Sclerotinia sclerotiorum* [Lib.] de Bary) **41, 50**

Holzkohlenfäule (Aschiger Stengelbrand, Schwarzfäule) (*Macrophomina* spp.) **43**

Grauschimmel (*Botrytis cinerea* Pers.) . **41, 62**
sowie durch Fraß an den Wurzeln der Keimpflanzen durch

tierische Schaderreger, verschiedene Arten. **8, 9**

MISSBILDUNGEN

– Keimblätter unterschiedlich deformiert, gewellt oder gekräuselt. Hypokotyl verdreht oder gebogen. Nematoden im Pflanzengewebe nicht nachweisbar.

Schaden durch Wuchsstoffherbizide . . **3, 36**

– Keimblätter gewellt oder verdreht, Hypokotyl angeschwollen, zum Teil verbogen. Im Gewebeinneren 1 bis 1,5 mm lange Fadenwürmer mit geknöpftem Mundstachel.

Stengelälchen (Stockälchen) (*Ditylenchus dipsaci* [Kühn] Filipjev) **7**

FRASSSCHÄDEN AN KEIMENDEN SAMEN, KEIMWURZELN, KEIMBLÄTTERN

– Vor allem auf feuchten Standorten Keimpflanzen meist nesterweise abgefressen. Keimblätter mit unregelmäßig geformten Fraßstellen mit Schleimspuren.

Schnecken, verschiedene Arten **8**

– Vor allem auf feuchten Standorten feiner Schabe- bzw. Lochfraß an den Keimblättern sowie an den jungen Stielen, mitunter auch Randfraß durch etwa 1 bis 2 mm lange, verschieden gefärbte, springende Insekten.

Springschwänze (Collembolen) **8**

– An den Keimblättern und ersten Laubblättern buchtenförmiger Randfraß, zum Teil auch Lochfraß. Keimpflanzen können vollständig abgefressen werden durch verschiedene Käfer-Arten und ihre Larven.

Brauner Rübenaaskäfer (*Blitophaga opaca* [L.]), **Schwarzer Rübenaaskäfer** (*Blitophaga undata* [Müll.]) **27**

– An den Wurzeln, zum Teil aber auch am Hypokotyl und an den Keimblättern unregelmäßige Fraßstellen. Pflanzen können absterben.

– Keimpflanzen mehr oder weniger nesterweise völlig abgebissen. Es entstehen im Bestand Kahlstellen, vielfach in der Nähe von Gehölzen, aber auch im Bestandesinneren.

Kaninchen, Hasen, Rehe

II. Krankheiten und Beschädigungen an Blättern und Trieben älterer Pflanzen

MECHANISCHE BESCHÄDIGUNGEN

– Nach starkem Wind oder Stürmen (vielfach verbunden mit starken Niederschlägen) Pflanzen mehr oder weniger gleichmäßig nach einer Seite geneigt. Bestände lagern.

– Blätter an- oder abgeschlagen, zerrissen oder durchlöchert. An Knospen, Blüten und Fruchtständen sowie an den Stengeln Anschlagstellen, die sich durch ihre hellere Färbung von dem übrigen Pflanzengewebe abheben, verbräunen später. Blütenblätter sind abgeschlagen, Samen aus dem Fruchtkörben können herausgeschlagen sein und liegen am Boden.

WACHSTUMSHEMMUNGEN

– Wachstumshemmungen können mit zahlreichen und unterschiedlichen Krankheiten und Beschädigungen verbunden sein. Für die Diagnose sind jedoch die jeweils spezifischen Symptome zu berücksichtigen. Deshalb wird an dieser Stelle auf die übrigen Abschnitte der Bestimmungstabelle verwiesen. Nachfolgend werden nur die möglichen und wichtigsten mit Wachstumshemmungen verbundenen Schadursachen aufgeführt:

VERFÄRBUNGEN, FLECKENBILDUNGEN, FÄULEN, WELKEN, UMBRECHEN, ABSTERBEN

Abiotische Schäden

– Die Laubblätter weisen am Rand, aber auch ganzflächig Verbräunungen und Schwärzungen auf. Krankheitserreger nicht nachweisbar.

– Nach starkem Wind oder Stürmen treten an den Blättern durch Reibung an anderen Blättern unregelmäßige Weißverfärbungen auf. Die Blattspitzen zeigen, bedingt durch Austrocknung, Braunschwarzverfärbungen.

Windschaden 2

– Blätter an- oder abgeschlagen, zerrissen oder durchlöchert. Ränder der Verletzungsstellen verbräunen. An Knospen, Blüten und Fruchtständen sowie an den Stengeln Anschlagstellen, die sich durch ihre hellere Färbung von dem übrigen Pflanzengewebe abheben. Kleinere Pflanzen sind abgeknickt oder abgebrochen. Blütenblätter sind abgeschlagen, Samen aus den Blütenkörben können herausgeschlagen sein und liegen am Boden.

Hagelschaden 2

– Unspezifisches Vergilben der Pflanzen, oft nesterweise im Bestand, später Welken und Absterben können verursacht werden durch

Trockenheitsschaden 2
Stauende Nässe, Überschwemmungen . . . 2
Mietenplätze, Strohdiemenplätze u. a. wurden bei der Aussaat in den Bestand einbezogen . 1
Nachwirkung von Bodenherbiziden, angewandt zu Vorkulturen 3

– Blattspreiten mit unregelmäßigen Aufhellungen, Nekrosen mit blaß- bis dunkelgrünen Verfärbungen, mitunter auch scharf gegen das gesunde Gewebe abgesetzt, braune, unregelmäßig geformte Blattflecke, Blätter können absterben. Pilzliche Krankheitserreger nicht nachweisbar.

Herbizidschaden 3
Verbrennungen, Verätzungen, Rauchgasschaden 3

– Auf den Blättern weißgelbe, gelbe bis gelbgrüne Flecken, vielfach von Blattadern begrenzt.

Panaschierung, Albikation 3

Ernährungsstörungen

– Blattfarbe insgesamt hellgrün, untere Blätter gelbgrün, mit hellbrauner Farbe vertrocknend. Blätter klein und schmal, Längen- und Dickenwachstum gehemmt. Pflanze zeigt Starrtracht.

Stickstoff-Mangel 33

– Blätter relativ klein, vorwiegend dunkel- bis blaugrün verfärbt, ältere Blätter vertrocknen. Blüte klein oder mißgestaltet, Blattstiele kurz und dünn, ebenfalls dunkel- bis blaugrün. Wachstum gehemmt. Pflanze zeigt Starrtracht.

Phosphor-Mangel 34

– Welketracht, Streckung der Internodien vermindert, Wachstumshemmung, Blattfarbe zunächst dunkelgrün, an älteren Blättern gelbliche, in Braun übergehende Flecken zuerst an den Spitzen und Rändern, später über die ganze Spreite verstreut, Blattränder auf- oder abwärts gebogen. Interkostalfelder nach oben gewölbt. Vertrocknen der Blätter mit gelbbrauner bis brauner Verfärbung.

Kalium-Mangel 33

– An älteren Blättern Ausbildung von gelbgrünen bis gelben Chlorosen in der Blattmitte und nachfolgend an Blattspitzen und -rändern, Blattadern mit breitem Saum bleiben grün, Chlorosen stellenweise nekrotisch.

Magnesium-Mangel 33

– Stengel stirbt unterhalb der Sproßspitze ab. Jüngste Blätter chlorotisch aufgehellt, flächenweise nekrotisch, Blattspitzen hakenförmig gekrümmt,

Calcium-Mangel 34

Virosen und Mykoplasmosen
(an Sonnenblume)

– Gelblichgrüne Flecke, vielfach mosaikartig, und partielle Nekrosen der dichter als normal gestellten, bisweilen unregelmäßig verdrehten, im Bereich der Triebbasis vorzeitig absterbenden Blätter. Pflanze zeigt gedrungenen Wuchs. Blütenkörbe und Samen sind unterentwickelt.

Zwergkrankheit, verursacht vermutlich durch ein Virus 37

– Chlorotische oder gelbe Flecke im Adernbereich, Adernchlorose sowie verwaschene Adernbänderung der Blätter.

Sonnenblumenfleckung, verursacht durch verschiedene pflanzenpathogene Viren . . . 37

– Auf den Blättern verwaschene, konzentrische Scheckung oder undeutliche Ringmuster, später durchsetzt mit schwachen Nekrosen.

Ringscheckung, verursacht durch das Tabakmauche-Virus 37

– Zungenblüten vergrünt, deformiert oder

fehlend. Röhrenblüten als gedrungene, grüne, sproßähnliche Gebilde entwickelt.

Blütenvergrünung durch Mykoplasmen . . **37**

Virosen und Mykoplasmosen
(an Saflor)

– Blätter gelbgrün gefleckt, mosaikartig, mitunter auch mit feinen Ring- und Linienmustern. Blätter verkleinert, leicht eingerollt, mitunter verdreht.

Saflormosaik, verursacht durch verschiedene pflanzenpathogene Viren **37**

– Blüten vergrünt oder verkümmert. Blätter mit vergilbenden Interkostalfeldern rosettenartig angeordnet. Pflanze zeigt gedrungenen, besenartigen Wuchs.

Blütenvergrünung, verursacht vermutlich durch Mykoplasmen **37**

Bakteriosen
(an Sonnenblume)

– An Stengeln und Blättern zunächst olivgrüne, später schwarze, sich rasch ausweitende Flecke. Stengel knicken leicht ab, Epidermis feucht-schleimig, reißt auf und blättert ab, charakteristischer Naßfäulegeruch. Aus betroffenen Pflanzenteilen Austreten von weißlichen Bakterienschleimtropfen.

Naßfäule (*Erwinia carotovora* subsp. *carotovora* [Jones] Dye). **38**

Mykosen

– Pflanzen vergilben und welken, Wurzelhals eingeschnürt und geschwärzt, Wachstumshemmung. Mitunter auch Gefäße des Stengels verbräunt.

Schwarzbeinigkeit, Wurzelbrand **5**

– Blätter vergilben am Stengel von unten nach oben fortschreitend, vor allem zunächst zwischen den Blattadern, gefolgt von Verbräunung. Blätter werden welk, verbräunen und vertrocknen. Streifenweises Verbräunen der Stengel, später braunschwarz. Auf den verfärbten Stellen kleine, schwarze Pünktchen (Mikrosklerotien). Gefäße der Stengel (im Querschnitt erkennbar) verbräunt.

Verticillium-**Welke** (*Verticillium albo-atrum* Reinke et Berth.,. **39,61**
Verticillium dahliae Kleb.) **19, 39**

– An Blättern und Stengeln runde, zonierte,

hellbraune bis graue oder dunkelbraune bis schwarze Flecke mit einem Durchmesser von 0,5 bis 12 mm, auf den Mittelrippen der Blätter länglich eingesunken.

Alternaria-**Blattfleckenkrankheit** (*Alternaria* spp.) **40, 63**

– Gelbliche bis braune Flecke auf den Blättern mit einem Durchmesser bis zu 15 mm. Auf der Blattoberseite zahlreiche gelbliche, später dunkelbraune, von hellolivgrünem Hof umgebene Pyknidien. Vorzeitiger Laubfall.

Septoria-**Blattfleckenkrankheit** (*Septoria helianthi* Ell. et Kell.) **40**

– Blätter welken, verbräunen und hängen schlaff am Stengel herunter. Am Stengel am Boden beginnend, hellbräunliche Verfärbungen, vom gesunden Gewebe scharf abgesetzt, darauf weißes Pilzmyzel. Im Stengel weißliche bis graue, blaugraue bis schwarze, erbsen- bis bohnengroße Sklerotien. Wurzelbereich verbräunt, Wurzeln abgestorben.

Stengelfäule (Stengelbrenner, Weißfäule, Sklerotienkrankheit) (*Sclerotinia sclerotiorum* [Lib.] de Bary) **41, 50**

– Auf den Blattunterseiten hellgrüne Flecke, darauf später ein dichtes, grauweißes Myzel, ebenso auf den Blattoberseiten. Blätter erscheinen blattoberseits gelbfleckig, sind gekräuselt und bleiben klein. Pflanze zeigt starre Wuchsform.

Falscher Mehltau (*Plasmopara halstedii* [Farlow] Berl. et de Toni) **42**

– Auf Blattober- und -unterseite weißlicher Myzelüberzug. Darin anfangs gelbliche, später kastanienbraune bis schwärzliche Punkte (Kleistothecien). Blätter sterben ab.

Echter Mehltau (*Erysiphe cichoracearum* DC ex Merat) **42**

– Blätter welken und vertrocknen am Stengel von unten nach oben. Ab Ende Juni rostfarbene, später schwarze Pusteln auf den befallenen Pflanzenteilen.

Sonnenblumenrost (*Puccinia helianthi* Schw.) **43**
Saflorrost (*Puccinia carthami* [Hutzelmann] Corda) **43**

– Am Stengel länglich-ovale, dunkelbraune bis schwarze Flecken, fließen zusammen und werden später wieder blasser. An Blattstielen schwärzliche punkt- oder strichförmige Nekrosen.

Schwarzfleckenkrankheit (*Phoma macdonaldii* Boerema) 39

– Dunkle Trocken- oder Naßfäule am unteren Stengelteil. Rinde ist zerstört. Im Befallsbereich zahlreiche schwarze Sklerotien. Auf den Blattspreiten mehr oder weniger große, braune Flecke.

Holzkohlenfäule (Aschiger Stengelbrand, Schwarzfäule) (*Macrophomina* spp.) 43

– Besonders bei feuchtem Wetter graubraune Verfärbungen an allen Pflanzenteilen, darauf graubrauner bis dunkelolivbrauner, stäubender Pilzbelag (Sporenträgerrasen des Erregers).

Grauschimmel (*Botrytis cinerea* Pers.) . 41, 62

Tierische Schaderreger

– Ab Ende Juni an den Blättern von den Adern scharf begrenzte, gelbgrüne, später sich schwarzbraun verfärbende Flecke. Blätter sterben später ab. Im Blattgewebe 0,7 bis 1,2 mm lange Fadenwürmer mit kleinem geknöpftem Mundstachel.

Chrysanthemenblattälchen (*Aphelenchoides ritzemabosi* [Schwartz] Steiner) 7

– Auf den Blättern kleine, helle Flecke, die sich später hellgrau, graubraun oder gelblich-braun verfärben. Blätter sterben später ab. An den befallenen Pflanzenteilen, vor allem auf den Blattunterseiten, verschieden gefärbte, etwa 0,3 bis 0,5 mm lange Milben, zum Teil in lockerem Gespinst, daneben Eier und Larven.

Gemeine Spinnmilbe (*Tetranychus urticae* Koch) 44

– Zunächst unregelmäßig große, gelblich-weiße Saugflecke zwischen den Blattadern. Blätter käuseln und wellen sich. Deformationen an den Blatträndern. Blätter werden braun, es entstehen unregelmäßige Löcher und Risse auf der Blattspreite.

Wanzen, verschiedene Arten 29, 44, 55

– Blätter wellig deformiert, kräuseln und rollen sich von den Rändern her ein, vergilben und werden schließlich braun. An den Blättern saugen in Kolonien lebende, schwarze, geflügelte und ungeflügelte Blattläuse.

38

Schwarze Bohnenlaus (*Aphis fabae* Scop.) . 46

– In ähnlicher Weise schädigen

Kleine Pflaumenblattlaus (*Brachycaudus helichrysi* [Kalt.]) 46

Große Pflaumenblattlaus (*Brachycaudus cardui* L.) 46

– Auf den Blättern zeichnen sich einfache, sich nur wenig erweiternde Gangminen deutlich hell gegenüber dem umgebenden Blattgewebe ab. In den Minen etwa 3 mm lange, gelblich-weiße Fliegenlarven und bräunliche, 2,5 mm lange Puppen.

Erbsenminierfliege (*Phytomyza atricornis* Meig.) 30, 65

– Ab Juli vergilben und welken die Blätter und Triebspitzen. Am Stengel Einbohrlöcher mit Bohrmehl und Exkrementen. Im Stengel frißt eine 25 bis 30 mm lange, graubraune bis schmutzig graue Larve mit dunkler Rückenlinie. Stengel brechen ab.

Maiszünsler (*Ostrinia nubilalis* Hbn.) 45

– Unspezifisches Vergilben, Welken und Absterben der Pflanzen kann verursacht werden durch Fraß an den Wurzeln durch

Erdraupen 8
Engerlinge 8
Drahtwürmer 8
Schnakenlarven 9
Tausendfüßer 9
Maulwurfsgrille 9
mitunter auch möglich:
Wurzelfliegenlarven 9
Mäuse

MISSBILDUNGEN,
VERÄNDERUNGEN DES WUCHSHABITUS

– Pflanzen unterschiedlich deformiert. Stengel verkrümmt. Blattspreite gewellt, gekräuselt, unnatürlich verbreitert oder bis zur Unkenntlichkeit deformiert, mitunter auch Schmalblättrigkeit, „Nasenbildung", blasige Auftreibung, oft verbunden mit unterschiedlichen Vergilbungserscheinungen. Blattränder mitunter mehr oder minder tief gesägt.

Herbizidschaden 3, 36

– Vereinzelte Pflanzen im Bestand mit band- oder brettartig verbreiterten Trieben. In dem deformierten Stengelbereich zahlreiche kleinere Blätter sowie zahlreiche Seitentriebe.

Verbänderung 4

– Längen- und Dickenwachstum gehemmt, Blätter klein und schmal, Starrtracht, Blattfarbe insgesamt hellgrün, untere Blätter gelbgrün, mit hellbrauner Farbe vertrocknend.

Stickstoff-Mangel 33

– Pflanze zeigt im Wuchs Starrtracht. Das Wachstum ist gehemmt. Die kurzen dünnen Blattstiele sowie die relativ kleinen Blätter vorwiegend dunkel- bis blaugrün. Ältere Blätter vertrocknen, Blüte oft nur klein oder mißgestaltet.

Phosphor-Mangel 34

– Welketracht, Streckung der Internodien vermindert, Wachstumshemmung, Blattfarbe zunächst dunkelgrün, an älteren Blättern gelbliche, in Braun übergehende Flekken zuerst an den Spitzen und Rändern, später über die ganze Spreite verstreut, Blattränder auf- oder abwärts gebogen. Interkostalfelder nach oben gewölbt. Vertrocknen der Blätter mit gelbbrauner bis brauner Verfärbung.

Kalium-Mangel 33

– Blattspitzen hakenförmig gekrümmt. Stengel stirbt unterhalb der Sproßspitze ab. Jüngste Blätter chlorotisch aufgehellt.

Calcium-Mangel 34

– Blätter verdickt und spröde mit Verformungen. Wachstum der Sproßspitze gehemmt, nach kurzer Zeit unter schwarzbrauner Verfärbung absterbend, an jüngsten Blättern Aufhellen der Farbe von der Basis her, nachfolgend gelbe bis rote Verfärbungen.

Bor-Mangel 34

– Jüngste Blätter nach innen gewölbt und aufgerollt, zum Teil sproßaufwärts oder sproßabwärts gerichtet, aufgehellt.

Kupfer-Mangel 35

– Pflanze zeigt gedrungenen Wuchs, Blätter dichter als normal gestellt, unregelmäßig verdreht, gelblich-grün, mosaikartig gefleckt mit partiellen Nekrosen. Blätter an der Triebbasis sterben vorzeitig ab.

Zwergkrankheit, verursacht vermutlich durch ein Virus 37

– Bei Saflor Blätter verkleinert, einwärtsgerollt, mitunter verdreht, gelbgrün gefleckt,

zum Teil mit feinem Ring- und Linienmuster.

Saflormosaik, verursacht durch verschiedene pflanzenpathogene Viren 37

– Pflanze mit besenartigem Wuchs, Blätter rosettig angeordnet mit vergilbenden Interkostalfeldern. Blüten vergrünt oder verkümmert.

Blütenvergrünung des Saflor, verursacht vermutlich durch Mykoplasmen 37

– Pflanze zeigt eine starre, gestauchte Wuchsform mit zusammengedrängter Beblätterung. Blätter sind gekräuselt und bleiben klein. Auf den Blattunterseiten hellgrüne Flecke, darauf später ein dichtes, grauweißes Myzel, ebenso auf den Blattoberseiten. Blätter erscheinen blattoberseits gelbfleckig.

Falscher Mehltau (*Plasmopara halstedii* [Farlow] Berl. et de Toni) 42

– Stengel verkrümmt, am Grunde mitunter verdickt, Blätter gewellt oder verdreht. Im Gewebeinneren 1 bis 1,5 mm lange Fadenwürmer mit geknöpftem Mundstachel.

Stengelälchen (Stockälchen) (*Ditylenchus dipsaci* [Kühn] Filipjev) 7

– Blätter gekräuselt und gewellt, Deformationen der Blattränder. Zwischen den Blattadern unregelmäßig große, gelblich-weiße Saugflecke. Blätter werden braun. Es entstehen unregelmäßige Löcher und Risse auf der Blattspreite.

Wanzen, verschiedene Arten 29, 44, 55

– Blätter wellig deformiert, kräuseln und rollen sich von den Rändern her ein, vergilben und werden schließlich braun. An den Blättern saugen in Kolonien lebende, schwarze, geflügelte und ungeflügelte Blattläuse.

Schwarze Bohnenlaus (*Aphis fabae* Scop.) . 46

– In ähnlicher Weise schädigen

Kleine Pflaumenblattlaus (*Brachycaudus helichrysi* [Kalt.] 46

Große Pflaumenblattlaus (*Brachycaudus cardui* L.) 46

FRASSSCHÄDEN

– In einfachen, sich nur wenig erweiternden Gangminen auf den Blättern fressen etwa 3 mm lange, gelblich-weiße Fliegenlarven.

Erbsenminierfliege (*Phytomyza atricornis*
Meig.) 30, 65

– Am Stengel Einbohrlöcher mit Bohrmehl
und Exkrementen erkennbar. Blätter und
Triebspitzen der Pflanzen vergilben. Stengel
brechen ab bzw. sind abgeknickt. Im Stengel
frißt eine 25 bis 30 mm lange, graubraune
bis schmutzig graue Larve mit dunkler Rük-
kenlinie.

Maiszünsler (*Ostrinia nubilalis* Hbn) 45

– In zusammengesponnenen Blättern im Bereich der Triebspitze, mitunter auch an
einem Blatt, dessen Spitze oder Rand eingerollt und zusammengesponnen ist, eine graugrüne bis grüne oder blaßgrüne, etwa 13 mm
lange Schmetterlingslarve.

Schattenwickler (*Cnephasia wahlbomiana* L.) 55, 65, 70

– Unregelmäßige Fraßbeschädigungen an
Blättern und Triebspitzen, mitunter auch an
den Stengeln, werden verursacht durch die
Larven verschiedener Schmetterlings-Arten,
vor allem

Gammaeule (*Phytometra gamma* L.) 65
Erbseneule (*Polia pisi* L.) 65
Gemüseeule (*Polia oleracea* [L.]) 65
Kohleule (*Barathra brassicae* L.) 55
Großer Kohlweißling (*Pieris brassicae* L.) . 32
Kleiner Kohlweißling (*Pieris rapae* L.) . . . 32
Rapsweißling (*Pieris napi* L.) 32
Rübenzünsler (*Loxostege sticticalis* L.) . . . 31

– Unregelmäßige Fraßbeschädigungen an
den Blättern und am Stengel vor allem im
bodennahen Bereich.

Erdraupen 8

– Pflanzen vor allem an den Bestandesrändern völlig abgebissen.

Kaninchen, Hasen, Rehe

– Pflanzen im Umkreis um aufgewühlte Erdlöcher abgefressen.

Hamster

– Nesterweise im Bestand sind die Pflanzen
abgefressen. Laufgänge auf dem Boden sowie im oberen Bodenbereich erkennbar.

Mäuse

SAUGSCHÄDEN

– Auf den Blättern kleine, helle Saugflecke,
die sich später hellgrau, graubraun oder gelblich-braun verfärben und zusammenfließen.
Blätter sterben später ab. An den befallenen
Pflanzenteilen, vor allem auf der Blattunterseite, verschieden gefärbte, etwa 0,3 bis
0,5 mm lange Milben, zum Teil in lockerem
Gespinst, daneben Eier und Larven.

Gemeine Spinnmilbe (*Tetranychus urticae*
Koch) 44

– Mitunter saugen vor allem an den Blattunterseiten hellgrüne, etwa 4 mm lange, zum
Teil springende Insekten.

Zikaden, verschiedene Arten 71

– Blätter gekräuselt und gewellt, Deformationen der Blattränder. Zwischen den Blattadern unregelmäßig große, gelblich-weiße
Saugflecke. Blätter werden braun. Es entstehen unregelmäßige Löcher und Risse auf der
Blattspreite.

Wanzen, verschiedene Arten 29, 44, 55

– Blätter wellig deformiert, kräuseln und rollen sich von den Rändern her ein, vergilben
und werden schließlich braun. An den Blättern saugen in Kolonien lebende, schwarze,
geflügelte und ungeflügelte Blattläuse.

Schwarze Bohnenlaus (*Aphis fabae*
Scop.) 46

– In ähnlicher Weise schädigen

Kleine Pflaumenblattlaus (*Brachycaudus
helichrysi* [Kalt.]) 46
Große Pflaumenblattlaus (*Brachycaudus
cardui* I.) 46

– An den Blättern saugen einzelne, grüne
bis gelbgrüne, geflügelte und ungeflügelte,
etwa 2 mm lange Blattläuse, mitunter in
kleinen Kolonien.

Grüne Pfirsichblattlaus (*Myzus persicae*
Sulz.) 28
(wichtigster Überträger pflanzenpathogener
Viren,
vor allem
Gurkenmosaik-Virus (CMV),
Luzernemosaik-Virus (ALMV) (Tafeln 14, 37)

III. Krankheiten und Beschädigungen an Knospen, Blütenkörben, Blüten sowie Samen bzw. Nüßchen

(Siehe auch „Krankheiten und Beschädigungen an Blättern und Trieben älterer Pflanzen")

MECHANISCHE BESCHÄDIGUNGEN

– An Knospen, Blüten, Blüten- bzw. Fruchtkörben Anschlagstellen, die sich durch ihre hellere Färbung von dem übrigen Pflanzengewebe abheben, verbräunen später. Blütenblätter sind abgeschlagen, Samen aus den Fruchtkörben können herausgeschlagen sein und liegen am Boden.

Hagelschaden 2

VERFÄRBUNGEN, FLECKENBILDUNGEN, FÄULEN, WELKEN, ABSTERBEN

– Vorzeitiges Absterben der Knospen sowie der Blütenkörbe kann verursacht werden durch

Herbizidschaden 3, 36
Verbrennungen, Verätzungen, Rauchgasschaden 3

– An Sonnenblumen Zungenblüten vergrünt, deformiert oder fehlend. Röhrenblüten als gedrungene, grüne sproßähnliche Gebilde entwickelt.

Blütenvergrünung, verursacht durch Mykoplasmen 37

– An Saflor Blüten vergrünt oder verkümmert, Pflanzen mit besenartigem Wuchs, Blätter rosettig angeordnet mit vergilbenden Interkostalfeldern.

. **Blütenvergrünung** des Saflor, verursacht vermutlich durch Mykoplasmen 37

– An Blüten- und Fruchtständen olivgrüne, später schwarze, sich rasch ausweitende Flecke. Epidermis feucht-schleimig, reißt auf und blättert ab, charakteristischer Naßfäulegeruch. Aus befallenen Pflanzenteilen Austreten von weißlichen Bakterienschleimtropfen.

Naßfäule (*Erwinia carotovora* subsp. *carotovora* [Jones] Dye) 38

– Bei warmem Sommerwetter im Bereich des Blütenansatzes sowie am Boden des Blütenkorbes mehr oder weniger große, ausgedehnte Verbräunungen. Darauf dunkler Pilzrasen mit massenhaft Sporenträgern. Blüten und Fruchtstände vergilben und sterben ab.

Verschiedene Arten der Pilzgattung *Rhizopus* 39

– Auf der Rückseite der Blütenkörbe bräunliche, feuchte Flecken. Gewebezerstörung bis zum Zerfall der Blütenkörbe. Im Blütenkorbgewebe massenhaft Sklerotien, etwa 10 bis 30 mm im Durchmesser, rötlich oder braun, später schwarz, schwach runzlig. Samen fallen vorzeitig aus, mit Myzel überzogen, verbräunen und sind bitter.

Stengelfäule (Stengelbrenner, Weißfäule) (*Sclerotinia sclerotiorum* [Lib.] de Bary) **41, 50**

– Hüllblätter des Blütenkorbes völlig oder nur im oberen Teil schwarz. An Blattstielen schwärzliche, anfangs punkt- oder strichförmige Nekrosen. Dunkelbraune bis schwarze Stengelflecken. Pflanzen neigen zur Frühreife.

Schwarzfleckenkrankheit (*Phoma macdonaldii* Boerema) 39

– An den Knospen und Blütenständen ab Ende Juni rostfarbene, später schwarze Pusteln.

Sonnenblumenrost (*Puccinia helianthi* Schw.) 43
Saflorrost (*Puccinia carthami* [Hutzelmann] Corda) 43

– An der Rückseite reifender Blütenkörbe bräunlichfeuchte Flecke. Später auf diesen Flecken graues bis dunkelolivbraunes Myzel, stäubend. Samen sind graufleckig und fallen vorzeitig aus.

Grauschimmel (*Botrytis cinerea* Pers.) . **41, 62**

– Äußerlich am Blütenboden Verbräunungen und zwischen den einzelnen Blütchen bzw. Nüßchen Exkremente, Bohrmehl und dazwischen bis 16 mm lange, schmutziggrüne bis gelbbraune Larven.

Sonnenblumenmotte (*Homoeosoma nebulellum* [Hbn.]) 45

– Blüten von Sonnenblume und Saflor öffnen sich nicht, sind im Wuchs gehemmt, vertrocknen und fallen ab. Bei geringerer Schädigung ist die Samenausbildung unterbunden. Im Inneren der Blüten fressen 5 bis 8 mm lange, walzenförmige, weißliche Fliegenlarven bzw. befinden sich schwarze, 6 bis 8 mm lange Tönnchenpuppen.

Bohrfliege (*Acanthiophilus helianthi* Rossi) **45**

– Blütenknospen öffnen sich nicht, Hüllblätter des Blütenkorbes gewellt, gekräuselt und zum Teil vergilbt, rollen sich ein. Zwischen und an den Hüllblättern saugen in Kolonien lebende

Blattläuse, verschiedene Arten **46**

MISSBILDUNGEN, VERÄNDERUNG DES WUCHSHABITUS

– Blüte klein und/oder mißgestaltet. Das Wachstum ist gehemmt, die kurzen und dünnen Blattstiele sowie die relativ kleinen Blätter vorwiegend dunkel- bis blaugrün, Pflanze zeigt Starrtracht-Habitus. Ältere Blätter vertrocknen.

Phosphor-Mangel **34**

– Blütenstände mißgestaltet. Jüngste Blätter aufgehellt, nach innen gewölbt und aufgerollt, zum Teil sproßaufwärts oder sproßabwärts gerichtet.

Kupfer-Mangel **35**

– Blütenkörbe sind unterentwickelt, ebenso die Samen. Die ganze Pflanze einschließlich der Blüte zeigt einen gedrungenen Wuchs. Blätter mit gelblich-grünen Flecken, vielfach mosaikartig, und mit partiellen Nekrosen. Blätter dichter als normal gestellt, mitunter unregelmäßig verdreht.

Zwergkrankheit, verursacht vermutlich durch ein Virus **37**

– An Sonnenblumen Zungenblüten vergrünt, deformiert oder fehlend, Röhrenblüten als gedrungene, grüne, sproßähnliche Gebilde entwickelt.

Blütenvergrünung, verursacht durch Mykoplasmen **37**

– An Saflor Blüten vergrünt oder verkümmert, Pflanze mit besenartigem Wuchs, Blätter rosettig angeordnet mit vergilbenden Interkostalfeldern.

Blütenvergrünung, verursacht vermutlich durch Mykoplasmen **37**

– An deformierten Blütenkörben und Blüten, die sich zum Teil nicht öffnen und gewellte, gekräuselte und zum Teil vergilbte Hüllblätter aufweisen, saugen in Kolonien lebende

Blattläuse, verschiedene Arten **46**

BEEINTRÄCHTIGUNG DER SAMEN- BZW. NÜSSCHENAUSBILDUNG, VERKÜMMERN BZW. VERÄNDERUNG DER SAMEN BZW. NÜSSCHEN

– Das Schadbild kann die Folge sein von

Trockenheitsschaden **2**
Bor-Mangel **34**
Eisen-Mangel **35**
Kupfer-Mangel **35**
Zwergkrankheit, verursacht vermutlich durch ein Virus **37**

– Bei vergrünten Blütenkörben bzw. vergrünten und deformierten Blüten unterbleibt die Ausbildung der Samen bzw. Nüßchen.

Blütenvergrünung der Sonnenblume, verursacht durch Mykoplasmen **37**
Blütenvergrünung des Saflor, verursacht vermutlich durch Mykoplasmen **37**

– Frühreife der Pflanzen und damit verbundene Beeinträchtigung der Samen- bzw. Nüßchenausbildung sowie deren Verkümmern kann verbunden sein mit

Schwarzfleckenkrankheit (*Phoma macdonaldii* Boerema) **39**

– Samen bzw. Nüßchen verbräunt und bitter, zum Teil mit weißlichem Myzel überzogen, fallen vorzeitig aus.

Stengelfäule (Stengelbrenner, Weißfäule, Sklerotienkrankheit) (*Sclerotinia sclerotiorum* [Lib.] de Bary) **41, 50**

– Samen bzw. Nüßchen graufleckig, fallen vorzeitig aus. Auf den Flecken graues bis dunkelolivbraunes Myzel, stäubend.

Grauschimmel (*Botrytis cinerea* Pers.) . **41, 62**

– Samen bzw. Nüßchen verkümmert bzw. an- oder ausgefressen. Im Blütenboden bzw. zwischen und an den Samen bzw. Nüßchen fressen Schmetterlings- oder Fliegenlarven.

Sonnenblumenmotte (*Homoeosoma nebulellum* [Hbn.]) **45**
Maiszünsler (*Ostrinia nubilalis* Hbn.) **45**
Bohrfliege (*Acanthiophilus helianthi* Rossi) **45**

FRASSSCHÄDEN

– An Knospen, Blütenkörben, Blüten sowie Samen können Fraßschäden (siehe unter II.) verursachen

– Samen bzw. Nüßchen, vor allem von Beginn des Reifens an, sind aus den Fruchtkörben herausgehackt. Es liegen die leeren Schalen der Nüßchen am Boden verstreut herum.

Vögel, vor allem
Finken, Meisen, Stieglitze, Sperlinge, Tauben

– Ein ähnliches Schadbild kann verursacht werden durch

Mäuse

SAUGSCHÄDEN

– An Knospen, Blütenkörben und Blüten können Saugschäden (siehe unter II.) verursachen

IV. Krankheiten und Beschädigungen an Wurzeln

(Diagnose meist in Verbindung mit Symptomen an oberirdischen Pflanzenteilen)

ABSTERBEERSCHEINUNGEN, VERFÄRBUNGEN, FÄULEN

– Stengel stirbt unterhalb der Sproßspitze ab, jüngste Blätter chlorotisch aufgehellt, flächenweise nekrotisch, Blattspitzen hakenförmig gekrümmt. Wurzeln bleiben kurz, bräunen und verschleimen sich insbesondere in der Spitzenregion.

– Pflanzen lassen sich leicht aus dem Boden herausziehen, an Stengeln, Blättern bzw. Blüten- und Fruchtständen zunächst olivgrüne, später schwarze, feucht-schleimige Flecke, zum Teil mit weißlichen Bakterienschleimtropfen. Wurzeln nekrotisieren und sterben ab.

– Die Wurzeln umfallender und absterbender Keimpflanzen und vergilbender älterer Pflanzen sind dunkel verfärbt. Wurzelhals eingeschnürt und verbräunt, unterer Stengelteil verfärbt sich unter Gewebeerweichung braun bis schwarz.

– Wurzel verbräunt und meist stark zerstört, Wurzel- und Stengelrinde runzlig und silbergrau. Pflanzen vergilben, welken und sterben ab.

– Im Wurzelbereich älterer Pflanzen an verbräunten und abgestorbenen Wurzeln zahlreiche, unregelmäßig geformte, rötliche oder braune, später schwarze, schwach runzlige, 10 bis 30 mm große Sklerotien. Betroffene Pflanzen welken, verbräunen und sterben ab.

– Ähnliches Schadbild, Sklerotien glatt, hart, Durchmesser 0,1 bis 1 mm.

– An den Wurzeln braunschwarze Läsionen, Wurzeln sterben ab. Im und am Wurzelgewebe 1 bis 1,5 mm lange Fadenwürmer mit geknöpftem Mundstachel.

MISSBILDUNGEN

– An den Wurzeln Gallen von unregelmäßiger Gestalt, meist rundlich bis spindelförmig, mehr oder weniger zerklüftet. Pflanzen im Wachstum gehemmt. In den Gallen bis 1 mm lange und 0,5 mm breite, birnenförmige Gebilde (Weibchen) nachweisbar.

Nördliches Wurzelgallenälchen
(*Meloidogyne hapla* Chitwood) 6

FRASSSCHÄDEN

– An den Wurzeln, zum Teil auch am Wurzelhals unregelmäßige Fraßbeschädigungen. Pflanzen sind im Wachstum gehemmt oder welken, vergilben und sterben vorzeitig ab.

V. Schmarotzerpflanzen

– Pflanzen sind im Wachstum gehemmt und sterben vorzeitig ab. Wenige Zentimeter von der Stelle entfernt, an der der Sonnenblumenstengel aus dem Boden herauswächst, befindet sich eine etwa 15 cm hohe

– Nesterweise im Bestand sind die Wurzeln, vielfach aber auch die ganzen Pflanzen abgebissen. Laufgänge auf dem Boden sowie im oberen Bodenbereich erkennbar.
Mäuse

SAUGSCHÄDEN

– An den Wurzeln braune, dunkle Flecke. Pflanzen bleiben im Wachstum zurück, können sich verfärben und welken. Im Wurzelbereich mundstacheltragende Nematoden, die ektoparasitisch an den Wurzeln saugen.

– Besonders auf lockeren und steinigen Böden saugen an den Wurzeln im Bereich der oberen Bodenschicht 1,9 bis 2,4 mm lange, hellbraune oder weißlich-bräunliche Wurzelläuse, die zum Teil mit weißem Wachsstaub bepudert sind.

gelbstenglige, unverzweigte Pflanze mit fahlvioletten Blüten.

Krankheiten und Beschädigungen an Mohn

I. Krankheiten und Beschädigungen nach der Aussaat bis zum Keimpflanzenstadium

AUFLAUFSCHÄDEN,
WACHSTUMSHEMMUNGEN

– Samen keimen nicht oder Keimlinge sterben vor Erreichen der Bodenoberfläche ab. Äußere Beschädigungen nicht erkennbar. Die Erscheinung ist mehr oder weniger über den gesamten Bestand verbreitet. Pilzliche und tierische Schaderreger nicht nachweisbar.

Mangelhafte Saatgutqualität, schlechte Keimfähigkeit,
Nachwirkung von Bodenherbiziden, angewandt zu Vorkulturen 3
Regenschaden, Verschlämmung 2
Trockenheitsschaden 2
Windschaden 2

– Die Erscheinung ist auf mehr oder weniger begrenzte Flächen in einem Bestand beschränkt.

Stauende Nässe, Überschwemmungen . . . 2
Regenschaden, Verschlämmung 2
Windschaden 2
Mietenplätze, Strohdiemenplätze u. a. wurden bei der Aussaat in den Bestand einbezogen . 1
Umfallkrankheit, Schwarzbeinigkeit, Wurzelbrand, Keimlingskrankheit 5
Wurzelbrand (Blattbrand, Helminthosporiose)
(*Pleospora papaveracea* [de Not.] Sacc.) . . . **50**

– Samen oder Keimlinge an- oder abgefressen, in ihrem Bereich im Boden zahlreiche, etwa 1 bis 2 mm lange, verschieden gefärbte springende Insekten.

Springschwänze (Collembolen) **8**

– Ein ähnliches Schadbild verursachen
Tausendfüßer, verschiedene Arten 9
Moosknopfkäfer (*Atomaria linearis* Steph.) . 53

– Samen sind aus dem Boden gescharrt, Scharrspuren erkennbar.
Vögel

VERFÄRBUNGEN, FLECKENBILDUNGEN, FÄULEN

(Siehe auch „Absterbeerscheinungen, Welken, Umfallen")

– Keimblätter (auch die ersten Laubblätter) weisen am Rand, aber auch ganzflächig Verbräunungen und Schwärzungen auf. Pilzliche Krankheitserreger nicht nachweisbar.

Frostschaden 1

– Keimpflanzen vergilben, kümmern und sterben nach Überschwemmungen bzw. extrem lang anhaltender, hoher Bodenfeuchtigkeit oder bei Bodenverschlämmungen ab, vornehmlich in Bodensenken.

Stauende Nässe 2
Verschlämmung 2

– Keimblätter vergilben, Schadbild meist streifenweise im Bestand, besonders auf Vorgewenden.

Nachwirkung von Bodenherbiziden, angewandt zu Vorkulturen 3

– Unterer Stengelteil der Keimpflanzen verfärbt sich unter Gewebeerweichung braun bis schwarz, Wurzeln dunkel verfärbt, Keimpflanzen fallen um und vertrocknen, vielfach mit auffälligen Einschnürungen des verbräunten Wurzelhalses,

Umfallkrankheit, Schwarzbeinigkeit, Wurzelbrand, Keimlingskrankheit 5
Wurzelbrand (Blattbrand, Helminthosporiose)

(*Pleospora papaveracea* [de Not.] Sacc.) . . . 50
Grauschimmel (*Botrytis cinerea* Pers.) . 41, 62

– Vergilbung und später Braunverfärbung, meist verbunden mit Umfallen und Absterben an Keimpflanzen können verursacht werden durch den Fraß an den Wurzeln durch

tierische Schaderreger, verschiedene Arten 8, 9

ABSTERBEERSCHEINUNGEN, WELKEN, UMFALLEN

(Siehe auch „Verfärbungen, Fleckenbildungen, Fäulen" sowie „Fraßschäden an keimenden Samen, Keimwurzeln, Keimblättern")

– Das Absterben von Keimpflanzen, verbunden mit Welken und Umfallen, kann verursacht werden durch

Trockenheitsschaden 2
pilzliche Krankheitserreger, vor allem:
der **Umfallkrankheit, Schwarzbeinigkeit,
Wurzelbrand, Keimlingskrankheit** 5
Wurzelbrand (Blattbrand, Helminthosporiose)
(*Pleospora papaveracea* [de Not.] Sacc.) . . . 50
Grauschimmel (*Botrytis cinerea* Pers.) . 41, 62
sowie durch den Fraß an den Wurzeln der Keimpflanzen bzw. an diesen selbst durch
Schnecken, verschiedene Arten 8
Springschwänze (Collembolen) 8
Moosknopfkäfer (*Atomaria linearis* Steph.) . 53
Luzernerüßler (Liebstöckelrüßler) (*Otiorhynchus ligustici* [L.]) 53
Spitzsteißiger Rübenrüßler (Klettenrüßler, Esparsettenrüßler) (*Tanymecus palliatus* [F.]) 53
Schwarzer Rübenrüßler (*Psalidium maxillosum* [F.]) 53
Mohnwurzelrüßler (*Stenocarus fuliginosus* [Marsh.]) 54
und weitere **tierische Schaderreger** 8, 9

MISSBILDUNGEN

– Keimblätter unterschiedlich deformiert, gewellt oder gekräuselt. Hypokotyl verdreht oder gebogen.

Schaden durch Wuchsstoffherbizide 3

FRASSSCHÄDEN AN KEIMENDEN SAMEN, KEIMWURZELN, KEIMBLÄTTERN

– Vor allem auf feuchten Standorten Keimpflanzen meist nesterweise abgefressen. Keimblätter mit unregelmäßig geformten Fraßstellen mit Schleimspuren.

Schnecken, verschiedene Arten 8

– Vor allem auf feuchten Standorten feiner Schabe- bzw. Lochfraß an den Keimblättern sowie den jungen Stielen, mitunter auch Randfraß durch etwa 1 bis 2 mm lange, verschieden gefärbte springende Insekten.

Springschwänze (Collembolen) 8

– An Keimpflanzen in der Nähe des Wurzelhalses Löcher gefressen. Pflanzen brechen um, sterben ab. An Keimblättern Schabe- oder Lochfraß.

Moosknopfkäfer (*Atomaria linearis* Steph.) . 53

– Nach dem Auflaufen Keimblätter buchtenförmig befressen. Kahlfraß ist möglich.

Luzernerüßler (Liebstöckelrüßler) (*Otiorhynchus ligustici* [L.]) 53
Spitzsteißiger Rübenrüßler (Klettenrüßler, Esparsettenrüßler) (*Tanymecus palliatus* [F.]) 53
Schwarzer Rübenrüßler (*Psalidium maxillosum* [F.]) 53

– Keimblätter werden von schwarzen, breitovalen, 2,7 bis 4 mm langen Rüsselkäfern befressen. Kahlfraß ist möglich.

Mohnwurzelrüßler (*Stenocarus fuliginosus* [Marsh.]) 54

– An den Wurzeln, zum Teil aber auch am Hypokotyl und an den Keimblättern unregelmäßige Fraßstellen. Pflanzen können absterben.

Erdraupen 8
Engerlinge 8
Drahtwürmer 8
Schnakenlarven 9
Haarmückenlarven 9
Tausendfüßer 9
Maulwurfsgrille 9

– Keimpflanzen mehr oder weniger nesterweise völlig abgebissen. Es entstehen im Bestand Kahlstellen, vielfach in der Nähe von Gehölzen, aber auch im Bestandesinneren.

Kaninchen, Hasen, Rehe

II. Krankheiten und Beschädigungen an Blättern und Trieben älterer Pflanzen

MECHANISCHE BESCHÄDIGUNGEN

– Blätter zerrissen oder abgeschlagen, Stengel abgeknickt oder abgeschlagen. Sie können auch hell verfärbte Anschlagstellen aufweisen, wobei es in der Folge zu Verkrümmungen der Triebe kommt.

WACHSTUMSHEMMUNGEN

– Wachstumshemmungen können mit zahlreichen und unterschiedlichen Krankheiten und Beschädigungen verbunden sein. Für die Diagnose sind jedoch die jeweils spezifischen Symptome zu berücksichtigen. Deshalb wird an dieser Stelle auf die übrigen Abschnitte der Bestimmungstabelle verwiesen. Nachfolgend werden nur die möglichen und wichtigsten, mit Wachstumshemmungen verbundenen Schadursachen aufgeführt:

VERFÄRBUNGEN, FLECKENBILDUNGEN, FÄULEN, WELKEN, UMBRECHEN ABSTERBEN

Abiotische Schäden

– Die Laubblätter weisen am Rand, aber auch ganzflächig Verbräunungen und Schwärzungen auf. Keine Krankheitserreger.

– Am Stengel hell verfärbte Anschlagstellen, wobei es in der Folge zu Verkrümmungen der Triebe kommt. Blätter und Stengel zerrissen oder abgeschlagen.

– Unspezifisches Vergilben der Pflanzen, oft nesterweise im Bestand, später Welken und Absterben können verursacht werden durch

– Blattspreiten mit unregelmäßigen Aufhellungen, Nekrosen mit blaß- bis dunkelgrünen Verfärbungen, mitunter auch scharf gegen das gesunde Gewebe abgegrenzt, braune, unregelmäßig geformte Blattflecke. Blätter können absterben. Pilzliche Krankheitserreger nicht nachweisbar.

Ernährungsstörungen

– Jüngste Blätter chlorotisch, aufgerollt, nach unten gebogen, unterhalb des Sproßvegetationspunktes Abknicken und Absterben der Sproßspitze.

– Vegetationspunkt und angrenzende Blätter sterben unter brauner bis braunschwarzer Verfärbung ab, ebenso sterben entwickelte Stengel unter seitlicher Verdrehung der Knospen oder Kapseln nach bräunlicher Nekrotisierung ab.

Virosen

– Schmutzig gelbliches Mosaik entlang der Blattnervatur, auch Fleckung. Hellgrüne Längsstreifung der Stengel. Wachstumshemmung.

Mohnmosaik, verursacht durch das Rübenmosaik-Virus **48**

– Verwaschene, grünlichgelbe Bänderung der Blattadern mit Übergang zur Chlorose größerer Blattbezirke, Mohnkapsel unterentwickelt, gescheckt und pockenartig genarbt.

Mohnchlorose, verursacht durch das Bohnengelbmosaik-Virus **48**

– Die unterentwickelten Blätter sind gescheckt.

Mohnscheckung, verursacht durch das Wasserrübenmosaik-Virus **48**

– Vergilbende Blätter werden vor dem natürlichen Abreifen nekrotisch, Wuchs ist mangelhaft, Anzahl und Größe der Kapseln verringert.

Mohnvergilbung, verursacht durch das Nekrotische Rübenvergilbungs-Virus **48**

Bakteriosen

– Bereits im Rosettenstadium verfärben sich die Blätter violett, später auch die Stengel, erschlaffen und gehen in Weichfäule über. Pflanzen vertrocknen später. Von Beginn der Knospenausbildung an Spitzenwelke mit länglichem, weichem, dunklem Fleck am Stengel. Stengel bricht um. Im Stengelmark schwarzviolette Verfärbung, verwandelt sich später in schleimigen Brei.

Stengelbakteriose (*Erwinia carotovora* subsp. *carotovora* [Jones] Dye) **49**

– Blätter mit bleichen, rundlichen Flecken mit heller Randzone, später von Blattadern begrenzt, nässend. Blätter sterben ab. Auf der Blattepidermis bei starker Vergrößerung gelbe Tropfen von Bakterienschleim erkennbar.

Bakterielle Blattfleckenkrankheit (*Xanthomonas papavericola* [Bryan et McWhorten] Dowson) **49**

Mykosen

– Pflanzen vergilben, welken und sterben zum Teil ab. Wurzelhals eingeschnürt und geschwärzt. Wachstumshemmung. Mitunter

an den Ansatzstellen der Blätter dunkle Verfärbungen, Blätter vertrocknen und sterben ab.

Schwarzbeinigkeit, Wurzelbrand 5
Wurzelbrand (Blattbrand, Parasitäre Blattdürre, Helminthosporiose) (*Pleospora papaveracea* [de Not.] Sacc.) **50**

– Am Stengel hellgrüne, gelbliche oder hellbraune Flecke im Bereich der Blattansatzstellen. Pflanzengewebe stirbt unter Grau- bis Braunverfärbung ab. Stengel können abbrechen. Am und im Stengel unregelmäßig geformte, rötliche oder braune, später schwarze, schwach runzlige, etwa 10 bis 30 mm große Sklerotien.

Sklerotienkrankheit (Krebs) (*Sclerotinia sclerotiorum* [Lib.] de Bary) **50**

– Besonders bei feuchtem Wetter graubraune Verfärbung an allen Pflanzenteilen, darauf graubrauner bis dunkelolivbrauner, stäubender Pilzbelag (Sporenträgerrasen des Erregers).

Grauschimmel (*Botrytis cinerea* Pers.) . **51, 62**

– An Blättern und Stengeln trockene, braune, olivschwarze bis schwarze, zonierte Flecke.

Schwarzfäule (*Stemphylium botryosum* Wallr.) **51, 63**
Blattfleckenkrankheit (*Alternaria* spp.) **51, 63**

– Blätter verdickt, blasenartig gekräuselt, oberseits gelbfleckig. An der Blattunterseite schmutzig-weißer bis grauvioletter Pilzüberzug mit Konidienträgern. Blattflecke vielfach eckig. Stengel mitunter deformiert.

Falscher Mehltau (*Peronospora arborescens* [Berk.] Casp.) **52**

– Ab Mitte Juni Blätter und Stengel mit weißem bis grauweißem, mehlartigem Pilzbelag. Blätter vergilben und vertrocknen.

Echter Mehltau (*Erysiphe polygoni* DC ex Saint-Amans) **52**

Tierische Schaderreger

– Auf den Blättern kleine, helle Flecke, die sich später hellgrau, graubraun oder gelblich-braun verfärben. Blätter sterben später ab. An den befallenen Pflanzenteilen, vor allem auf der Blattunterseite, verschieden gefärbte, etwa 0,3 bis 0,5 mm lange Milben, zum Teil in lockerem Gespinst, daneben Eier und Larven.

Gemeine Spinnmilbe (*Tetranychus urticae* Koch) **44**

– Ab Mitte Mai an Blättern, Trieben und Knospen kleine braune Flecke, aus denen sich schnell schwarz verfärbender Milchsaft austritt. In der Folge Blatt- und Triebverkrümmungen.

Kartoffelwanze (Zweipunktige Wiesenwanze) (*Calocoris norvegicus* [Gmel.]) **55**
Grüne Futterwanze (*Exolygus pabulinus* L.) **55**
und andere **Wanzen-Arten** **29, 44**

– Blätter wellig deformiert, kräuseln und rollen sich von den Rändern her ein, vergilben und werden schließlich braun. An den Blättern saugen in Kolonien lebende, schwarze, geflügelte und ungeflügelte Blattläuse.

Schwarze Bohnenlaus (*Aphis fabae* Scop.) . **46**

– Auf der Blattoberseite schmale, helle, geschlängelte, gangförmige Minen, die sich deutlich gegenüber dem gesunden Blattgewebe abheben. In den Minen fressen hellgelbe bis hellgrünliche Fliegenlarven.

Minierfliege (*Phytomyza geniculata* Macq.) . **55**

– An den Stengeln kleine Einstichstellen, aus denen sich schnell schwarz verfärbender Milchsaft austritt. Stengel verfärben sich braunviolett. Im Stengel fressen in 3 bis 4 cm langen Gängen 3 bis 4 mm lange, weißlich-gelbe Larven.

Mohnstengelgallwespe (*Phanacis papaveris* [Kieff.]) **56**

– Unspezifisches Vergilben, Welken und Absterben der Pflanzen kann verursacht werden durch Fraß an den Wurzeln durch

Larven des Mohnwurzelrüßlers (*Stenocarus fuliginosus* [Marsh.]) **54**
Luzernerüßler (Liebstöckelrüßler) (*Otiorhynchus ligustici* [L.]) und andere **Rüsselkäfer-Arten** **53**
Erdraupen **8**
Engerlinge **8**
Drahtwürmer **8**
Schnakenlarven **9**
Haarmückenlarven **9**
Tausendfüßer **9**
Maulwurfsgrille **9**
Wurzelfliegenlarven **9**
Mäuse

MISSBILDUNGEN, VERÄNDERUNG DES WUCHSHABITUS

– Verkrümmungen der Triebe in Verbindung mit hell verfärbten Anschlagstellen, zerrissenen und abgeschlagenen Blättern, abgeknickten oder abgeschlagenen Stengeln.

Hagelschaden **2**

– Pflanzen unterschiedlich deformiert, Stengel verkrümmt, Blattspreiten gewellt, gekräuselt, unnatürlich verbreitert oder bis zur Unkenntlichkeit verändert.

Herbizidschaden, vor allem **Wuchsstoffherbizide.** **3**

– Jüngste Blätter aufgerollt, nach unten gebogen und chlorotisch. Sproßspitzen knikken unterhalb des Sproßvegetationspunktes ab und sterben ab.

Calcium-Mangel **47**

– Stengel mit den Knospen und Kapseln seitlich verdreht und sterben nach bräunlicher Nekrotisierung ab. Vegetationspunkt und angrenzende Blätter sterben unter brauner bis braunschwarzer Verfärbung ab.

Bor-Mangel **47**

– Ganze Pflanze unterentwickelt. Blätter erscheinen gescheckt.

Mohnscheckung, verursacht durch das Wasserrübenmosaik-Virus **48**

– Blätter verdickt, blasenartig gekräuselt und gelbfleckig. Blattränder nach unten eingerollt. An der Blattunterseite schmutzigweißer bis grauvioletter Pilzbelag. Streckung und Verzweigung des Stengels vermindert, kaum Knospenbildung. Stengel mitunter deformiert.

Falscher Mehltau (*Peronospora arborescens* [Berk.] Casp.) **52**

– Verkrümmung der Blätter an Blattadern sowie der Triebe. An diesen Pflanzenteilen kleine, braune Saugflecke, aus denen ein schnell sich schwarz verfärbender Milchsaft austritt.

Kartoffelwanze (Zweipunktige Wiesenwanze) (*Calocoris norvegicus* [Gmel.]) **55**
Grüne Futterwanze (*Exolygus pabulinus* L.) **55**
und andere **Wanzen-Arten** **29, 44**

– Blätter wellig deformiert, kräuseln und rollen sich von den Rändern her ein, vergilben und werden schließlich braun. Stengel vor allem im oberen Bereich verkrümmt und verbogen. An den Blättern sowie am Stengel saugen in Kolonien lebende, schwarze, geflügelte und ungeflügelte Blattläuse.

Schwarze Bohnenlaus (*Aphis fabae* Scop.) .   46

– Blattspitzen verdreht, Herzblätter zusammengesponnen. In dem Gespinst frißt eine graugrüne bis grüne oder blaßgrüne, etwa 13 mm lange Schmetterlingslarve.

Schattenwickler (*Cnephasia wahlbomiana* L.). **55, 65, 70**

FRASSSCHÄDEN

– Auf der Blattoberseite fressen in schmalen, hellen, geschlängelten, gangförmigen Minen hellgelbe bis hellgrünliche, etwa 2 mm lange Fliegenlarven.

Minierfliege (*Phytomyza geniculata* Macq.) .   **55**

– In der ersten Maihälfte minieren in den Blattstielen oder Blattspreiten 2 bis 3 mm lange Käferlarven.

Mohnwurzelrüßler (*Stenocarus fuliginosus* [Marsh.]) **54**

– Im April bis Mai in der Nähe des Wurzelhalses mehr oder weniger tiefe Löcher gefressen. An den Blättern geringfügiger Schabe- und Lochfraß.

Moosknopfkäfer (*Atomaria linearis* Steph.) . . **53**

– Blätter von Jungpflanzen vom Rande her buchtenförmig befressen. Auch die Herzblätter können zerstört werden. Später unbedeutender Loch- oder Randfraß.

Luzernerüßler (Liebstöckelrüßler) (*Otiorhynchus ligustici* [L.]) **53**
Spitzsteißiger Rübenrüßler (Klettenrüßler, Esparsettenrüßler) (*Tanymecus palliatus* [F.]) **53**
Schwarzer Rübenrüßler (*Psalidium maxillosum* [F.]) **53**
Mohnwurzelrüßler (*Stenocarus fuliginosus* [Marsh.]) **54**

– Bei Beginn der Mohnblüte unregelmäßiger Schabefraß an Blättern, Blattstielen und Stengeln. Fraßstellen verbräunen.

Mohnkapselrüßler (*Ceutorhynchus macula-alba* [Herbst]) **54**

– In braunviolett verfärbten Stengeln fressen in 3 bis 4 cm langen Gängen 3 bis 4 mm lange, weißlich-gelbe Larven.

Mohnstengelgallwespe (*Phanacis papaveris* [Kieff.]) **56**

– Ab Mai frißt zwischen zusammengesponnenen Herzblättern oder verdrehten Blattspitzen in einem Gespinst eine graugrüne bis grüne oder blaßgrüne, etwa 13 mm lange Schmetterlingslarve.

Schattenwickler (*Cnephasia wahlbomiana* L.) **55, 65, 70**

– Unregelmäßige Fraßbeschädigungen an Blättern und Triebspitzen, mitunter auch an den Stengeln werden verursacht durch die Larven verschiedener Schmetterlingsarten.

Gammaeule (*Phytometra gamma* L.) **65**
Erbseneule (*Polia pisi* L.) **65**
Gemüseeule (*Polia oleracea* L.) **65**
Kohleule (*Barathra brassicae* L.) **55**

– Unregelmäßige Fraßbeschädigungen an den Blättern und am Stengel vor allem im bodennahen Bereich.

Erdraupen **8**

– Pflanzen vor allem an den Bestandesrändern, aber mitunter auch im Inneren des Bestandes völlig abgebissen.

Kaninchen, Hasen, Rehe

– Pflanzen im Umkreis um aufgewühlte Erdlöcher abgefressen.

Hamster

– Nesterweise im Bestand sind die Pflanzen abgefressen, Laufgänge auf dem Boden sowie im oberen Bodenbereich erkennbar.

Mäuse

SAUGSCHÄDEN

– Auf den Blättern kleine, helle Saugflecke, die sich später hellgrau, graubraun oder gelblich-braun verfärben und zusammenfließen. Blätter sterben später ab. An den befallenen Pflanzenteilen, vor allem auf der Blattunterseite, verschieden gefärbte, etwa 0,3 bis 0,5 mm lange Milben, zum Teil in lockerem Gespinst, daneben Eier und Larven.

Gemeine Spinnmilbe (*Tetranychus urticae* Koch) **44**

– Ab Mitte Mai an Blättern, Trieben und Knospen kleine, braune Flecke, aus denen sich schnell schwarz verfärbender Milchsaft austritt. In der Folge Blatt- und Triebverkrümmungen.

50

– Blätter wellig deformiert, kräuseln und rollen sich von den Rändern her ein, vergilben

und werden schließlich braun. Stengel, vor allem im oberen Bereich verkrümmt und verbogen. An den Blättern sowie am Stengel saugen in Kolonien lebende, schwarze, geflügelte und ungeflügelte Blattläuse.

III. Krankheiten und Beschädigungen an Knospen, Blüten und Kapseln

(Siehe auch „Krankheiten und Beschädigungen an Blättern und Trieben älterer Pflanzen")

MECHANISCHE BESCHÄDIGUNGEN

– Knospen und Kapseln mit hell verfärbten Anschlagstellen oder abgeschlagen. Blütenblätter zerrissen oder abgeschlagen. Reife Kapseln mitunter an der Anschlagstelle zerbrochen oder sie liegen abgeschlagen am Boden.

VERFÄRBUNGEN, FLECKENBILDUNGEN, FÄULEN, WELKEN, ABSTERBEN

– An Knospen und Kapseln hell verfärbte Anschlagstellen.

– Während und nach der Vollblüte treten nach längeren Regenfällen Kapseln mit anhaftenden Kronblättern auf, die später verfaulen und vertrocknen. In der Folge können die Kapseln selbst faulen und vorzeitig absterben.

– Vorzeitiges Absterben der Triebspitzen mit den Knospen, Blüten und Kapseln kann verursacht werden durch

– Das Ausbleiben der Ausbildung von Kapseln bzw. der Reife der Kapseln kann verursacht werden durch

– Vegetationspunkt und angrenzende Blätter sterben unter brauner bis braunschwarzer

Verfärbung ab, ebenso sterben entwickelte Stengel unter seitlicher Verdrehung der Knospen oder Kapseln nach bräunlicher Nekrotisierung ab.

– Kapseln unterentwickelt, gescheckt und pockenartig genarbt. Verwaschene, grünlichgelbe Bänderung der Blattadern mit Übergang zur Chlorose größerer Blattbezirke.

– Anzahl und Größe der Kapseln verringert. Mangelhafter Wuchs, vergilbende Blätter werden bereits vor dem natürlichen Abreifen nekrotisch.

– Sofern Kapseln ausgebildet werden, sind diese deformiert, braun verfärbt und bleiben klein. Pflanzen mit vertrocknenden Blättern, an den Ansatzstellen dunkle Verfärbungen, Hauptadern schwarz verfärbt.

– An den Stengeln unterhalb der Kapseln streifige, hellgrüne, gelbliche oder hellbraune Flecke. Kapseln brechen ab. Am und im Stengel unregelmäßig geformte rötliche oder braune, später schwarze, schwach runzlige, etwa 10 bis 30 mm große Sklerotien.

– Besonders bei feuchtem Wetter an Knospen und Kapseln graubraune Verfärbungen, darauf graubrauner bis dunkelolivbrauner, stäubender Pilzbelag (Sporenträgerrasen des

Erregers). Verfärbungen auch auf den Kelchblättern. Kapseln später nur einseitig entwickelt und deformiert.

Grauschimmel (*Botrytis cinerea* Pers.) . 51, 62

– An den Kapseln trockene, braune, olivschwarze bis schwarze, zonierte Flecke.

Schwarzfäule (*Stemphylium botryosum*
Wallr.) 51, 63
Blattfleckenkrankheit (*Alternaria*
spp.) 51, 63

– Geringe Knospenausbildung, Knospen öffnen sich zum Teil nicht oder später an deformierten Stengeln deformierte Kapseln, klein, bauchig, vielfach violett verfärbt. Blätter verdickt, blasenartig gekräuselt, oberseits gelbfleckig, an Blattunterseite schmutzigweißer bis grauvioletter Pilzüberzug.

Falscher Mehltau (*Peronospora arborescens*
[Berk.] Casp.) 52

– An Knospen und Kapseln weißer bis grauweißer, mehlartiger Pilzbelag. Knospen und Kapseln vergilben und vertrocknen.

Echter Mehltau (*Erysiphe polygoni* DC. ex
Saint-Amans) 52

– An Knospen und Kapseln kleine, braune Flecke, aus denen sich schnell schwarz verfärbender Milchsaft austritt. Später Kapseln unterschiedlich deformiert, bleiben klein.

Kartoffelwanze (Zweipunktige Wiesenwanze)
(*Calocoris norvegicus* [Gmel.]) 55
Grüne Futterwanze (*Exolygus pabulinus*
L.) 55
und andere **Wanzen**-Arten 29, 44

– Die grünen Kapseln weisen mehrere Bohrlöcher auf, aus denen erst weißlicher, dann schnell sich braunschwarz bis schwarz verfärbender Milchsaft austritt. Kapseln verfärben sich später unregelmäßig hellgrün. In den Kapseln fressen bis 7 mm lang werdende, gelblich-weiße Käferlarven.

Mohnkapselrüßler (*Ceutorhynchus macula-alba*
[Herbst]) 54

– Nach der Blüte entwickeln sich die Kapseln unregelmäßig, sind geringfügig gekrümmt, verfärben sich später äußerlich leicht gelblich. Im Inneren fressen an den Samen 1,7 bis 2 mm lange, rötlichgelbe bis orangefarbene, spindelförmige Gallmückenlarven.

Mohngallmücke (*Dasyneura papaveris*
Winn.) 56

– Kapseln vergilben vorzeitig, werden notreif, am Stengel kleine Einstichstellen, aus denen sich schnell schwarz verfärbender Milchsaft austritt. Stengel verfärben sich braunviolett. Im Inneren fressen in 3 bis 4 cm langen Gängen 3 bis 4 mm lange, weißlich-gelbe Larven.

Mohnstengelgallwespe (*Phanacis papaveris*
[Kieff.]) 56

– Große Teile oder die gesamte Kapsel stark angeschwollen und deformiert, leicht gelblich verfärbt. Scheidewände in der Kapsel reduziert oder fehlen. Im Kapselinneren hartwandige Gallenkammern.

Mohnkapselgallwespe (*Aylax papaveris*
[Perris]) 56

– Kapseln werden hart, die Oberfläche wird leicht buckelig. Vorzeitiges Vergilben. Im Kapselinneren zahlreiche ovale, 2 mm große, hirsekornartige, kugelige und hartwandige Gallen.

Mohnkapselgallwespe (*Aylax minor*
Hartig) 56

MISSBILDUNGEN, VERÄNDERUNG DES
WUCHSHABITUS

– Während und nach der Vollblüte treten nach längeren Regenfällen Kapseln mit anhaftenden Kronblättern auf. Sie können später faulen, sind deformiert und sterben ab.

Regenschaden 2

– Stengel mit den Knospen und Kapseln seitlich verdreht, sterben nach bräunlicher Nekrotisierung ab. Vegetationspunkt und angrenzende Blätter sterben unter brauner bis braunschwarzer Verfärbung ab.

Bor-Mangel 47

– Kapseln pockenartig genarbt, unterentwickelt und gescheckt. Verwaschene, grünlichgelbe Bänderung der Blattadern mit Übergang zur Chlorose größerer Blattbezirke.

Mohnchlorose, verursacht durch das
Bohnengelbmosaik-Virus 48

– Anzahl und Größe der Kapseln verringert, mangelhafter Wuchs, vergilbende Blätter werden bereits vor dem natürlichen Abreifen nekrotisch.

– Deformationen an Kapseln können als
Folge eines Befalls mit pilzlichen Krankheitserregern auftreten. Für die Diagnose
weitere spezifische Symptome beachten. In
Frage kommen vor allem

– Kapseln deformiert und bleiben klein. An
Knospen und Kapseln kleine, braune Flecke,
aus denen sich schnell schwarz verfärbender
Milchsaft austritt.

– Kapselentwicklung unregelmäßig, geringfügig gekrümmt. Kapseln verfärben sich später äußerlich leicht gelblich. Im Inneren fressen an den Samen 1,7 bis 2 mm lange, rötlich-gelbe bis orangefarbene, spindelförmige
Gallmückenlarven.

– Große Teile oder die gesamte Kapsel stark
angeschwollen und deformiert, leicht gelblich verfärbt. Scheidewände in der Kapsel reduziert oder fehlen. Im Kapselinneren hartwandige Gallenkammern.

– Oberfläche der Kapseln leicht buckelig.
Kapseln hart und vergilben vorzeitig. Im
Kapselinneren zahlreiche ovale, 2 mm
große, hirsekornartige, kugelige und hartwandige Gallen.

BEEINTRÄCHTIGUNG DER SAMEN-
AUSBILDUNG
VERKÜMMERN DER SAMEN IN DEN
KAPSELN

– Dieses Schadbild kann ohne besondere,
weitere spezifische Symptome in der Kapsel
die Folge sein von

– Bereits reifende Kapseln weisen nach anhaltendem Regenwetter im Inneren mehr
oder weniger stark gekeimte Samen auf.

– Samenausbildung deutlich beeinträchtigt,
zwischen den Samen Pilzmyzel, mitunter
das Kapselinnere davon ausgefüllt.

– Die Samen in den Kapseln verkümmert,
oft nur als rostfarbener Staub erkennbar, von
Pilzmyzel durchwachsen.

– Samen durch den Fraß von etwa 7 mm
langen, gelblich-weißen Käferlarven mit
brauner Kopfkapsel zerstört. Durch Eindringen von pilzlichen Krankheitserregern durch
die Verletzung der Kapselwand verpilzt der
Kapselinhalt.

– Samen in den Kapseln durch den Fraß
von 1,7 bis 2 mm langen, rötlich-gelben, bis
orangefarbenen, spindelförmigen Gallmük-
kenlarven zerstört.

– Keine Samen in der Kapsel. Kapselinneres
in ein weiches, randwärts mehr oder weniger
eingeklüftetes Gewebe mit zahlreichen, hartwandigen Gallenkammern umgebildet.

– Samenanlagen in hartwandige, kugelige,
hirsekorngroße Gallen umgebildet,

Mohnkapselgallwespe (*Aylax minor*
Hartig) 56

FRASSSCHÄDEN

– Die grünen Kapseln weisen mehrere Bohrlöcher auf, aus denen erst weißlicher, aber
dann schnell sich braunschwarz bis schwarz
verfärbender Milchsaft austritt. Kapseln verfärben sich später unregelmäßig gelbgrün. In
den Kapseln fressen bis 7 mm lang werdende, gelblich-weiße Käferlarven.

Mohnkapselrüßler (*Ceutorhynchus macula-alba*
[Herbst]) 54

– In unregelmäßig entwickelten, geringfügig
gekrümmten, gelblich verfärbten Kapseln
fressen 1,7 bis 2 mm lange, rötlich-gelbe bis
orangefarbene, spindelförmige Gallmückenlarven.

Mohngallmücke (*Dasyneura papaveris*
Winn.) 56

– In vergilbenden und im Inneren unterschiedlich und hart vergallter Kapseln fressen Gallwespenlarven.

Mohnkapselgallwespen (*Aylax papaveris* [Perris],
Aylax minor Hartig) 56

– Grüne Kapseln mit größeren Einbohrlö-
chern. Im Inneren der Kapsel frißt eine etwa
40 mm lange, braun, grün, grünlich-grau bis
rötlich, mitunter grau bis schwarz gefärbte
Schmetterlingslarve.

Kohleule (*Barathra brassicae* L.) 55

– Äußerliche, unregelmäßige Fraßbeschädigungen an Knospen, Blüten und Kapseln
können verursacht werden durch verschiedene Schmetterlingslarven, vor allem

Schattenwickler (*Cnephasia
wahlbomiana* L.) 55, 65, 70
Gammaeule (*Phytometra gamma* L.) 65
Erbseneule (*Polia pisi* L.) 65
Gemüseeule (*Polia oleracea* L.) 65
Kohleule (*Barathra brassicae* L.) 55

– Die fast reifen oder reifen Mohnkapseln
sind mehr oder weniger ausgedehnt und unregelmäßig an verschiedenen Stellen angehackt und beschädigt. Mitunter sind die
Kapseln auch abgebrochen.

Vögel, verschiedene Arten, vor allem
Stare, Krähen-Arten, Meisen, Stieglitze,
Hänflinge, Sperlinge 56

SAUGSCHÄDEN
(Siehe hierzu unter II. „Krankheiten und Beschädigungen an Blättern und Trieben älterer Pflanzen" – Saugschäden –)

– Saugschäden an Knospen, Blüten und
Kapseln können verursacht werden durch
Gemeine Spinnmilbe (*Tetranychus urticae*
Koch) 44
Wanzen, verschiedene Arten 29, 44, 55
Schwarze Bohnenlaus (*Aphis fabae* Scop.) . 46

IV. Krankheiten und Beschädigungen an Wurzeln

(Diagnose in der Regel in Verbindung mit
Symptomen an oberirdischen Pflanzenteilen)

ABSTERBEERSCHEINUNGEN,
VERFÄRBUNGEN, FÄULEN

– Wurzeln sind nur kurz, bräunen und verschleimen sich insbesondere in der Spitzenregion. Jüngste Blätter chlorotisch, aufgerollt, nach unten gebogen. Unterhalb des
Sproßvegetationspunktes Einknicken und
Absterben der Sproßspitze.
Calcium-Mangel 47

– Wurzeln sind kurz, dick und kaum gestreckt mit nekrotischen Verdickungen an
den Wurzelspitzen. Vegetationspunkt und

angrenzende Blätter sterben unter brauner
bis braunschwarzer Verfärbung ab.
Bor-Mangel 47

– Die Wurzeln umfallender und absterbender Keimpflanzen und vergilbender älterer
Pflanzen sind dunkel verfärbt, Wurzelhals
eingeschnürt und verbräunt, unterer Stengelteil verfärbt sich unter Gewebeerweichung
braun bis schwarz.
**Umfallkrankheit, Schwarzbeinigkeit, Wurzel-
brand, Keimlingskrankheit** 5
**Wurzelbrand (Blattbrand, Parasitäre Blatt-
dürre, Helminthosporiose)** (*Pleospora papaveracea* [de Not.] Sacc.) 50

– Wurzeln verbräunt und abgestorben. Im
Wurzelbereich braune bis schwarze, schwach

runzlige, unregelmäßig geformte, etwa 10 bis 30 mm große Sklerotien, ebenfalls im Inneren der verbräunten und abgestorbenen Stengel.

– An den Wurzeln gelegentlich geringfügige Verdickungen. Wurzeln mit braunen bis schwarzen, nekrotischen Stellen (Läsionen). Wurzeln werden später braun und sterben ab. Im Wurzelgewebe 0,4 bis 0,7 mm lange Fadenwürmer mit geknöpftem Mundstachel.

MISSBILDUNGEN

– An den Wurzeln Gallen von unregelmäßiger Gestalt, meist rundlich bis spindelförmig, mehr oder weniger zerklüftet. Pflanzen im Wachstum gehemmt. In den Gallen bis 1 mm lange und 0,5 mm breite, birnenförmige Gebilde (Weibchen) nachweisbar.

– An den Wurzeln braune bis schwarze, nekrotische Stellen (Läsionen), gelegentlich mit geringfügigen Verdickungen. Wurzeln werden später braun und sterben ab. Im Wurzelgewebe sowie im umgebenden Boden 0,4 bis 0,7 mm lange Fadenwürmer mit geknöpftem Mundstachel.

FRASSSCHÄDEN

– In der Nähe des Wurzelhalses mehr oder weniger tiefe Löcher gefressen durch 1 bis 1,75 mm lange, schlanke und flache Käfer. Später fressen an den Wurzelhaaren, aber auch an der Pfahlwurzel 2,5 bis 3 mm lange, gelbliche Käferlarven (etwa ab Juni).

– In den Pfahlwurzeln tiefe Fraßlöcher und 2 bis 3 mm lange Fraßgänge durch 2 bis 3 mm lange, gelblich-weiße Käferlarven.

– An den Wurzeln, zum Teil auch am Wurzelhals, unregelmäßige Fraßbeschädigungen. Pflanzen sind im Wachstum gehemmt oder welken, vergilben und sterben je nach der Stärke der Schädigungen vorzeitig ab.

– Nesterweise sind im Bestand die Wurzeln durchgefressen. Laufgänge auf dem Boden sowie im oberen Bodenbereich erkennbar.

Mäuse

Krankheiten und Beschädigungen an Lein

I. Krankheiten und Beschädigungen nach der Aussaat bis zum Keimpflanzenstadium

AUFLAUFSCHÄDEN, WACHSTUMS-
HEMMUNGEN

– Samen keimen nicht oder Keimlinge sterben vor Erreichen der Bodenoberfläche ab. Äußere Beschädigungen nicht erkennbar. Die Erscheinung ist mehr oder weniger gleichmäßig über den gesamten Bestand verbreitet. Pilzliche und tierische Schaderreger nicht nachweisbar.

**Mangelhafte Saatgutqualität,
schlechte Keimfähigkeit,
Nachwirkung von Bodenherbiziden,
angewandt zu Vorkulturen** 3
Trockenheitsschaden 2

– Die Erscheinung ist auf mehr oder weniger begrenzte Flächen in einem Bestand beschränkt.

Stauende Nässe, Überschwemmungen . . . 2
Mietenplätze, Strohdiemenplätze u. a. wurden bei der Aussaat in den Bestand einbezogen . 1
Umfallkrankheit, Schwarzbeinigkeit, Wurzelbrand, Keimlingskrankheit 5
Saatgut- bzw. Keimlingsinfektion mit verschiedenen weiteren **pilzlichen Krankheitserregern,** vor allem **Flachswelke (Flachsmüdigkeit)** (*Fusarium oxysporum* Schlecht. f. sp. *lini* [Bolley] Snyd. et Hans.) 59
Flachsbrand (*Olpidium brassicae* [Wor.] Dang.) 5
Brennfleckenkrankheit (Flachsanthraknose) (*Colletotrichum lini* [Westerd.] Tochinai) . . 60
Flachsstengelbruch (Flachsbräune) (*Aureobasidium pullulans* var. *lini* [Laff.] Cooke) 60

– In den Samen bzw. in den verdickten oder verdrehten Keimlingen 1 bis 1,5 mm lange Fadenwürmer mit geknöpftem Mundstachel.

Stengelälchen (Stockälchen) (*Ditylenchus dipsaci* [Kühn] Filipjev) 7

– Samen oder Keimlinge an- oder abgefressen, in ihrem Bereich im Boden zahlreiche, etwa 1 bis 2 mm lange, verschieden gefärbte, springende Insekten.

Springschwänze (Collembolen) 8

– Ein ähnliches Schadbild verursachen

Tausendfüßer, verschiedene Arten 9

– Samen sind aus dem Boden gescharrt, Scharrspuren erkennbar.

Vögel

VERFÄRBUNGEN, FLECKENBILDUNGEN,
FÄULEN

(Siehe auch „Absterbeerscheinungen, Welken, Umfallen")

– Keimblätter (auch die ersten Laubblätter) weisen am Rand, aber auch ganzflächig, Verbräunungen und Schwärzungen auf. Unterhalb der Keimblätter verfärben sich die jungen Triebe mitunter rötlich. Pilzliche Krankheitserreger nicht nachweisbar.

Frostschaden 1

– Keimpflanzen vergilben, kümmern und sterben nach Überschwemmungen bzw. extrem langanhaltender, hoher Bodenfeuchtigkeit ab, vornehmlich in Bodensenken.

Stauende Nässe 2

– Keimblätter vergilben. Schadbild meist streifenweise im Bestand, besonders auf Vorgewenden.

Nachwirkung von Bodenherbiziden, angewandt zu Vorkulturen 3

– Unterer Stengelteil der Keimpflanzen verfärbt sich unter Gewebeerweichung braun bis schwarz, Wurzeln dunkel verfärbt, Keimpflanzen fallen um und vertrocknen mit auffälligen Einschnürungen des verbräunten Wurzelhalses.

– Keimpflanzen verfärben sich braun und werden naßfaul. Auf den Keimblättern braune bis schwarze sich ausweitende Flecke.

– Keimpflanzen werden schwarz, die unterirdischen Pflanzenteile verrotten bis zum Hypokotyl.

– Auflaufende Pflanzen verfärben sich graubraun, sterben mitunter ab. Auf den Keimblättern und am Hypokotyl graubrauner bis olivbrauner, stäubender Pilzbelag (Sporenträgerrasen des Erregers.).

– An den Keimblättern grünlich-graue, schwach eingesunkene Flecke, die sich später schwarz verfärben und in der Regel von Fraßstellen der Leinerdflöhe (Tafel 64) oder anderen Verletzungen ausgehen. Keimblätter fallen vorzeitig ab. Auch Befall am Hypokotyl möglich.

– Auf den Keimblättern glasige, später rötlich-braune, zum Teil auch weißliche, scharf umrandete Flecke. Hypokotyl unter den Keimblättern rötlich verfärbt. Keimpflanzen verwelken, fallen um und sterben ab.

– Braune, mehr oder weniger runde Flecke auf den Keimblättern. Diese schrumpfen zusammen, „verkrampfen" und faulen. Auf den verfärbten Stellen schwarze Punkte (Pyknidien des Erregers).

– Vergilbung und später Braunverfärbung, meist verbunden mit Umfallen und Absterben an Keimpflanzen, können verursacht werden durch den Fraß an den Wurzeln durch

ABSTERBEERSCHEINUNGEN, WELKEN, UMFALLEN

(Siehe auch „Verfärbungen, Fleckenbildungen, Fäulen" sowie „Fraßschäden an keimenden Samen, Keimwurzeln, Keimblättern")

– Das Absterben von Keimpflanzen, verbunden mit Welken und Umfallen kann verursacht werden durch

MISSBILDUNGEN

– Keimblätter unterschiedlich deformiert,

gewellt oder gekräuselt. Hypokotyl verdreht oder gebogen. Nematoden im Pflanzengewebe nicht nachweisbar.

Schaden durch Wuchsstoffherbizide 3

– Keimblätter zusammengeschrumpft, „verkrampft", mit braunen, mehr oder weniger runden Flecken, Hypokotyl stark gekrümmt.

Pasmo-Krankheit (*Mycosphaerella linicola* Naum.) 62

– Keimblätter gewellt oder verdreht, Hypokotyl angeschwollen, zum Teil verbogen. Im Gewebeinneren 1 bis 1,5 mm lange Fadenwürmer mit geknöpftem Mundstachel.

Stengelälchen (Stockälchen) (*Ditylenchus dipsaci* [Kühn] Filipjev) 7

FRASSSCHÄDEN
AN KEIMENDEN SAMEN,
KEIMWURZELN, KEIMBLÄTTERN

– Vor allem auf feuchten Standorten Keimpflanzen meist nesterweise abgefressen. Keimblätter mit unregelmäßig geformten Fraßstellen mit Schleimspuren.

Schnecken, verschiedene Arten 8

– Vor allem auf feuchten Standorten feiner Schabe- bzw. Lochfraß an den Keimblättern sowie an den jungen Stielen, mitunter auch

Randfraß durch etwa 1 bis 2 mm lange, verschieden gefärbte springende Insekten.

Springschwänze (Collembolen) 8

– An den Keimblättern sowie am Hypokotyl Rand-, Loch- oder Schabefraß durch 1 bis 2 mm lange, unterschiedlich gefärbte, springende Käfer, Kahlfraß innerhalb weniger Tage bei trockenem Wetter ist möglich.

Dunkelgrüner Leinerdfloh (Wolfsmilch-Erdfloh) (*Aphthona euphorbiae* [Schrk.]),
Schwarzer Flachserdfloh (*Longitarsus parvulus* [Payk.]) 64

– An den Wurzeln, zum Teil aber auch am Hypokotyl und an den Keimblättern unregelmäßige Fraßstellen. Pflanzen können absterben.

Erdraupen 8
Engerlinge 8
Drahtwürmer 8
Schnakenlarven 9
Haarmückenlarven 9
Tausendfüßer 9
Maulwurfsgrille 9

– Keimpflanzen mehr oder weniger nesterweise völlig abgebissen. Es entstehen im Bestand Kahlstellen, vielfach in der Nähe von Gehölzen, aber auch im Bestandesinneren.

Kaninchen, Hasen, Rehe

II. Krankheiten und Beschädigungen an Blättern und Trieben älterer Pflanzen

MECHANISCHE BESCHÄDIGUNGEN

– Nach starkem Wind oder Stürmen (vielfach verbunden mit starken Niederschlägen) Pflanzen mehr oder weniger gleichmäßig nach einer Seite geneigt. Bestände lagern.

Windschaden 2

– Blätter, Knospen, Blüten und Kapseln abgeschlagen. Blätter oft zerrissen, Triebe abgeknickt oder abgebrochen. An den Stengeln kommt es zur Knie- oder Knotenbildung, Stengel mit fleckenartigen, hellen Verfärbungen (Anschlagstellen).

Hagelschaden 2

WACHSTUMSHEMMUNGEN

– Wachstumshemmungen können mit zahlreichen und unterschiedlichen Krankheiten

und Beschädigungen verbunden sein. Für die Diagnose sind jedoch die jeweils spezifischen Symptome zu berücksichtigen. Deshalb wird an dieser Stelle auf die übrigen Abschnitte der Bestimmungstabelle verwiesen. Nachfolgend werden nur die möglichen und wichtigsten, mit Wachstumshemmungen verbundenen Schadursachen aufgeführt:

Fehler in der Ackerkultur
Stauende Nässe 2
Trockenheitsschaden 2
Nachwirkung von Bodenherbiziden, angewandt zu Vorkulturen 3
Verbrennungen, Verätzungen, Rauchgasschaden 3
Stickstoff-Mangel 57
Phosphor-Mangel 57
Kalium-Mangel 57
Calcium-Mangel 57

VERFÄRBUNGEN, FLECKENBILDUNGEN, FÄULEN, WELKEN, UMBRECHEN, ABSTERBEN

Abiotische Schäden

– Die Laubblätter weisen am Rand, aber auch ganzflächig Verbräunungen und Schwärzungen auf. Krankheitserreger nicht nachweisbar.

Spätfrostschaden 1

– Am Stengel fleckenartige helle Verfärbungen (Anschlagstellen), Blätter, Knospen und Blüten werden abgeschlagen, Blätter oft zerrissen, Triebe können abgeknickt oder abgebrochen sein.

Hagelschaden 2

– Unspezifisches Vergilben der Pflanzen, oft nesterweise im Bestand, später Welken und Absterben können verursacht werden durch

Trockenheitsschaden 2
Stauende Nässe, Überschwemmungen . . . 2
Mietenplätze, Strohdiemenplätze u. a. wurden bei der Aussaat in den Bestand einbezogen . 1
Nachwirkung von Bodenherbiziden, angewandt zu Vorkulturen 3

– Blattspreiten mit unregelmäßigen Aufhellungen, Nekrosen mit blaß- bis dunkelgrünen Verfärbungen, mitunter auch schon gegen das gesunde Gewebe abgegrenzte braune, unregelmäßig geformte Blattflecke. Blätter können absterben. Pilzliche Krankheitserreger nicht nachweisbar.

Herbizidschaden 3
Verbrennungen, Verätzungen, Rauchgasschaden 3

– Blätter und Knospen vergilben, Knospen werden abgeworfen. Pflanzen welken vielfach nesterweise im Bestand. Pilzliche Krankheitserreger bzw. Bodenschädlinge nicht nachweisbar.

Physiologische Flachswelke 61

– Vereinzelte Pflanzen im Bestand mit weiß verfärbten Triebspitzen. Mitunter nur eine Hälfte eines Blattes oder mehrere Blätter völlig weiß.

Panaschierung, Albikation 3

Ernährungsstörungen

– Blätter insgesamt hellgrün, von unten beginnend, nach gelbbrauner Verfärbung vorzeitig absterbend. Stengel steif aufwärts gerichtet, Wachstumshemmung. Bei reduzierter Verzweigung ist verminderte Blütenbildung festzustellen.

Stickstoff-Mangel 57

– Blätter klein, aufrecht stehend und blaugrün verfärbt. Ältere Blätter sterben unter gelbbrauner Verfärbung ab. Sproßwachstum gehemmt, Stengel dünn und relativ kurz, geringe Verzweigung, Blütenansatz vermindert. Pflanze zeigt Starrtracht.

Phosphor-Mangel 57

– An älteren Blättern gelbliche, in Braun übergehende Flecken, Blätter krümmen sich mit ihren nekrotischen Zonen nach unten oder oben, gehemmtes Sproßwachstum, Sproß bleibt kurz, Verzweigung vermindert. Pflanze zeigt Welketracht.

Kalium-Mangel 57

– An jüngsten Blättern chlorotische Aufhellungen, die in dunkelbraune Nekrosen übergehen. Sproßspitzen knicken unterhalb der Sproßvegetationspunkte um und sterben ab, ebenso die Verzweigungen, oder sie bleiben in der Entwicklung gehemmt, Bildung von Samenkapseln unterbleibt.

Calcium-Mangel 57

– In der Blattmitte älterer Blätter gelbgrüne

bis gelbe Chlorosen, die sich nach der Spitze ausdehnen und nekrotisch werden, zunehmende Verformung der Blätter durch Eindrehen oder Einrollen mit vorzeitigem Blattfall.

– Die obersten Blätter chlorotisch verfärbt, epinastisch nach unten gebogen, unter Bildung brauner Nekrosen absterbend. Vegetationspunkt abgestorben oder Ausbildung nur schwach entwickelter Blütenstände bei geringer Verzweigung. Wachstum der jüngeren Internodien gestaucht.

– Sproßspitze gelb bis weißgelb verfärbt, absterbend oder Wachstumsstillstand, der nur mäßig verzweigten Triebe, keine Kapselbildung, gelbliche Blätter gewellt, Blattspitzen meist aufwärts gerichtet.

Virosen und Mykoplasmosen

– Gegenüber gesunden Pflanzen aufgehellte und gekräuselte Blätter. Auch die Kronblätter gekräuselt. Stengel der verzweigten Pflanzen verdreht.

– Schwache gelbliche Adernbänderung und Fleckung der Blätter. Mitunter Degeneration der Kapseln.

– Leichte Mosaikfleckung der Blätter, verwaschene Aufhellung, Kräuselung der Blätter, Wachstumshemmung.

– Weißliche Ring- und Streifenmuster auf zum Teil gekräuselten Blättern, Wachstumshemmung.

– Vergilben der oberen Stengelpartien, besenartige Triebentwicklung, Kelchblätter sehr lang und lanzettlich schmal. Pflanze erscheint gegenüber gesunden heller grün.

Mykosen

– Pflanzen vergilben und welken. Wurzelhals eingeschnürt und geschwärzt, Wachstumshemmung. Mitunter auch die Gefäße des Stengels verbräunt.

– Pflanzen welken auffallend schnell, vergilben und sterben ab. Unterirdische Pflanzenteile geschwärzt, abgestorben und verrottet.

– Pflanzen vergilben von unten her. Später Blätter leicht verbräunt, fallen ab. Triebspitze nach unten gekrümmt. Auf der Stengelrinde dunkelbraune bis schwarze Punkte (Pyknidien des Erregers). Pflanzen werden stengeldürr.

– Pflanzen vergilben und welken. Stengel dunkelblaugrau bis bleigrau verfärbt, Gefäße verbräunt. Stengelrinde runzlig und silbergrau. Pflanzen knicken leicht ab, lassen sich leicht aus dem Boden ziehen, Wurzel verbräunt.

– An den Blättern grünlich-graue, schwach eingesunkene Flecke, die sich später schwarz verfärben und in der Regel von Fraßstellen der Leinerdflöhe (Tafel 64) oder anderen Verletzungen ausgehen. Flecke auch an Stengeln. Diese verbräunen und vermorschen. Pflanzen sterben vielfach noch vor der Blüte ab.

– An Blättern, Stengeln, Blüten und Samenkapseln rötlich-braune, ovale, etwa 1 bis 10 mm im Durchmesser erreichende Flecke. Blätter sterben ab, Stengel werden brüchig.

Brennfleckenkrankheit (Flachsanthraknose)
(*Colletotrichum lini* [Westerd.] Tochinai) . . **60**

– Braune, mehr oder weniger runde Flecke auf den Blättern. Sie schrumpfen zusammen, „verkrampfen" und faulen. Stengel braungrün gestreift, stark gekrümmt. Auf den Flecken zahlreiche schwarze Punkte (Pyknidien des Erregers). Befallene Pflanzen im Bestand sind an ihrer grünscheckigen, mitunter auch grauen bis braunen Farbe gut von den gesunden zu unterscheiden.

Pasmo-Krankheit (*Mycosphaerella linicola* Naum.) **62**

– An Blättern und Stengeln braune, meist rechteckige Flecke, auf den Blättern oft symmetrisch zur Blattmittelrippe angeordnet.

Blattfleckenkrankheit (*Alternaria* spp., *Stemphylium* spp.) **63**

– Besonders bei feuchtem Wetter graubraune Verfärbungen an allen Pflanzenteilen, darauf graubrauner bis dunkelolivbrauner, stäubender Pilzbelag (Sporenträgerrasen des Erregers).

Grauschimmel (*Botrytis cinerea* Pers.) . . . **62**

– Etwa ab Juni zarter, weißlicher Belag auf Blattober- und -unterseite. Blätter erscheinen wie mit Mehl bestäubt.

Echter Mehltau (*Oidium lini* Bond.) **63**

– Hell- bis orangegelbe bzw. rötlich-gelbe Flecke oder Pusteln auf Blättern und Stengeln, später auch braune bis schwarze Flecke oder Pusteln.

Flachsrost (*Melampsora lini* [Ehrbg.] Desm.) **63**

Tierische Schaderreger

– Auf den Blättern kleine, helle Flecke, die sich später hellgrau, graubraun oder gelblich-braun verfärben. Blätter sterben später ab. An den befallenen Pflanzenteilen, vor allem auf der Blattunterseite, verschieden gefärbte, etwa 0,3 bis 0,5 mm lange Milben, zum Teil in lockerem Gespinst, daneben Eier und Larven.

Gemeine Spinnmilbe (*Tetranychus urticae* Koch) **44**

– Pflanzen vergilben und welken. Blätter weisen feine weiße Flecke sowie Verkrümmungen auf, Triebspitzen sind verdreht,

Knospen fallen ab. Stärkere Seitentriebbildung.

Blasenfüße, verschiedene Arten **64**

– Am Stengel vor allem ab Juli helle Verfärbungen. An den hellen Stellen ist das grüne Pflanzengewebe bis auf die verholzten Stengelpartien abgenagt (Verwechslungsmöglichkeit mit Hagelschaden, Tafel 2).

Dunkelgrüner Leinerdfloh (Wolfsmilch-Erdfloh) (*Aphthona euphorbiae* [Schrk.]),
Schwarzer Flachserdfloh (*Longitarsus parvulus* [Payk.]) **64**

– Auf den Blättern zeichnen sich einfache, sich nur wenig erweiternde Gangminen deutlich hell gegenüber dem umgebenden grünen Blattgewebe ab. In den Minen etwa 3 mm lange, gelblich-weiße Fliegenlarven und bräunliche, 2,5 mm lange Puppen.

Erbsenminierfliege (*Phytomyza atricornis* Meig.) **30, 65**

– Unspezifisches Vergilben, Welken und Absterben der Pflanzen kann verursacht werden durch Fraß an den Wurzeln durch

Erdraupen	**8**
Engerlinge	**8**
Drahtwürmer	**8**
Schnakenlarven	**9**
Haarmückenlarven	**9**
Tausendfüßer	**9**
Maulwurfsgrille	**9**

mitunter auch möglich:

Wurzelfliegenlarven	**9**
Mäuse	

MISSBILDUNGEN,
VERÄNDERUNGEN DES WUCHSHABITUS

– Knie- oder Knotenbildungen an den Stengeln, diese auch mit fleckenartigen, hellen Verfärbungen (Anschlagstellen).

Hagelschaden **2**

– Pflanzen unterschiedlich deformiert, Stengel verkrümmt, Blattspreiten gewellt, gekräuselt, unnatürlich verbreitert.

Herbizidschaden **3**

– Vereinzelte Pflanzen im Bestand mit band- oder brettartig verbreiterten Trieben. In dem deformierten Stengelbereich zahlreiche kleinere Blätter sowie Seitentriebe,

Verbänderung **4**

– Stengel steif aufwärts gerichtet, Blätter

insgesamt hellgrün von unten beginnend, nach gelbbrauner Verfärbung vorzeitig absterbend, bei reduzierter Verzweigung verminderte Blütenbildung.

Stickstoff-Mangel 57

– Pflanzen zeigen Starrtracht. Sproßwachstum gehemmt, Stengel relativ kurz und dünn, Blätter klein, aufrechtstehend von blaugrüner Farbe, geringe Verzweigung, Blütenansatz vermindert, ältere Blätter sterben unter gelbbrauner Verfärbung ab.

Phosphor-Mangel 57

– Bei gehemmtem Wachstum bleibt der Sproß kurz, Verzweigung vermindert, an älteren Blättern gelbliche, in Braun übergehende Flecken, Blätter krümmen sich mit ihren nekrotischen Zonen nach unten oder oben, Welketracht.

Kalium-Mangel 57

– Blätter eingedreht und eingerollt, vorzeitiger Blattfall. In der Blattmitte älterer Blätter gelbgrüne bis gelbe Chlorosen, die sich nach der Spitze ausdehnen und nekrotisch werden.

Magnesium-Mangel 57

– Wachstum der jüngeren Internodien gestaucht, die obersten Blätter chlorotisch verfärbt, epinastisch nach unten gebogen, unter Bildung brauner Nekrosen absterbend. Vegetationspunkt abgestorben oder Ausbildung nur schwach entwickelter Blütenstände bei geringer Verzweigung.

Bor-Mangel 57

– Längenwachstum gehemmt. Sproßspitze gelb bis weißgelb verfärbt, absterbend oder Wachstumsstillstand, der nur mäßig verzweigten Triebe, keine Kapselbildung, gelbliche Blätter gewellt, Blattspitzen meist aufwärts gerichtet.

Kupfer-Mangel 57

– Pflanzen verzweigt, Stengel verdreht, Aufhellung der gekräuselten Blätter, auch die Kronblätter der Blüten sind gekräuselt.

Kräuselkrankheit, verursacht vermutlich durch ein Virus 58

– Blätter verkleinert und gekräuselt, mit weißlichen Ring- und Streifenmustern, einzelne Blüten verunstaltet.

Ringscheckung, verursacht durch das Tomatenschwarzring-Virus 58

– Besenartige Triebentwicklung, obere Stengelpartien vergilbt, Kelchblätter sehr lang und lanzettlich schmal, Blüte deformiert und vergrünt, Stengel und Kapseln verformt.

Leinvergilbung, verursacht durch Mykoplasmen 58

– Stengel braungrün gestreift, stark gekrümmt. An Blättern und Stengeln braune, mehr oder weniger runde Flecke. Sie schrumpfen zusammen, „verkrampfen“ und faulen. Auf den Flecken zahlreiche schwarze Punkte (Pyknidien des Erregers).

Pasmo-Krankheit (*Mycosphaerella linicola* Naum.) 62

– Stengel verkrümmt, am Grunde mitunter verdickt, Blätter gewellt oder verdreht. Im Gewebeinneren 1 bis 1,5 mm lange Fadenwürmer mit geknöpftem Mundstachel.

Stengelälchen (Stockälchen) (*Ditylenchus dipsaci* [Kühn] Filipjev) 7

– Sproßspitze gestaucht, Vegetationspunkt der Pflanze zerstört. Ausbildung zahlreicher Seitentriebe. Bei Sichtbarwerden dieses Schadbildes sind die Erreger meist nicht mehr auf den Pflanzen anzutreffen.

Dunkelgrüner Leinerdfloh (Wolfsmilch-Erdfloh) (*Aphthona euphorbiae* [Schrk.]), **Schwarzer Flachserdfloh** (*Longitarsus parvulus* [Payk.]) 64
Blasenfüße, verschiedene Arten 64
Schattenwickler (*Cnephasia wahlbomiana* L.) 55, 65, 70

– Triebspitze kugelig vergallt. Galle besteht aus verkürzten und verdickten Blättern. In der Galle eine weißlich-gelbe Fliegenlarve.

Flachsgallmücke (*Dasyneura sampiana* Tavar.) 65

– Triebspitze zur Seite gedreht und versponnen. Im Gespinst frißt eine graugrüne bis grüne oder blaßgrüne, etwa 13 mm lange Schmetterlingslarve.

Schattenwickler (*Cnephasia wahlbomiana* L.) 55, 65, 70

FRASSSCHÄDEN

– An den Blättern Rand-, Loch- und Schabefraß. Fraßstellen sind vielfach gleichzeitig

Infektionsherde für den Erreger des Flachsstengelbruches (*Aureobasidium pullulans* var. *lini* [Laff.] Cooke) (Tafel 60). Ab Juli helle Fraßstellen an den Stengeln, Pflanzengewebe bis auf die verholzten Stengelpartien abgenagt (Verwechslungsmöglichkeit mit Hagelschaden, Tafel 2). Vegetationspunkt der Pflanze zerstört, Sproßspitze gestaucht, Ausbildung zahlreicher Seitentriebe.

Dunkelgrüner Leinerdfloh (Wolfsmilch-Erdfloh) (*Aphthona euphorbiae* [Schrk.]),
Schwarzer Flachserdfloh (*Longitarsus parvulus* Payk.) 64

– In einfachen, sich nur wenig erweiternden Gangminen auf den Blättern fressen etwa 3 mm lange, gelblich-weiße Fliegenlarven.

Erbsenminierfliege (*Phytomyza atricornis* Meig.) 30, 65

– Ab Mai frißt in versponnenen Triebspitzen, die zur Seite gedreht sind, eine graugrüne bis grüne oder blaßgrüne, etwa 13 mm lange Schmetterlingslarve. Vegetationspunkt der Pflanze wird zerstört. Dadurch Stauchung der Sproßspitze, Ausbildung zahlreicher Seitentriebe.

Schattenwickler (*Cnephasia wahlbomiana* L.) 55, 65, 70

– Unregelmäßige Fraßbeschädigungen an Blättern, Triebspitzen, Blüten und Kapseln, mitunter auch an den Stengeln werden verursacht durch die Larven

verschiedener **Eulen**-Arten, vor allem:
Gammaeule (*Phytometra gamma* L.) 65
Erbseneule (*Polia pisi* L.) 65
Gemüseeule (*Polia oleracea* [L.]) 65

– Unregelmäßige Fraßbeschädigungen an

den Blättern und am Trieb vor allem im bodennahen Bereich.

Erdraupen 8
– Pflanzen vor allem an den Bestandesrändern völlig abgebissen.

Kaninchen, Hasen, Rehe

– Pflanzen im Umkreis um aufgewühlte Erdlöcher abgefressen.

Hamster

– Nesterweise im Bestand sind die Pflanzen abgefressen. Laufgänge auf dem Boden sowie im oberen Bodenbereich erkennbar.

Mäuse

SAUGSCHÄDEN

– Auf den Blättern kleine, helle Saugflecke, die sich später hellgrau, graubraun oder gelblich-braun verfärben und zusammenfließen. Blätter sterben später ab. An den befallenen Pflanzenteilen, vor allem auf der Blattunterseite, verschieden gefärbte, etwa 0,3 bis 0,5 mm lange Milben, zum Teil in lockerem Gespinst, daneben Eier und Larven.

Gemeine Spinnmilbe (*Tetranychus urticae* Koch) 44

– Auf den Blättern feine weiße Saugflecke. Blätter verkrümmt, Triebspitzen verdreht. Mitunter vergilben und welken die Pflanzen. An den geschädigten Pflanzenteilen saugen 0,6 bis 2 mm lange, schlanke, braunschwarze, kurzbeinige Insekten mit befransten Flügeln bzw. deren weißgelb gefärbte, ungeflügelte Larven. Triebspitzen bzw. Vegetationspunkt können absterben. Starke Seitentriebbildung.

Blasenfüße, verschiedene Arten 64

III. Krankheiten und Beschädigungen an Knospen, Blüten, Kapseln und Samen

(Siehe „Krankheiten und Beschädigungen an Blättern und Trieben älterer Pflanzen")

MECHANISCHE BESCHÄDIGUNGEN

– Knospen, Blüten und Kapseln abgeschlagen, Kapseln zerschlagen oder mit hell verfärbten Anschlagstellen.

Hagelschaden 2

VERFÄRBUNGEN, FLECKENBILDUNGEN, FÄULEN, WELKEN, ABSTERBEN

– Vorzeitiges Absterben der Triebspitzen mit den Knospen, Blüten oder Kapseln kann verursacht werden durch

Herbizidschaden 3
Verbrennungen, Verätzungen, Rauchgasschaden 3

– Knospen und Blätter vergilben, Knospen werden abgeworfen. Pflanzen welken vielfach nesterweise im Bestand. Pilzliche Krankheitserreger bzw. Bodenschädlinge nicht nachweisbar.

– Blütenbildung vermindert, ebenso die Verzweigung. Blätter insgesamt hellgrün, von unten beginnend, nach gelbbrauner Verfärbung vorzeitig absterbend. Stengel steil aufwärts gerichtet.

– Blütenansatz vermindert. Blätter klein, aufrechtstehend und blaugrün verfärbt. Ältere Blätter sterben unter gelbbrauner Verfärbung ab. Stengel dünn und relativ kurz, geringe Verzweigung. Sproßwachstum gehemmt. Pflanze zeigt Starrtracht.

– Keine Kapselbildung, jüngste Blätter chlorotisch aufgehellt, in dunkelbraune Nekrosen übergehend. Sproßspitzen knicken unterhalb der Sproßvegetationspunkte um.

– Keine Kapselbildung, Sproßspitze gelb bis weißgelb verfärbt. Absterben oder Wachstumsstillstand der nur mäßig verzweigten Triebe. Gelbliche Blätter gewellt, Blattspitzen meist aufwärts gerichtet.

– Degeneration der Kapseln. Schwache gelbliche Adernbänderung und Gelbfleckung der Blätter.

– Lanzettlich schmale Kelchblätter bis 18 mm · lang, verkümmerte, deformierte Blüte vergrünt. Kapseln und Stengel verformt. Besenartige Triebentwicklung, Vergilben der oberen Stengelpartien.

– Auf Kapseln und Samen dunkelbraune bis schwarze Punkte (Pyknidien des Erregers). Betroffene Pflanzen vergilben von unten her. Blätter leicht verbräunt, fallen ab. Triebspitze nach unten gekrümmt. Pflanzen sind stengeldürr.

– An Blüten und Samenkapseln rötlichbraune, ovale, etwa 1 bis 10 mm im Durchmesser erreichende Flecke. Kapseln deformiert und vergilbt. Samen in den Kapseln matt, Samenschale ohne Glanz.

– An den Kelchblättern sowie an Kapseln braune Flecke. An den Blättern grünlichgraue, schwach eingesunkene Flecke, die sich später schwarz verfärben. Stengel verbräunen und vermorschen.

– An Kapseln braune, meist rechteckige Flecke.

– Zahl der Samen in den Kapseln vermindert. Samen erscheinen matt und glasig. Pflanzen heben sich von gesunden durch ihre grünscheckige Farbe, mitunter auch ihren grauen bis braunen Farbton gut ab.

– Kapseln mit graubraunen Verfärbungen, darauf graubrauner bis dunkelolivbrauner, stäubender Pilzbelag (Sporenträgerrasen).

– Hell- bis orangegelbe bzw. rötlich-gelbe Flecke oder Pusteln, später auch braune bis schwarze Flecke oder Pusteln auf Kelchblättern und Kapseln.

– Knospen welken und fallen ab. Pflanzen vergilben und welken, Blätter mit feinen weißen Flecken sowie mit Verkrümmungen, Triebspitzen verdreht.

– Kapseln vergilben und verbräunen. In den Kapseln frißt eine weißlich-gelbe, spärlich behaarte, etwa 6,5 mm lange Larve mit schwarzbraunem Kopf und Nackenschild.

IV. Krankheiten und Beschädigungen an Wurzeln

(Diagnose in der Regel in Verbindung mit Symptomen an oberirdischen Pflanzenteilen)

ABSTERBEERSCHEINUNGEN, VERFÄRBUNGEN, FÄULEN

– Die Wurzeln umfallender und absterbender Keimpflanzen oder welkender und vergilbender älterer Pflanzen sind dunkel verfärbt. Wurzelhals eingeschnürt und verbräunt, unterer Stengelteil verfärbt sich unter Gewebeerweichung braun bis schwarz.

Umfallkrankheit, Schwarzbeinigkeit, Wurzelbrand, Keimlingskrankheit 5
Flachsbrand (*Olpidium brassicae* [Wor.] Dang.) 5
Flachswelke (Flachsmüdigkeit) (*Fusarium oxysporum* Schlecht. f. sp. *lini* [Bolley] Snyd. et Hans.) 59

– Die unterirdischen Pflanzenteile werden schwarz, sterben ab und verrotten. Befallene Pflanzen welken und sterben ab.

Wurzelfäule (*Thielaviopsis basicola* [Berk. et Br.] Ferr., *Thielavia basicola* [Berk. et Br.] Zopf) 59

– Wurzel verbräunt und meist stark zerstört. Wurzel- und Stengelrinde runzlig und silbergrau. Pflanzen vergilben, welken, Stengel verfärbt sich dunkelgrau bis bleigrau, knicken leicht ab.

Verticilliose (*Verticillium*-Welke) (*Verticillium albo-atrum* Reinke et Berth.) 61

MISSBILDUNGEN

– Wurzel wird fadenförmig, kann aber auch Anschwellungen aufweisen. Hypokotyl unter den Keimblättern rötlich verfärbt. Pflanzen welken und fallen um. Stengel älterer Pflanzen brüchig, mit braunen Flecken besetzt.

Brennfleckenkrankheit (Flachsanthraknose) (*Colletotrichum lini* [Westerd.] Tochinai) . . 60

– An den Wurzeln Gallen von unregelmäßiger Gestalt, meist rundlich bis spindelförmig, mehr oder weniger zerklüftet. Pflanzen im Wachstum gehemmt. In den Gallen bis 1 mm lange und 0,5 mm breite, birnenförmige Gebilde (Weibchen) nachweisbar.

Nördliches Wurzelgallenälchen (*Meloidogyne hapla* Chitwood) 6

FRASSSCHÄDEN

– An den Wurzeln, besonders den Wurzelspitzen von Pflanzen, die im Juni bis Juli welken, fressen weißlich-gelbe, 4 bis 5 mm lange, schlanke Käferlarven.

Dunkelgrüner Leinerdfloh (Wolfsmilch-Erdfloh) (*Aphthona euphorbiae* [Schrk.])
Schwarzer Flachserdfloh (*Longitarsus parvulus* [Payk.]) 64

– An den Wurzeln, zum Teil auch am Wurzelhals unregelmäßige Fraßbeschädigungen. Die befallenen Pflanzen sind im Wachstum gehemmt oder welken, vergilben und sterben vorzeitig ab.

Erdraupen 8
Engerlinge 8
Drahtwürmer 8
Schnakenlarven 9
Haarmückenlarven 9
Tausendfüßer 9
Maulwurfsgrille 9
mitunter auch möglich:
Wurzelfliegenlarven 9

– Nesterweise im Bestand sind die Wurzeln, vielfach aber auch die ganzen Pflanzen abgefressen. Laufgänge auf dem Boden sowie im oberen Bodenbereich erkennbar.

Mäuse

V. Schmarotzerpflanzen

Nesterweise im Bestand mehr oder weniger zahlreiche Pflanzen durch zwirnsfadendünne, hellgelbe bis rötliche Pflanzenstengel miteinander versponnen. Diese Stengel umwinden die Leintriebe eng und besitzen kugelige Blütenköpfchen.

Flachsseide (Leinseide) (*Cuscuta epilinum* Weihe) und andere *Cuscuta*-Arten 4

Krankheiten und Beschädigungen an Hanf

I. Krankheiten und Beschädigungen nach der Aussaat bis zum Keimpflanzenstadium

AUFLAUFSCHÄDEN, WACHSTUMS-
HEMMUNGEN

– Samen keimen nicht oder Keimlinge sterben vor Erreichen der Bodenoberfläche ab. Äußere Beschädigungen nicht erkennbar. Die Erscheinung ist mehr oder weniger gleichmäßig über den gesamten Bestand verbreitet. Pilzliche und tierische Schaderreger nicht nachweisbar.

Mangelhafte Saatgutqualität,
Nachwirkung von Bodenherbiziden, angewandt
zu Vorkulturen 3
Trockenheitsschaden 2

– Die Erscheinung ist auf mehr oder weniger begrenzte Flächen in einem Bestand beschränkt.

Stauende Nässe, Überschwemmungen . . . 2
Umfallkrankheit, Schwarzbeinigkeit, Wurzel-
brand, Keimlingskrankheit 5

– In den Samen bzw. in den verdickten oder verdrehten Keimlingen 1 bis 1,5 mm lange Fadenwürmer mit geknöpftem Mundstachel.

Stengelälchen (Stockälchen) (*Ditylenchus
dipsaci* [Kühn] Filipjev) 7

– Samen oder Keimlinge an- oder abgefressen, in ihrem Bereich im Boden zahlreiche, etwa 1 bis 2 mm lange, verschieden gefärbte, springende Insekten.

Springschwänze (Collembolen) 8

– Ein ähnliches Schadbild verursachen
Tausendfüßer, verschiedene Arten 9

– Samen sind aus dem Boden gescharrt, Scharrspuren erkennbar.

Vögel 56

VERFÄRBUNGEN, FLECKENBILDUNGEN,
FÄULEN

(Siehe auch „Absterbeerscheinungen, Welken, Umfallen")

– Keimblätter (auch die ersten Laubblätter) weisen am Rand, aber auch ganzflächig Verbräunungen und Schwärzungen auf. Pilzliche Krankheitserreger nicht nachweisbar.
Frostschaden 1

– Keimpflanzen vergilben, kümmern und sterben nach Überschwemmungen bzw. extrem langanhaltender hoher Bodenfeuchtigkeit ab, vornehmlich in Bodensenken.
Stauende Nässe 2

– Keimblätter vergilben. Schadbild meist streifenweise im Bestand, besonders auf Vorgewenden.
Nachwirkung von Bodenherbiziden, angewandt
zu Vorkulturen 3

– Unterer Stengelteil der Keimpflanzen verfärbt sich unter Gewebeerweichung braun bis schwarz, Wurzeln dunkel verfärbt, Keimpflanzen fallen um und vertrocknen mit auffälligen Einschnürungen des verbräunten Wurzelhalses.
Umfallkrankheit, Schwarzbeinigkeit, Wurzel-
brand, Keimlingskrankheit 5
Fusariose (*Fusarium* spp.) 5, 59, 67

– Keimpflanzen verfärben sich braun und werden naßfaul. Auf den Keimblättern braune bis schwarze sich ausweitende Flecke.
Braunfleckenkrankheit (*Stemphylium botryosum*
Wallr.) 51, 63, 68

Blattfleckenkrankheit (*Alternaria* spp.,
Stemphylium spp.) 63

– Keimpflanzen werden schwarz, die unter-
irdischen Pflanzenteile verrotten bis zum
Hypokotyl.
  Wurzelfäule (*Corticium rolfsii* Curzi) 69

– Vergilbung und später Braunverfärbung,
meist verbunden mit Umfallen und Absterben an Keimpflanzen kann verursacht werden durch Fraß an den Wurzeln durch
  tierische Schaderreger, verschiedene
  Arten 8, 9

ABSTERBEERSCHEINUNGEN, WELKEN,
UMFALLEN
(Siehe auch „Verfärbungen, Fleckenbildungen, Fäulen" sowie „Fraßschäden an keimenden Samen, Keimwurzeln, Keimblättern")

– Das Absterben von Keimpflanzen, verbun-
den mit Welken und Umfallen kann verur-
sacht werden durch
  Trockenheitsschaden 2
  **Umfallkrankheit, Schwarzbeinigkeit, Wurzel-
  brand, Keimlingskrankheit** 5
  Fusariose (*Fusarium* spp.) 5, 59, 67
  Braunfleckenkrankheit (*Stemphylium botryosum*
  Wallr.) 51, 63, 68
  Blattfleckenkrankheit (*Alternaria* spp.,
  Stemphylium spp.) 63
  Wurzelfäule (*Corticium rolfsii* Curzi) 69
  tierische Schaderreger, verschiedene
  Arten 8, 9

MISSBILDUNGEN

– Keimblätter unterschiedlich deformiert,
gewellt oder gekräuselt. Hypokotyl verdreht
oder gebogen. Nematoden im Pflanzengewebe nicht nachweisbar.
  Schaden durch Wuchsstoffherbizide 3

– Keimblätter gewellt oder verdreht, Hypokotyl angeschwollen, zum Teil verbogen. Im
Gewebeinneren 1 bis 1,5 mm lange Fadenwürmer mit geknöpftem Mundstachel.
  Stengelälchen (Stockälchen) (*Ditylenchus
  dipsaci* [Kühn] Filipjev) 7

FRASSSCHÄDEN AN KEIMENDEN SAMEN,
KEIMWURZELN, KEIMBLÄTTERN

– Vor allem auf feuchten Standorten
Keimpflanzen meist nesterweise abgefressen. Keimblätter mit unregelmäßig geformten Fraßstellen mit Schleimspuren.
  Schnecken, verschiedene Arten 8

– Vor allem auf feuchten Standorten feiner
Schabe- bzw. Lochfraß an den Keimblättern
sowie den jungen Stielen, mitunter auch
Randfraß durch etwa 1 bis 2 mm lange, ver-
schieden gefärbte, springende Insekten.
  Springschwänze (Collembolen) 8

– An den Keimblättern sowie am Hypokotyl
Rand-, Loch- oder Schabefraß durch 1,8 bis
2,6 mm lange, eiförmige, metallisch grüne
bis bronzefarbene, springende Käfer. Kahlfraß innerhalb weniger Tage bei trockenem
Wetter ist möglich.
  Hanferdfloh (*Psylliodes attenuata* Koch) . . 70

– An den Wurzeln, zum Teil aber auch am
Hypokotyl und an den Keimblättern unre-
gelmäßige Fraßstellen.
Pflanzen können absterben.
  Erdraupen 8
  Engerlinge 8
  Drahtwürmer 8
  Schnakenlarven 9
  Haarmückenlarven 9
  Tausendfüßer 9
  Maulwurfsgrille 9

– Keimpflanzen mehr oder weniger nesterweise völlig abgebissen. Es entstehen im Bestand Kahlstellen, vielfach in der Nähe von
Gehölzen, aber auch im Bestandesinneren.
  Kaninchen, Hasen, Rehe

II. Krankheiten und Beschädigungen an oberirdischen Teilen älterer Pflanzen

MECHANISCHE BESCHÄDIGUNGEN

– Nach starkem Wind oder Stürmen (vielfach verbunden mit starken Niederschlägen) Pflanzen mehr oder weniger gleichmäßig nach einer Seite geneigt, Bestände lagern.

– Blätter, Knospen, Blüten und Samen abgeschlagen. Blätter oft zerrissen, Triebe abgeknickt oder abgebrochen. An den Stengeln kommt es zur Knie- oder Knotenbildung. Stengel mit fleckenartigen, hellen Verfärbungen (Anschlagstellen).

WACHSTUMSHEMMUNGEN

– Wachstumshemmungen können mit zahlreichen und unterschiedlichen Krankheiten und Beschädigungen verbunden sein. Für die Diagnose sind jedoch die jeweils spezifischen Symptome zu berücksichtigen. Deshalb wird an dieser Stelle auf die übrigen Abschnitte der Bestimmungstabelle verwiesen. Nachfolgend werden nur die möglichen und wichtigsten, mit Wachstumshemmungen verbundenen Schadursachen aufgeführt:

VERFÄRBUNGEN, FLECKENBILDUNGEN, FÄULEN, WELKEN, UMBRECHEN, ABSTERBEN

Abiotische Schäden

– Die Laubblätter weisen am Rand, aber auch ganzflächig, Verbräunungen und Schwärzungen auf. Krankheitserreger nicht nachweisbar.

– Am Stengel fleckenartige helle Verfärbungen (Anschlagstellen), Blätter, Knospen, Blüten und Samen abgeschlagen. Blätter oft zerrissen. Triebe abgeknickt oder abgebrochen.

– Unspezifisches Vergilben der Pflanzen, oft nesterweise im Bestand, später Welken und Absterben können verursacht werden durch

– Blattspreiten mit unregelmäßigen Aufhellungen, Nekrosen mit blaß- bis dunkelgrünen Verfärbungen, mitunter auch scharf gegen das gesunde Gewebe abgesetzt, braune, unregelmäßig geformte Blattflecke. Blätter können absterben. Pilzliche Krankheitserreger nicht nachweisbar.

– Vereinzelte Pflanzen im Bestand mit teilweise weiß verfärbten Blattspreiten, oft nur eine Blatthälfte betroffen.

Panaschierung, Albikation 3

Virosen

– Blätter mit diffuser, gelbgrüner Fleckung bis partieller Scheckung, Seitenadern zu Streifenmustern gebändert, mitunter sichelförmig verdreht, leicht gewellt und an der Basis verschmälert, unregelmäßige Zähnung der Blattränder. Schwacher Wuchs der Pflanzen.

Blattfleckung, verursacht durch das Arabismosaik-Virus **66**

– Blattspreite hellgrün gescheckt, verkleinert und aufgebeult. Spitzen der Blattfiedern verdreht. Wuchshemmung.

Hanfscheckung, verursacht durch das Gurkenmosaik-Virus **66**

– Jüngere Blätter mit Gelbfleckung und Adernnetzung, ältere Blätter gelbstreifig infolge Vergilbung der Interkostalfelder, Längenwachstum der Triebe vermindert.

Gelbstreifung, verursacht durch das Luzernemosaik-Virus **66**

– Interkostalfelder der Blätter blaßgrün durchscheinend gestreift, nekrotische Fleckung bis weitgehende Verbräunung der Blätter, Blattränder und Blattspitzen eingerollt, mitunter spiralig verdreht. Pflanzen im Wuchs zurückgeblieben.

Streifenkrankheit, verursacht durch das Hanfstreifen-Virus **66**

Mykosen

– Pflanzen vergilben und welken. Wurzelhals eingeschnürt und geschwärzt. Wachstumshemmung. Mitunter auch die Gefäße des Stengels verbräunt.

Schwarzbeinigkeit, Wurzelbrand 5
Fusariose (*Fusarium* spp.) 5, 59, 67

– Langovale, aschgraue, bis 10 mm lange, zum Teil zusammenfließende Flecke im unteren Stengelbereich. Blätter werden braun und fallen ab.

Botryosphaeria marconii (Cav.) Charles et Jenk. **67**

– Auf den Blättern weißliche Flecke mit bräunlichem, scharf abgesetztem Rand, fließen zusammen. Zentrum der Flecke wird brüchig, fällt heraus, Blattflächen löcherig.

70

Scharfrandige Blattfleckenkrankheit (*Didymella* sp.) **67**

– An den unteren Blättern runde oder ellipsoide bis polygonale braune, später weißliche bis ockergelbe Flecke mit dunkelbraunem Rand, Blätter gekräuselt, welken und fallen ab.

Septoria-**Blattfleckenkrankheit** (*Septoria cannabis* [Lasch.] Sacc.) **68**

– Graubraune bis dunkelbraune, unregelmäßig geformte Flecke auf den Blättern, von Blattadern begrenzt, einige Millimeter groß. Mittelteil bricht oft heraus. Auf den Flecken massenhaft schwarzbraune Konidien des Erregers.

Braunfleckenkrankheit (*Stemphylium botryosum* Wallr.) **51, 63, 68**

– Auf den Blättern gelbliche, unscharf begrenzte Flecke zwischen den Blattadern. Auf der Blattunterseite gelbbrauner Pilzbelag, der später graubraun bis violett wird.

Falscher Mehltau (*Pseudoperonospora cannabina* [Otth.] Curzi) **68**

– Im Sommer vor allem in Blattachseln oder an den Verzweigungspunkten der Seitentriebe Aufhellung der Rinde, später darauf mausgrauer bis olivfarbener Myzelüberzug (stäubend). Es werden auch die Samenstände betroffen.

Grauschimmel (*Botrytis cinerea* Pers.) . **62, 69**

– Wurzelhals verfärbt sich im Frühjahr braun, später auch der Stengel. Auf den Blättern braune, später ausbleichende, kreisrunde Flecke, darauf dunkelbraune bis schwarzbraune Sporenlager.

Stengelbräune (*Mycosphaerella cannabis* [Wint.] Röder) **69**

– Nach der Blüte am Stengel dunkelgraue bis schwarze Verfärbungen. In ihrem Bereich löst sich die Rinde vom Holzkörper. Stengel brechen leicht um.

Hanfanthraknose (*Colletotrichum atramentarium* [Berk. et Br.] Taubenh.) **69**

– Ab Juni weißlichgrüne Rindenverfärbungen am Stengel, darauf weißliches Pilzgeflecht, in dem sich schwärzliche, runde, 2 bis 10 mm im Durchmesser betragende Sklerotien befinden. Blätter und Stengel vergilben und sterben ab.

Sklerotienkrankheit (Hanfkrebs) (*Sclerotinia sclerotiorum* [Lib.] de Bary) **50, 69**

– Pflanzen vergilben, welken und sterben ab. Am Wurzelhals und am unteren Stengelteil Verbräunung und Absterben des Rindengewebes. Darauf weißes Pilzmyzel mit 10 bis 20 mm großen, runden, braunen bis braunschwarzen Sklerotien.

Wurzelfäule (*Corticium rolfsii* Curzi) **69**

Tierische Schaderreger

– Auf den Blättern kleine, helle Saugflecke, die sich später hellgrau, graubraun oder gelblich-braun verfärben. Blätter sterben später ab. An den befallenen Pflanzenteilen, vor allem auf der Blattunterseite, verschieden gefärbte, etwa 0,3 bis 0,5 mm lange Milben, zum Teil in lockerem Gespinst, daneben Eier und Larven.

Gemeine Spinnmilbe (*Tetranychus urticae* Koch) **44**

– Schon kurz nach dem Auflaufen, aber auch in späteren Wachstumsstadien der Pflanzen zahlreiche kleine, fensterartige, runde und hell verfärbte Fraßstellen oder Fraßlöcher an den Blättern. Im Jugendstadium der Pflanzen Kahlfraß möglich. Auch die Triebe werden oberflächlich angefressen. Fraßstellen erscheinen hellgrün. Betroffene Blätter verbräunen und vertrocknen. Auf den Pflanzen 1,8 bis 2,6 mm lange, eiförmige, metallisch grüne bis bronzefarbene, springende Käfer.

Hanferdfloh (Hopfenerdfloh) (*Psylliodes attenuata* Koch) **70**

– Etwa ab Juni treten auf den Fiederblättern unterschiedlich geformte, sich gelblich bis gelblich-grau gegenüber dem unbefallenen Blattgewebe deutlich abhebende Gang- oder Platzminen auf, die später vertrocknen. In den Minen etwa 3 mm lange Fliegenlarven, zum Teil auch etwa 2,5 mm lange, bräunliche Puppen.

Minierfliegen, verschiedene Arten **70**

– Ab Juni auf den Blättern feine weißliche Pünktchen (Saugstellen). Sie fließen zusammen. Blätter erscheinen fahlgelb bis weißlich-gelb gesprenkelt, werden später großflächig weißlich-grau bis weißlich-graugelb. An den Blattunterseiten hellgrüne, etwa 4 mm lange, zum Teil springende Insekten.

Hellgrüne Zwergzikade (*Empoasca flavescens* F.) **71**

– Ab Anfang August treten an gekräuselten und eingerollten Blättern rötliche Verfärbungen auf. Blätter verbräunen schließlich und vertrocknen. An den Blattunterseiten sind 1,9 bis 2,7 mm lange, geflügelte und ungeflügelte, gelblich-grüne und grünstreifige Blattläuse zu finden.

Hanfblattlaus (*Phorodon cannabis* [Pass.]) **71**

– Ab Juni vergilben Pflanzen mit verkrümmten Stengeln und gehemmtem Wuchs. Im Inneren der Stengel frißt eine 10 bis 13 mm lange, graugrüne Larve. Am Stengel auffällige Anschwellung.

Hanfwickler (Kleine Hanfmotte, Chinesischer Hanfsamenwickler) (*Grapholitha delineana* [Walk.]) **70**

– Ab Juli vergilben und welken Blätter und Triebspitzen. Am Stengel Einbohrlöcher mit Bohrmehl und Exkrementen. Im Stengel frißt eine 25 bis 30 mm lange, graubraune bis schmutzig-graue Larve mit dunkler Rückenlinie. Stengel brechen ab.

Maiszünsler (*Ostrinia nubilalis* Hbn.) **45**

– Unspezifisches Vergilben, Welken und Absterben der Pflanzen kann verursacht werden durch Fraß an den Wurzeln durch

Erdraupen **8**
Engerlinge **8**
Drahtwürmer **8**
Schnakenlarven **9**
Haarmückenlarven **9**
Tausendfüßer **9**
Maulwurfsgrille **9**
mitunter auch möglich:
Wurzelfliegenlarven **9**
Mäuse

– Pflanzen sind im Wachstum gehemmt und sterben vorzeitig ab. Wenige Zentimeter von der Stelle entfernt, an der der Hanfstengel aus dem Boden herauswächst, befindet sich eine etwa 15 cm hoch werdende, ockergelblich-braune Pflanze mit blaß gelblichen bzw. blauen bis violetten Blüten.

Ästige Sommerwurz (Hanfwürger, Hanftod) (*Orobanche ramosa* L.) **4**

MISSBILDUNGEN,
VERÄNDERUNG DES WUCHSHABITUS

– Knie- oder Knotenbildung an den Stengeln, diese auch mit fleckenartigen, hellen Verfärbungen (Anschlagstellen).

Hagelschaden 2

– Pflanzen unterschiedlich deformiert, Stengel verkrümmt, Blattspreiten gewellt, gekräuselt, unnatürlich verbreitert.

Herbizidschaden 3

– Blätter sichelförmig verdreht, leicht gewellt, an der Basis verschmälert, unregelmäßige Zähnung der Ränder. Pflanzen schwachwüchsig. Diffuse gelbgrüne Fleckung bis partielle Scheckung der Blätter, Seitenadern zu Streifenmustern gebändert.

Blattfleckung, verursacht durch das Arabismosaik-Virus 66

– Blattspreite verkleinert, aufgebeult, Spitzen der Fiederblätter seitwärts gedreht. Blattspreite hellgrün gescheckt.

Hanfscheckung, verursacht durch das Gurkenmosaik-Virus 66

– Blattränder und Blattspitzen eingerollt, mitunter spiralig verdreht. Interkostalfelder der Blätter mit nekrotischer Fleckung und Verbräunung.

Streifenkrankheit, verursacht durch das Hanfstreifen-Virus 66

– Blätter gekräuselt, welken und fallen ab. Auf der Blattspreite der unteren Blätter runde oder ellipsoide bis polygonale, braune, später weißliche bis ockergelbe Flecke mit dunkelbraunem Rand.

Septoria–**Blattfleckenkrankheit** (*Septoria cannabis* [Lasch.] Sacc.) 68

– Stengel verkrümmt, am Grunde mitunter verdickt, Blätter gewellt oder verdreht. Im Gewebeinneren 1 bis 1,5 mm lange Fadenwürmer mit geknöpftem Mundstachel.

Stengelälchen (Stockälchen) (*Ditylenchus dipsaci* [Kühn] Filipjev) 7

– Leichte Blattdeformationen. Auf den Blättern feine weißliche Pünktchen (Saugstellen). Blätter werden später großflächig weißlich-grau bis weißlich-graugelb. An der Blattunterseite hellgrüne, etwa 4 mm lange, zum Teil springende Insekten.

Hellgrüne Zwergzikade (*Empoasca flavescens* F.) 71

– Blätter gekräuselt und eingerollt mit rötlichen Verfärbungen, verbräunen schließlich und vertrocknen. An den Blattunterseiten 1,9 bis 2,7 mm lange, geflügelte und ungeflügelte, gelblich-grüne und grünstreifige Blattläuse.

Hanfblattlaus (*Phorodon cannabis* [Pass.]) . 71

– Spitzenblätter zusammengedreht, versponnen, zum Teil nach einer Seite gebogen. In dem Gespinst frißt eine graugrüne, später grüne bis blaßgrüne, etwa 13 mm lange Larve. Triebspitze wird zerstört. Es bleibt nur noch der Triebstumpf übrig. Dadurch verstärkte Seitentriebbildung (Verzweigung).

Schattenwickler (*Cnephasia wahlbomiana* L.) 55, 65, 70

– Stengel verkrümmt, Blätter vergilben, am Stengel eine Anschwellung. Im Stengel frißt eine graugrüne, 10 bis 13 mm lange Larve.

Hanfwickler (Kleine Hanfmotte, Chinesischer Hanfsamenwickler) (*Grapholitha delineana* [Walk.]) 70

FRASSSCHÄDEN

– Schon kurz nach dem Auflaufen, aber auch in späteren Wachstumsstadien der Pflanzen zahlreiche kleine, fensterartige, runde und hell verfärbte Fraßstellen oder Fraßlöcher an den Blättern. Auch die Triebe werden oberflächlich angefressen. Betroffene Blätter verbräunen und vertrocknen. Auf den Pflanzen 1,8 bis 2,6 mm lange, eiförmige, metallisch grüne bis bronzefarbene, springende Käfer.

Hanferdfloh (Hopfenerdfloh) (*Psylliodes attenuata* Koch) 70

– Auf den Fiederblättern unterschiedlich geformte, gelblich bis gelblich-grau erscheinende Gang- oder Platzminen, die später vertrocknen. In den Minen fressen etwa 3 mm lange Fliegenlarven. Es befinden sich später zum Teil auch 2,5 mm lange, bräunliche Puppen darin.

Minierfliegen, verschiedene Arten 70

– Zwischen zusammengesponnenen Spitzenblättern frißt an Blättern und der Triebspitze eine graugrüne, später grüne bis blaßgrüne, 13 mm lange Larve. Triebspitze wird zerstört. Es bleibt nur noch der Triebstumpf übrig. Dadurch verstärkte Seitentriebbildung (Verzweigung).

Schattenwickler (*Cnephasia wahlbomiana* L.) **55, 65, 70**

– In verkrümmten Stengeln, deren Blätter vergilben, frißt eine graugrüne, 10 bis 13 mm lange Larve. Am Stengel befindet sich eine Anschwellung (Eindringstelle der Larve). Später frißt die Larve auch an Blüten und Samen.

Hanfwickler (Kleine Hanfmotte, Chinesischer Hanfsamenwickler) (*Grapholitha delineana* [Walk.]) **70**

– Blätter und Triebspitzen vergilben und welken. An den Stengeln Einbohrlöcher, aus denen Bohrmehl, vermischt mit Exkrementen, heraustritt. Im Stengel frißt eine 25 bis 30 mm lange, graubraune bis schmutziggraue Larve mit dunkler Rückenlinie. Stengel brechen ab.

Maiszünsler (*Ostrinia nubilalis* Hbn.) **45**

– Unregelmäßige Fraßbeschädigungen an Blättern, Triebspitzen, Blüten und Samen, mitunter auch an Stengeln durch grüne, bis 40 mm lange Schmetterlingslarven.

Gammaeule (*Phytometra gamma* L.) **65**

– Unregelmäßige Fraßbeschädigungen an den Blättern und am Stengel vor allem im bodennahen Bereich.

Erdraupen **8**

– Pflanzen vor allem an den Bestandesrändern völlig abgebissen.

Kaninchen, Hasen, Rehe

– Pflanzen im Umkreis um aufgewühlte Erdlöcher abgefressen.

Hamster

– Nesterweise im Bestand sind die Pflanzen abgefressen. Laufgänge auf dem Boden sowie im oberen Bodenbereich erkennbar.

Mäuse

– Samen werden abgefressen durch

Vögel, vor allem Finken

SAUGSCHÄDEN

– Auf den Blättern kleine, helle Saugflecke, die sich später hellgrau, graubraun oder gelblich-braun verfärben. Blätter sterben später ab. An den befallenen Pflanzenteilen, vor allem auf der Blattunterseite, verschieden gefärbte, etwa 0,3 bis 0,5 mm lange Milben, zum Teil in lockerem Gespinst, daneben Eier und Larven.

Gemeine Spinnmilbe (*Tetranychus urticae* Koch) **44**

– Auf den Blättern feine, weiße Pünktchen (Saugstellen). Leichte Blattdeformationen. Blätter werden später großflächig weißlichgrau bis weißlich-graugelb. An der Blattunterseite hellgrüne, etwa 4 mm lange, zum Teil springende Insekten.

Hellgrüne Zwergzikade (*Empoasca flavescens* F.) **71**

– Blätter gekräuselt, eingerollt und rötlich verfärbt, verbräunen später und vertrocknen. An den Blattunterseiten 1,9 bis 2,7 mm lange, geflügelte und ungeflügelte, gelblichgrüne und grünstreifige Blattläuse.

Hanfblattlaus (*Phorodon cannabis* [Pass.]) . **71**

– An den Blättern saugen einzelne, grüne bis gelbgrüne, geflügelte und ungeflügelte etwa 2 mm lange Blattläuse mitunter in kleinen Kolonien.

Grüne Pfirsichblattlaus (*Myzus persicae* Sulz.) . . . . **28** wichtigster Überträger pflanzenpathogener Viren (Gurkenmosaik-Virus (CMV), Luzernemosaik-Virus (ALMV) Tafel 14, 37).

III. Krankheiten und Beschädigungen an Wurzeln

(Diagnose in der Regel in Verbindung mit Symptomen an oberirdischen Pflanzenteilen)

ABSTERBEERSCHEINUNGEN,
VERFÄRBUNGEN,
FÄULEN

– Die Wurzeln umfallender und absterbender Keimpflanzen oder welkender und vergilbender älterer Pflanzen sind dunkel verfärbt. Wurzelhals eingeschnürt und verbräunt, unterer Stengelteil verfärbt sich unter Gewebeerweichung braun bis schwarz.

– Wurzelhals verfärbt sich braun, später auch der Stengel. Auf den Blättern braune, später ausbleibende, kreisrunde Flecke, darauf dunkelbräune bis schwarzbraune Sporenlager.

– Am Wurzelhals und am unteren Stengelteil Verbräunung und Absterben des Rindengewebes. Darauf weißes Pilzmyzel mit 10 bis 20 mm großen, runden, braunen bis braunschwarzen Sklerotien. Pflanzen vergilben, welken und sterben ab.

MISSBILDUNGEN

– Im Bestand nesterweise im Wachstum gehemmte Pflanzen, die bei Trockenheit welken, an den Wurzeln etwa 0,4 bis 0,6 mm lange, zitronenförmige gelbe bis braune Zysten.

FRASSSCHÄDEN

– In den Wurzeln und im Wurzelhals minieren weißliche, 3 bis 4 mm lange Käferlarven.

– An den Wurzeln, zum Teil auch am Wurzelhals unregelmäßige Fraßbeschädigungen. Pflanzen sind im Wachstum gehemmt oder welken, vergilben und sterben vorzeitig ab.

– Nesterweise im Bestand sind die Wurzeln, vielfach aber auch die ganzen Pflanzen abgefressen. Laufgänge auf dem Boden sowie im oberen Bodenbereich erkennbar.

Mäuse

IV. Schmarotzerpflanzen

– Nesterweise im Bestand mehr oder weniger zahlreiche Pflanzen durch zwirnsfadendünne, hellgelbe bis rötliche Pflanzenstengel miteinander versponnen. Diese Stengel umwinden die Hanfstengel eng und besitzen kugelige Blütenköpfchen.

– Pflanzen sind im Wachstum gehemmt und sterben vorzeitig ab. Wenige Zentimeter von der Stelle entfernt, an der der Hanfstengel aus dem Boden herauswächst, befindet sich eine etwa 15 cm hoch werdende, ockergelblich-braune Pflanze mit blaß gelblichen bzw. blauen bis violetten Blüten.

Bildtafeln und Beschreibungen
der Krankheiten und Beschädigungen
an Öl- und Faserpflanzen

Auswinterung von Winterölfruchtsaaten

SCHADBILD

Nach langanhaltenden Kahlfrösten bzw. einer Winterwitterung mit extremen Wechseln zwischen tiefen und höheren Temperaturen sterben die älteren Blätter mit Vergilbungserscheinungen ab (1 a). Die Blattspreiten zeigen durch das Ablösen der Kutikula Blasenbildungen. Bei starken Schäden sterben auch die Herzblätter sowie die Wurzeln ab (1 b). Im Frühjahr sind die Pflanzen solcher Bestände vertrocknet, die Blätter liegen auf dem Boden, nur vereinzelt finden sich noch Pflanzen mit gesunden Herzblättern. In solchen Wintern sind Pflanzen mit Befall durch den Rapserdfloh (*Psylliodes chrysocephala* L.) (Tafel 21) und den Kohlgallenrüßler (*Ceutorhynchus pleurostigma* Marsh.) (Tafel 26) besonders von der Auswinterung betroffen. Dies trifft auch für Pflanzen auf feuchten Standorten zu.

Frostschaden, Spätfrostschaden im Frühjahr

SCHADBILD

Nach Spätfrösten im Frühjahr treten besonders bei Lein, Mohn, Sonnenblume und Hanf Verbräunungen und Schwärzungen an den Keimblättern bzw. den ersten Laubblättern auf (2 a–d). Auch die jungen Triebe können betroffen sein. Bei Lein verfärben sie sich unterhalb der Keimblätter rötlich. Derartige Pflanzen sterben ab. Das Schadbild an den Blättern der Sonnenblume kann mit Windschaden (Tafel 2) verwechselt werden.
Bei Raps und Rübsen kommt es durch Spätfröste zum Aufreißen der bereits entwickelten Triebe (2 e). Dieses Schadbild kann mit dem des Großen Rapsstengelrüßlers (*Ceutorhynchus napi* Gyll.) (Tafel 23) verwechselt werden. Vielfach wird der Schaden durch Spätfrost bei Raps und Rübsen später überwachsen, und es entwickeln sich normal ertragfähige Pflanzen.

Schaden auf Mietenplätzen, Strohdiemenplätzen u. a.
(ohne Abbildung)

SCHADBILD

Im Bereich vorjähriger Mietenplätze, Strohdiemenplätze sowie von Zwischenlagerplätzen für organische Düngemittel laufen die Saaten nicht oder lückig auf. Zum Teil keimen die Samen nicht. Die Entwicklung der jungen Pflanzen ist gestört. Neben sehr gut wachsenden Pflanzen finden sich auch solche mit Kümmerwuchs und Vergilbungen. In der Regel zeichnet sich dieses Schadbild im Bestand flächenmäßig begrenzt ab. Häufig kommt es am Bestandesrand vor.

76

1

Hagelschaden

SCHADBILD

In der Regel sind nach Hagelschlag nahezu alle Pflanzen der Öl- und Faserpflanzenbestände betroffen. Die Blätter sind durchlöchert, weisen Risse auf oder sind abgeschlagen (Beispiel: Sonnenblume 1 a). Auch die Triebe können abgeknickt oder abgebrochen sein. Schäden an Raps-, Rübsen- oder Krambestengeln können leicht mit Erdflohschaden verwechselt werden, allerdings ist an den Anschlagstellen der Hagelkörner (1 b) die Oberhaut nicht verletzt. Derartige Anschlagstellen treten auch an Schoten auf (1 c). Bei Hanf- und Leinstengeln kommt es an den Anschlagstellen zu Knie- oder Knotenbildungen (Hanf: 1 d, Lein: 1 e). Mohnstengel oder Mohnkapseln werden entweder abgeschlagen oder weisen Anschlagstellen auf. Dabei kommt es in der Folge zu Verkrümmungen der Triebe (1 f). Reife Mohnkapseln können an der Anschlagstelle zerbrechen (1 g). An den Rändern der Gewebezerreißungen treten bei allen Pflanzenarten Verfärbungen und Verbräunungen auf. In der Regel sind die Anschlagstellen an der der Windrichtung zur Zeit des Hagelschlages zugekehrten Seite zu finden.

Windschaden

SCHADBILD

Nach starkem Wind oder nach Stürmen sind die Pflanzen mehr oder weniger gleichmäßig nach einer Seite geneigt.
Bei Sonnenblumen treten an den Blättern durch Reibung an anderen Blättern unregelmäßige Weiß- oder Braunschwarz-Verfärbungen auf (2). Auch die Blattspitzen zeigen Braunschwarz-Verfärbungen.
Bei Mohn kann durch starke Stürme infolge Verwehen der oberen Bodenkrume das Saatgut mit dem Boden verweht werden, besonders in windgefährdeten Lagen.

Stauende Nässe, Überschwemmungen

(ohne Abbildung)

SCHADBILD

In tiefen und feuchten Lagen kommt es zu Auflaufschäden. Es entstehen Fehlstellen im Bestand. Aufgelaufene Pflanzen, aber auch ältere Pflanzen vergilben und kümmern, das Wachstum stagniert.

Regenschaden, Verschlämmung

SCHADBILD

Bei Mohn kann es durch starke Regenfälle unmittelbar nach der Aussaat bzw. im Keim- und Jungpflanzenstadium infolge Bodenverschlämmung zu Auflaufschäden oder zum Absterben der Jungpflanzen mit Wurzelverbräunung (3 a) kommen. Ebenso bei Mohn treten während und vor allem nach der Vollblüte nach längeren Regenfällen vielfach Kapseln mit anhaftenden Kronblättern auf, die später verfaulen oder vertrocknen. Bereits reifende Kapseln weisen nach anhaltendem Regenwetter im Inneren mehr oder weniger stark gekeimte Samen auf (3 b).

Trockenheitsschaden
(ohne Abbildung)

SCHADBILD

Über den gesamten Bestand verbreitete Auflaufschäden. Die jungen Keimlinge welken und vertrocknen bereits unter der Bodenoberfläche. Pilzliche Krankheitserreger sind nicht nachweisbar. Bereits aufgelaufene Pflanzen welken. Bei längerer Trockenheit kommt es zu Wachstumshemmungen und in extremen Fällen zum vorzeitigen Vergilben und Absterben der Pflanzen. Die Samenausbildung ist beeinträchtigt oder bleibt aus.

2

Herbizidschaden
(Siehe auch Tafel 11)

SCHADBILD

Durch Einwirkung von bestimmten wuchsstoffhaltigen Herbiziden infolge falscher Wirkstoffwahl bei der chemischen Unkrautbekämpfung, unsachgemäßer Gerätereinigung oder durch Abdrift von Herbizidspritzungen auf Nachbarkulturen treten an den Blättern und Trieben der Öl- und Faserpflanzen unterschiedliche Deformierungen auf. Ein spezifisches Schadbild bei Raps ist auf Tafel 11 und bei Sonnenblume auf Tafel 3 dargestellt. Bei allen Pflanzenarten ist die Blattspreite gewellt, gekräuselt, Blattstiele mit Vergilbungen, unnatürlich verbreitert (1a bei Sonnenblume) und mitunter bis zur Unkenntlichkeit deformiert (1b bei Sonnenblume), die Triebe sind verbogen. Bei Lein kann es zum vorzeitigen Absterben der Triebspitzen mit den Knospen, Blüten oder Kapseln kommen (1c). Werden Öl- und Faserpflanzen auf Böden angebaut, auf denen vorher bestimmte Bodenherbizide zur Anwendung kamen, kann es zu Auflaufschäden kommen, oder es treten an den Blättern der jungen Pflanzen Vergilbungserscheinungen auf (1d bei Sonnenblume), mitunter auch Adernvergilbungen, besonders bei Raps und Rübsen. Da die einzelnen Wirkstoffe auf die jeweiligen Kulturpflanzen unterschiedliche Wirkung ausüben, ist eine Differentialdiagnose unter Einbeziehung von Boden- bzw. Pflanzenanalysen bei Auftreten derartiger oder ähnlicher Symptome erforderlich.
Herbizidschäden treten in der Regel niemals nur an Einzelpflanzen im Bestand auf, sondern sind stets in Verbindung mit möglichen Abdriftrichtungen von Nachbarbeständen, der Arbeitsbreite von Spritzgeräten bzw. deren Wendebereichen zu sehen und erstrecken sich auf mehr oder weniger ausgedehnte Pflanzenbestände. Es sollten auch Symptome an Unkräutern Beachtung bei der Ermittlung der Schadursachen finden.

Verbrennungen, Verätzungen, Rauchgasschaden

SCHADBILD

Flächenweise, aber auch lokal begrenzt, sowie in der Nähe von Industrieanlagen treten auf den Blattspreiten unregelmäßige, mehr oder weniger umfangreiche Aufhellungen, gefolgt von Nekrosen mit blaßgrünen bis hell- oder dunkelgrünen Verfärbungen auf. Mitunter finden sich aber auch scharf gegen das gesunde Gewebe abgegrenzte braune, unregelmäßig geformte Blattflecke (2a bei Sonnenblume, 2b bei Raps). Die betroffenen Blätter der verschiedenen Entwicklungsstadien können vorzeitig absterben. Jüngere Pflanzen bleiben klein und gehen zum Teil ein. Es entstehen lückige Bestände.

URSACHE

Einwirkung von Industrieabgasen, besonders SO_2, Abdrift von ätzend wirkenden Herbiziden benachbarter Applikationsorte, Folge von Kopfdüngergaben oder Abdrift von Düngergaben von Nachbarfeldern in Verbindung mit ungünstigen Witterungsbedigungen. Für die Diagnose sind sämtliche in Frage kommenden Umweltfaktoren zu berücksichtigen. Untersuchung der Pflanzen in Speziallaboratorien.

Panaschierung, Albikation

SCHADBILD

Vereinzelte Pflanzen im Bestand weisen auf den Blättern unregelmäßige, helle bis weiße Flecke unterschiedlichen Ausmaßes auf. Mitunter ist nur eine Hälfte des Blattes weiß verfärbt (3a bei Raps), es kommen auch gänzlich weiß verfärbte Blätter vor. Bei Lein sind mitunter alle Blätter der jungen Triebspitzen weiß verfärbt (3b). Bei Sonnenblumen treten weißgelbe, gelbe bis gelbgrüne Flecke, vielfach von Blattadern begrenzt, auf (3c).

URSACHE

Das Auftreten dieses Krankheitsbildes verursachen genetische Faktoren.

2a
1d
1c
3b
1a
2b
3a
1b
3c

Verbänderung

SCHADBILD

Vor allem bei Raps, Sonnenblume und Lein treten vereinzelt im Bestand Pflanzen mit bandförmig oder brettartig verbreiterten Trieben auf. Vielfach befinden sich in dem deformierten Stengelbereich zahlreiche, kleinere Blätter bzw. zahlreiche Seitentriebe. Es können auch einzelne Blattstiele derartige Wuchsveränderungen aufweisen (1 a–c).

URSACHE

Nicht näher bekannte physiologische Faktoren.

Flachsseide (Leinseide)
(*Cuscuta epilinum* Weihe)
und andere *Cuscuta*-Arten

SCHADBILD

Im Leinbestand (mitunter auch an Hanf) werden nesterweise mehr oder weniger zahlreiche Pflanzen durch zwirnsfadendünne, hellgelbe, mitunter etwas rötliche Pflanzenstengel miteinander versponnen. Diese Stengel umwinden die einzelnen Leintriebe eng und besitzen an kleinen Stielchen kleine, in kugeligen Köpfchen angeordnete Blütchen mit grünlich-weißem Kelch und weißen, kleinen Kronblättern (2 a b). Die betroffenen Leinpflanzen lagern, das Erntegut ist nicht verwertbar.

SCHÄDLING

Flachsseide (Leinseide) (*Cuscuta epilinum* Weihe, Syn. *Cuscuta vulgaris* Presl.), Hopfenseide (*Cuscuta europaea* L.).
Die Samen dieser Schmarotzerpflanze gelangen mit dem Leinsaatgut auf das Feld. Sie keimen im Boden. Der dünne Stengel windet sich an der Leinpflanze empor und bildet Saugwurzeln aus, welche in den Leinstengel eindringen. Jedes Blütenköpfchen besteht aus etwa 5 bis 8 eng ansitzenden Blütchen. Der Kelch ist 5-zipfelig. Die Blütenkrone weist 5 breite, spitze und weiße Zipfel auf. Zahl der Staubgefäße: 5, Zahl der Griffel pro Fruchtknoten: 2. Der Fruchtkno-

ten ist zweifächerig. Es werden je Blüte zwei Samen ausgebildet. Die Blütezeit liegt im Juli bis August.

Ästige Sommerwurz, Hanfwürger, Hanftod
(*Orobanche ramosa* L.)

SCHADBILD

Nur wenige Zentimeter von der Stelle entfernt, an der der Hanfstengel aus dem Boden herauswächst, befindet sich eine etwa 15 cm und höher werdende Pflanze mit ockergelblich-braunen und feinhaarigen dünnen Trieben, die vielfach 3 bis 4 Äste aufweisen. Die Triebe entspringen einer braunschuppigen Verdickung unter der Bodenoberfläche, deren fadenförmige, büschelartig angeordneten Wurzeln in die Wurzeln der Hanfpflanze eindringen und der Hanfpflanze die Nahrung entziehen (3). Die Hanfpflanzen sind im Wachstum gehemmt und sterben vorzeitig ab.

SCHÄDLING

Ästige Sommerwurz, Hanfwürger, Hanftod (*Orobanche ramosa* L., Syn. *Phelipaea ramosa* C. A. Meyer).
Der Schmarotzer vermehrt sich durch Samen. Die ganze Pflanze besitzt meist einen drüsig-klebrigen Überzug. Die Blütezeit erstreckt sich von Juni bis August. Die bis etwa 10 mm oder längere Blütenkrone ist blaß gelblich bis violett bzw. mit blauem bis violettem Saum und röhrig-glockig, 4- bis 5-zähnig und ungeteilt. An jedem Trieb werden zahlreiche Blüten ausgebildet.

Sonnenblumenwürger
(*Orobanche cumana* Wallr.)
(ohne Abbildung)

SCHADBILD UND SCHÄDLING

In den Sonnenblumenanbaugebieten der UdSSR tritt diese gelbstengelige, unverzweigte und fahl violett blühende Schmarotzerpflanze teilweise verstärkt auf. Befallene Pflanzen kümmern, sind im Wuchs gehemmt, welken und sterben vorzeitig ab.

4

Umfallkrankheit, Schwarzbeinigkeit, Wurzelbrand, Keimlingskrankheit
(Verschiedene pilzliche Krankheitserreger)

SCHADBILD

Die Bestände laufen trotz hoher und ausreichender Keimfähigkeit des Saatgutes mangelhaft oder unregelmäßig auf. Es entstehen Fehlstellen in den Beständen. Keimende Samen verbräunen im Boden, der Keimling stirbt mitunter noch vor Erreichen der Bodenoberfläche ab. Bereits aufgelaufene Pflanzen fallen vor allem auf ungünstigen Standorten bzw. bei ungünstiger Witterung unter Gewebeerweichung und zunehmender Bräunung bis Schwärzung des Wurzelhalses und der hypokotylen Stengelteile (1a bei Raps, 1b bei Lein) um. Wurzeln erscheinen dunkel getönt. Umgefallene Keimpflanzen gehen mit auffälligen Einschnürungen des verbräunten Wurzelhalses und der hypokotylen Stengelteile ein und vertrocknen. Pflanzen, die das Jungpflanzenstadium mit den ersten Laubblättern erreicht haben, können ebenfalls befallen werden. Sie welken (1b bei Lein), vergilben und werden schließlich braunschwarz. Bei günstigen Wachstumsbedingungen bleiben die Pflanzen trotz Einschnürung und Schwärzung des Wurzelhalses oft stehen, werden im Wachstum aber geschwächt, kümmern und zeigen Blattvergilbungen.

ERREGER

Verschiedene bodenbürtige pilzliche Krankheitserreger, einzeln oder im Komplex wirkend.

Das beschriebene Schadbild kann bei den einzelnen Öl- und Faserpflanzenarten durch pflanzenartspezifische pilzliche Krankheitserreger verursacht werden. Verweise hierauf finden sich in den Bestimmungstabellen. Es kann aber auch durch bodenbürtige pilzliche Krankheitserreger verursacht werden, welche an fast allen Öl- und Faserpflanzenarten auftreten können.

Hierzu gehören vor allem:

– *Rhizoctonia solani* Kühn (Sklerotienstadium), Nebenfruchtform: *Thanatephorus cucumeris* (Frank) Donk., Syn. *Hypochnus solani* Prill. et Delacr., *Corticium solani* (Prill. et Delacr.) Bourd. et Galz.

An den Befallsstellen tritt bräunliches oder dunkles Myzel auf (Durchmesser der Hyphen 6 bis 10 µm). Es ist in charakteristischer Weise verzweigt, Nebenäste gehen rechtwinklig ab, an den Abzweigstellen etwas eingeschnürt und septiert (2a). Es kommen auch sklerotiale Myzelverflechtungen vor (2b).

– *Pythium*-Arten, vor allem: *Pythium ultimum* Trow., *Pythium debaryanum* Hesse.

Das wachsende Myzel ist nicht septiert (Durchmesser der Hyphen 1,7 bis 6,5 µm), verzweigt, kugelige, oft zitronenförmig zugespitzte, endständige Zoosporangien (Durchmesser 12 bis 28 µm) (3), gelegentlich interkalare, tonnenförmige Sporen (14 bis 17 × 28 bis 33 µm), mit Keimschlauch keimend. Oosporen rund, dickwandig, glatt mit zentral abgegrenztem körnigem Protoplasten (14,7 bis 18,3 µm).

– Flachsbrand (*Olpidium brassicae* [Wor.] Dang., Syn. *Olpidium radicis* de Wild., *Pleotrachelus brassicae* [Wor.] Saht., *Olpidiaster radicis* de Wild.)

Ohne Myzel. Pilz parasitiert als nackter Protoplast (Zoosporangium) in Wirtszelle. Zoosporangien kugelförmig (12 bis 20 µm Durchmesser) mit Entleerungshals (4a), Dauersporangien (8 bis 25 µm Durchmesser) mit dicker, warziger Außenwand und sternförmig abgesetztem Protoplasten (4b).

– *Fusarium* spp.

Farbloses septiertes Myzel, Sporenlager (Sporodochien) mit ein- oder zweizelligen Mikro- und mehrzelligen sichelförmig gekrümmten Makrokonidien (5a, b).

– Als samenbürtiger Pilz: *Phoma lingam* (Tode) Desm. (Nebenfruchtform), Ascusform: *Leptosphaeria maculans* (Desm.) Ces. et Not. (siehe auch Tafel 17).

An Befallsstellen der Pflanzen Pyknidien mit einzelligen Sporen (Beschreibung des Erregers Tafel 17).

5

85

Nördliches Wurzelgallenälchen
(*Meloidogyne hapla* Chitwood)

SCHADBILD

Vor allem bei Sonnenblume und Lein treten an den Wurzeln junger, im Wachstum zurückbleibender Pflanzen meist kleinere Gallen von unregelmäßiger Gestalt und Größe auf, an denen sich die Wurzeln verzweigen (1 a). Sie sind mitunter so klein, daß sie leicht übersehen werden.

SCHÄDLING

Nördliches Wurzelgallenälchen (*Meloidogyne hapla* Chitwood).
In den Eiern, welche sich in den Gallen befinden, entwickeln sich die Larven des ersten Stadiums. Als zweites Stadium verlassen sie die Eier mit einer Länge von etwa 0,4 bis 0,5 mm, gelangen in den Boden, indem sie die Gallen verlassen. Sie dringen in die Wurzeln der Wirtspflanzen ein. Das Rindengewebe beginnt zu hypertrophieren. Es entstehen die Wurzelgallen. Für die Artbestimmung, die dem Spezialisten vorbehalten bleiben sollte, ist die Morphologie der Vulva- und Anusumgebung (Perineum) reifer Weibchen von Bedeutung (Perineum von *Meloidogyne hapla:* 1 b).

Rübenzystenälchen
(*Heterodera schachtii* Schmidt)

SCHADBILD

Bei den kreuzblütigen Winter- und Sommerölfruchtpflanzen tritt nesterweise im Bestand Wachstumshemmung auf. Mitunter kommt es bei warmem und trockenem Wetter auch zu Welkeerscheinungen. Untere Blätter können vergilben. Eine Schädigung der Pflanzen tritt jedoch in der Regel nicht ein. An den Wurzeln befinden sich viele, etwa 1 mm lange und 0,7 mm dicke, weiße, gelbliche bis braune, zitronenförmige Zysten (2 a).

SCHÄDLING

Rübenzystenälchen (Rübennematode) (*Heterodera schachtii* Schmidt).
Die Dauerformen des Rübenzystenälchens, die braunen, zitronenförmigen Zysten (2 b),

fallen nach abgeschlossener Entwicklung von den Wurzeln ab und überdauern im Boden. Im Frühjahr schlüpfen die jungen Larven und bohren sich in die Pflanzenwurzeln ein. Im Inneren der Wurzeln erfolgt die geschlechtliche Differenzierung. Die Männchen gelangen in den Boden und suchen das zu befruchtende Weibchen auf. Entwicklung des Weibchens in der Wurzel, dabei Anschwellen des Hinterendes, welches schließlich durch Sprengen der Wurzeloberhaut aus der Wurzel teilweise herausragt. Absonderung eines Gallerttropfens, in den das Männchen vom Boden her zur Befruchtung einwandert. Im Körper des Weibchens bis zu 300 Eier. Absterben des Weibchens und Umbildung des Körpers unter Braunverfärbung zu einer zitronenförmigen Zyste.

In ähnlicher Weise schädigend und mit ähnlicher Lebensweise treten an kreuzblütigen Winter- und Sommerölfruchtpflanzen auf:

Kohlzystenälchen
(*Heterodera cruciferae* Franklin)

Zysten klein, dickbauchig, zitronenförmig, etwa 0,5 mm lang (3).

An Hanf:
Hopfenzystenälchen
(*Heterodera humuli* Filipjev)

Zysten blaß braun, zitronenförmig, 0,4 bis 0,6 mm lang (4).

Kartoffelzystenälchen
(*Globodera rostochiensis* Wollw., *Globodera pallida* [Stone])

Bei der Bodenuntersuchung können vor allem auf Böden mit intensivem Kartoffelanbau auch die Zysten der Kartoffelzystenälchen (5) gefunden werden. Diese sind braun bis gelblich-braun, rundlich (nicht zitronenförmig) und etwa 0,5 bis 0,7 mm lang. Diese Nematodenarten befallen jedoch nicht die Öl- und Faserpflanzen.

6

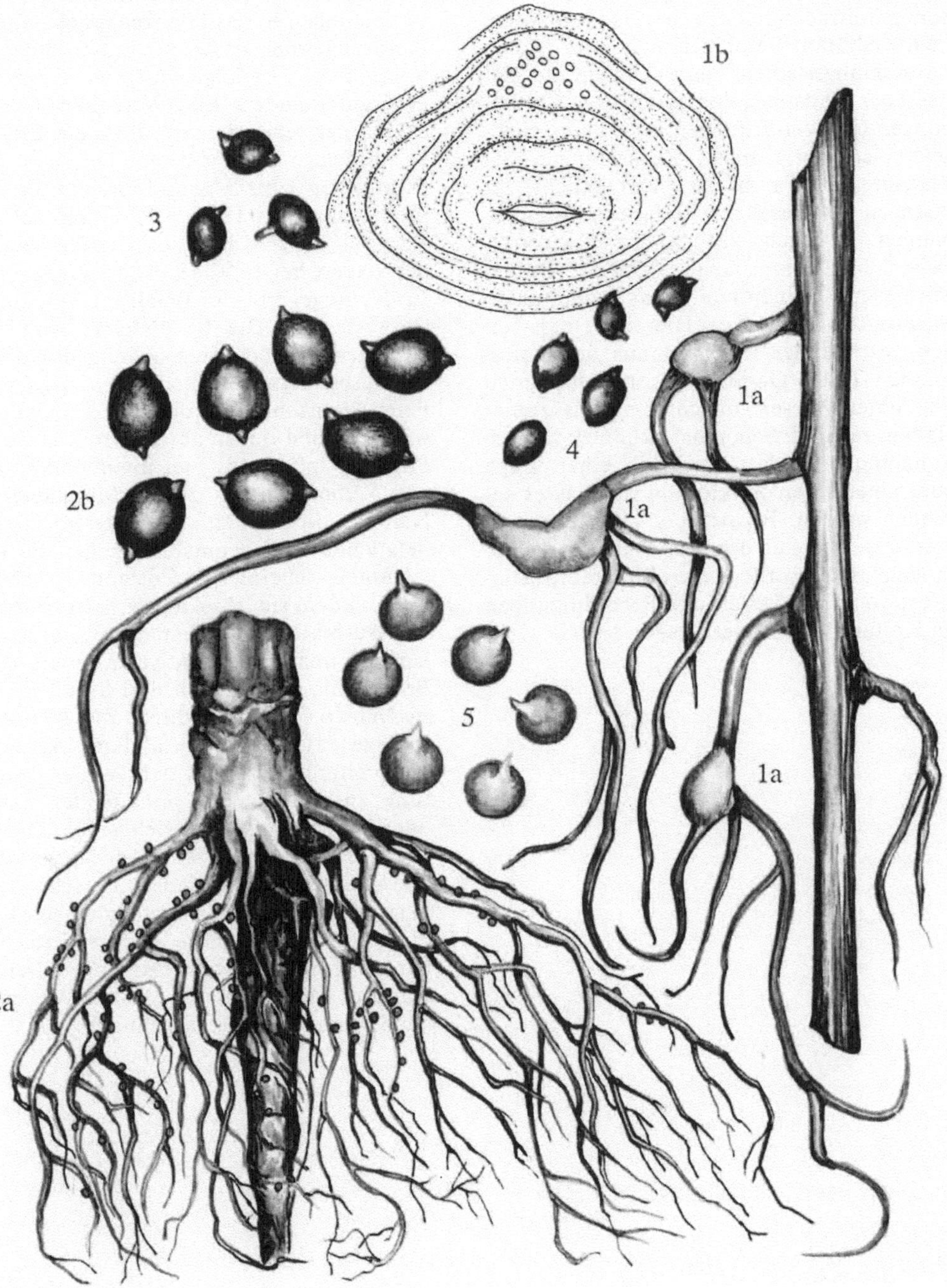

Stengelälchen (Stockälchen)
(*Ditylenchus dipsaci* [Kühn] Filipjev)

SCHADBILD

Vor allem bei kreuzblütigen Winter- und Sommerölfruchtpflanzen, bei Sonnenblume, Lein und Hanf treten schon in sehr frühen Entwicklungsstadien Verdickungen an der Basis der Blattstiele, der Herzblätter, Verdrehungen und Verdickungen im unteren Stengelbereich sowie später Kräuselungen der Blattspreiten (1a, b) auf. Der Wuchs der Pflanzen ist gestaucht. Befallene Pflanzen bleiben im Wuchs zurück. Im Pflanzengewebe 1 bis 1,5 mm lange, weißliche Fadenwürmer mit geknöpftem Mundstachel nachweisbar (Kopfende 1c). Hierzu werden von den geschädigten Pflanzen aus den deformierten Teilen Gewebestücken entnommen und unter Wasser vorsichtig mittels zweier Nadeln zerrupft. Schon bald können die auswandernden Nematoden mit einer Lupe oder einem Stereomikroskop im Wasser gefunden werden. Hinsichtlich der Diagnosemethode wird auf den Band „Diagnosemethoden" in der vorliegenden Buchreihe „Diagnose von Krankheiten und Beschädigungen an Kulturpflanzen" verwiesen.

SCHÄDLING

Stengelälchen (Stockälchen) (*Ditylenchus dipsaci* [Kühn] Filipjev).
Die Nematoden leben im Boden und dringen von dort her durch Spaltöffnungen oder Verletzungen in das Pflanzengewebe ein. Im Pflanzengewebe erfolgt die Entwicklung und Vermehrung. Es folgen mehrere Generationen aufeinander. Ein Weibchen legt im Pflanzengewebe mehrere Hundert Eier ab. Die Eiablage beginnt bereits bei einer Temperatur von 1 bis 5 °C und erreicht ihr Optimum bei 13 bis 18 °C. Die Gesamtentwicklungszeit bis zum geschlechtsreifen Nematoden dauert bei 15 °C 19 bis 23 Tage.
In der Regel tritt der Befall im Bestand nesterweise auf. Die Befallsstärke wird trotz vorliegender Bodenverseuchung durch Witterungsbedingungen modifiziert. Aus befallenen Pflanzenteilen können die Nematoden wieder in den Boden abwandern und weitere Pflanzen infizieren. Frei im Boden können die Nematoden bis zu 18 Monaten ohne Nahrung überdauern. In eingetrocknetem, befallenem Pflanzenmaterial gehen die Tiere in einen scheintoten Zustand (Anabiose) über, in dem sie jahrelang verharren können.
Die Ausbreitung der Nematoden im Bestand kann einmal durch aktive Wanderung im Boden (bis zu 10 cm in drei Stunden) bzw. in dichten Beständen direkt von Pflanze zu Pflanze erfolgen, zum anderen kann die Ausbreitung passiv mit den bei der Bearbeitung an den Geräten anhaftenden Boden- oder Pflanzenteilen vor sich gehen. Die passive Verbreitung ist die bedeutungsvollste. *Ditylenchus dipsaci* besitzt einen sehr großen Wirtspflanzenkreis. In umfangreichen Kreuzungsversuchen konnte nachgewiesen werden, daß *Ditylenchus dipsaci* in zahlreichen Rassen mit unterschiedlichen Wirtspflanzenkreisen vorkommen kann.

Kartoffelkrätzeälchen
(*Ditylenchus destructor* Thorne)
(ohne Abbildung)

SCHADBILD

Diese Nematodenart verursacht an zahlreichen Wirtspflanzen braune bis schwarze Läsionen an den Wurzeln sowie Absterben der Wurzeln. Zum Wirtspflanzenkreis gehört unter anderen auch die Sonnenblume.

SCHÄDLING

Kartoffelkrätzeälchen (*Ditylenchus destructor* Thorne).
Die Artdifferenzierung zu *Ditylenchus dipsaci* sowie weiteren Arten sollte dem Spezialisten vorbehalten bleiben.

Chrysanthemenblattälchen
(*Aphelenchoides ritzemabosi* [Schwartz] Steiner)

SCHADBILD

An Sonnenblumen können ab Ende Juni an den Blättern von den Adern scharf begrenzte, gelbgrüne, später sich schwarzbraun verfärbende Flecke auftreten. Die Erscheinung tritt zunächst in den Winkeln zwischen der Hauptrippe und den Seitennerven auf (2a). Sie weitet sich später aus, die Blätter krümmen sich, sterben ab und bleiben trocken an dem Stengel hängen. Der Befall an der Pflanze schreitet von unten nach oben fort. Im Blattgewebe 0,7 bis 1,2 mm lange Fadenwürmer mit kleinem, geknöpftem Mundstachel (2b).

SCHÄDLING

Chrysanthemenblattälchen (*Aphelenchoides ritzemabosi* [Schwartz] Steiner).
Der Nematode infiziert die Pflanzen vom Boden oder von anderen Wirtspflanzen her über einen Wasserfilm (Regen, Tau). Er dringt über Spaltöffnungen in das Pflanzengewebe ein, wandert und vermehrt sich darin. Die meisten Nematoden befinden sich in der Übergangszone vom gelbgrünen zum braunschwarzen Pflanzengewebe. Sie besitzen einen ausgeprägten Wandertrieb, der besonders deutlich wird, wenn die befallenen Pflanzenteile feucht werden. Es ist auch Befall an Knospen und Blüten möglich.

Wandernde Wurzelnematoden

SCHADBILD

Junge Öl- und Faserpflanzen bleiben, vielfach nesterweise, im Wachstum zurück. Derartige Pflanzen weisen an der Hauptwurzel eine starke Reduktion der Seitenwurzelausbildung auf. An den Wurzelansatzstellen treten Verbräunungen und zum Teil geringfügige Verdickungen (6) auf. Die Seitenwurzeln sterben ab. Mitunter befinden sich im Wurzelgewebe 0,4 bis 0,7 mm lange Fadenwürmer mit geknöpftem Mundstachel (3) oder im umgebenden Boden mehr oder weniger zahlreiche Nematoden mit anders gestaltetem Mundstachel (4, 5).

SCHÄDLINGE

Verschiedene endoparasitisch oder ektoparasitisch lebende, wandernde Wurzelnematoden. Von den endoparasitisch lebenden Arten besitzen an kreuzblütigen Winter- und Sommerölfruchtpflanzen sowie an Mohn besondere Bedeutung:

– *Pratylenchus neglectus* (Rensch) Filipjev et Stekhoven

Für die Artdifferenzierung ist unter anderem die Morphologie der Kopfregion von Bedeutung (Kopfregion von *Pratylenchus neglectus* 3). Bestimmung durch Spezialisten.

Von den vorwiegend oder ausschließlich ektoparasitisch lebenden, wandernden Wurzelnematoden sind vor allem von Bedeutung an Raps:

– *Tylenchorhynchus claytoni* Steiner (ohne Abbildung)

Der Nematode ist etwa 0,8 bis 1 mm lang und besitzt einen gut sichtbaren, geknöpften Mundstachel. Er lebt sowohl endo- als auch ektoparasitisch.

Ausschließlich ektoparasitisch leben:

– Nadelälchen (*Paralongidorus maximus* [Bütschli] Siddiqui)

Der etwa 8 bis 12 mm lange Nematode schädigt vor allem an Sonnenblume. Er ist charakterisiert durch einen langen, nadelförmigen Mundstachel (4).

– *Trichodorus christiei* Allen

Die Vertreter der Gattung *Trichodorus* sind etwa 0,6 bis 1,2 mm lang und besitzen einen meist hinter der Mitte dreigeteilten und an der Basis verdickten, bogenförmig ausgebildeten Mundstachel (5).

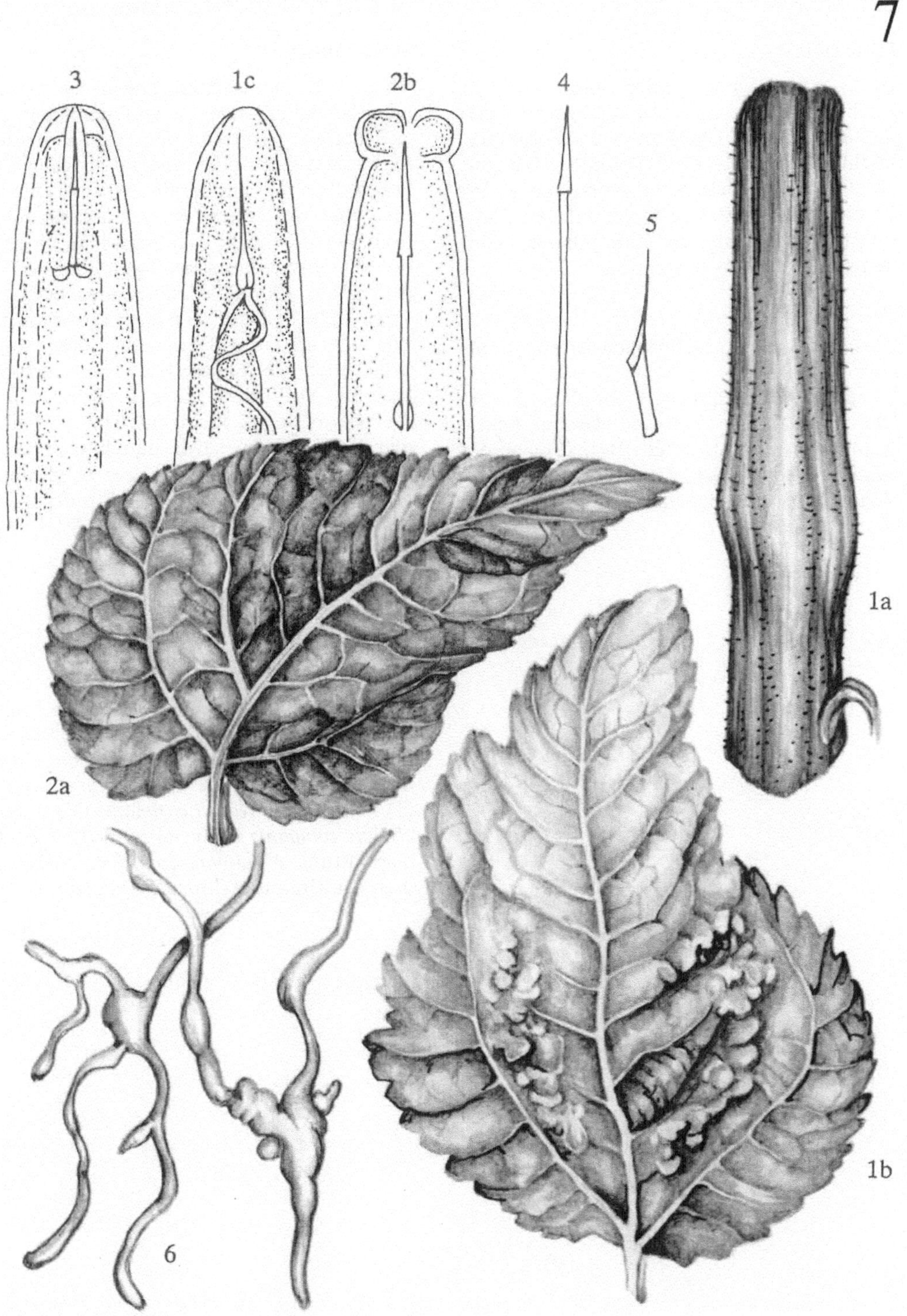
3
1c
2b
4
5
1a
2a
1b
6

Schnecken

SCHADBILD

In feuchter Lage im Feldbestand sowie in Zuchtgärten treten an den Blättern unregelmäßig geformte Fraßstellen in Form von Lochfraß auf (1 a). An den Blattstielen und am Trieb kann Schabefraß vorkommen. Im Bereich der Fraßstellen sowie auf den Blattspreiten Schleimspuren. Keimpflanzen können völlig abgefressen werden.

SCHÄDLINGE

Verschiedene Nacktschnecken-Arten, vor allem:
Genetzte Ackerschnecke (*Deroceras reticulatum* O. F. Müll.) (1 b) und Graue Ackerschnecke (*Deroceras agreste* [L.]) (1 c), ferner *Milax sowerbyi* [Fér]. Zur Bestimmung der Schnecken-Arten Spezialliteratur benutzen.

Springschwänze (Collembolen)

SCHADBILD

Vor allem in feuchten Lagen, aber auch nach langanhaltender Bodenfeuchtigkeit zur Zeit der Keimung und während des Auflaufens treten mehr oder weniger ausgebreitete Fehlstellen in den Beständen auf. Die Samen und die jungen Keime unterhalb der Bodenoberfläche sind befressen durch zahlreiche 1 bis 2 mm lange, weißliche, gelbliche, graue, grünliche oder anders gefärbte, springende Insekten. Bei weiterentwickelten Pflanzen sind die Keimwurzeln fein angenagt. Auch die jungen Triebe weisen feine, mehrere Millimeter lange Fraßrinnen auf. An oberirdischen Pflanzenteilen, besonders den Keimblättern sowie den jungen Laubblättern ist feiner Schabe- bzw. Lochfraß zu erkennen (2 a), mitunter auch Randfraß. Zuweilen werden die jungen Herzblätter abgefressen.

SCHÄDLINGE

Springschwänze (Collembolen), verschiedene Arten, vor allem: *Podura aquatica* L. (schwärzlich, länglich), *Sminthurus viridis* Lubbock (gelblich bis gelblich-grün, rundlich gedrungen) (2 b), ähnlich: *Sminthurides aquaticus* Bourlet, ferner verschiedene *Onychiurus*-Arten, vor allem: *Onychiurus armatus* (Tullb.) (2 c), *Onychiurus fimatus* Gisin, *Onychiurus campatus* Gisin, aber auch Vertreter der Gattungen *Folsomia* spp., *Bourletiella* spp. u. a. (Bestimmung durch Spezialisten).

Engerlinge

SCHADBILD

Junge Pflanzen welken und sterben ab. Sie lassen sich leicht aus dem Boden ziehen und sind an der Triebbasis an- oder abgefressen (3 a). Auch in späteren Wachstumsstadien kann es zu einem ähnlichen Schadbild kommen. Selbst Pflanzen, welche kurz vor der Ernte stehen, können oberirdisch welken und absterben. An der Wurzel bis zum Wurzelhals befinden sich mehr oder weniger tiefe Fraßstellen (3 b). Mitunter wird die Wurzel oder der Wurzelhals durchgefressen. Im Bereich der befallenen Pflanzen leben im Boden etwa 6 cm lange, gelblich-weiße Käferlarven (3 c).

SCHÄDLINGE

Larven verschiedener Blatthornkäfer-Arten, vor allem:
Feldmaikäfer (*Melolontha melolontha* [L.]), Länge etwa 20 bis 25 mm, schwarz mit braunen Flügeldecken, Waldmaikäfer *(Melolontha hippocastani* F.), ähnlich, nur mit knotig verdicktem Körperende. Ähnliche Schadbilder werden durch Engerlinge der verwandten Käfer-Arten:
Gartenlaubkäfer (*Phyllopertha horticola* L.), Junikäfer (Gemeiner Brachkäfer) (*Rhizotrogus [Amphimallon] solstitialis* L.), Julikäfer (*Anomala dubia* Scop., *Anomala aenea* de G.), Getreidelaubkäfer (*Anisoplia segetum* Hbd., *Anisoplia agricola* [Poda]) verursacht.
Flugzeit der Käfer im Mai, vor allem in den Abendstunden, manche Arten auch erst im Juni. Eiablage ab Mitte Mai bis zu 20 cm tief in den Boden. Larven fressen an Wurzeln, zum Teil auch am Wurzelhals. Sie überwintern 2- bis 3mal. Die Käfer schlüpfen etwa im August und überwintern im Boden.

Erdraupen

SCHADBILD

Junge Pflanzen welken und sterben ab. Sie lassen sich leicht aus dem Boden ziehen. Die Wurzel bzw. der Wurzelhals sind an- oder durchgefressen. Das Schadbild ist dem, welches durch Engerlinge verursacht wird, ähnlich. Vielfach finden sich auch Fraßbeschädigungen an den dem Boden aufliegenden Blättern. Ähnliche Schadbilder können an älteren Pflanzen auftreten. Im Bereich der befallenen Pflanzen leben im Boden erdfarbene, graue oder grüngraue Schmetterlingslarven (4), welche vor allem nachts fressen. Stark befallene Bestände werden lückig und weisen Fehlstellen mehr oder weniger großen Umfanges auf.

SCHÄDLINGE

Die Larven verschiedener, zu den Eulen gehörender Schmetterlingsarten, die auch als Erdraupen bezeichnet werden. Wichtigste Vertreter:
Wintersaateule (*Scotia* [*Agrotis*] *segetum* Schiff.), Ausrufezeichen (*Scotia* [*Agrotis*] *exclamationis* L.), Ypsiloneule (*Scotia* [*Agrotis*] *ipsilon* Hufn.).
Die graubraunen bis braunen, charakteristisch gezeichneten Falter besitzen eine Flügelspannweite von etwa 4 bis 4,5 cm. Sie fliegen in der Zeit von Mai bis Juli und von Juli bis Oktober. Die Eiablage erfolgt in den Boden. Die grauen bis graubraunen, mitunter auch grüngrauen, nackten Larven erreichen eine Länge von etwa 5 cm und rollen sich bei Berührung spiralig ein. Tagsüber finden sie sich zusammengerollt im Boden oder im Bereich der Fraßstellen an den Wurzeln. Sie fressen mitunter an oberirdischen Pflanzenteilen unmittelbar über der Bodenoberfläche, vor allem nachts. Die Verpuppung erfolgt in der oberen Bodenschicht in einem Erdkokon. Es werden zwei Generationen im Jahr ausgebildet. *Scotia exclamationis* tritt in der Regel nur in einer Generation auf.

Drahtwürmer

SCHADBILD

An den Wurzeln bzw. am Wurzelhals junger, aber auch älterer Pflanzen fressen gelbbraune, geringelte, bis etwa 25 mm lang werdende Käferlarven mit glattem, hartem Chitinpanzer (5 a). Befallene Jungpflanzen welken und sterben ab, mitunter auch die älteren Pflanzen. In kräftigen Wurzeln wird Bohrfraß beobachtet. Die Fraßstellen sind in der Regel ähnlich denen, die durch Engerlinge und Erdraupen verursacht werden (5 b).

SCHÄDLINGE

Larven von verschiedenen Schnellkäfer-Arten (Drahtwürmer). Für die Artdiagnose der Larven ist vor allem die Ausbildung des Hinterendes von Bedeutung (siehe BENADA u. a., 1963). Wirtschaftliche Bedeutung besitzen vor allem:
Saatschnellkäfer, Feldschnellkäfer, Humusschnellkäfer (*Agriotes lineatus* [L.]), Düsterer Humusschnellkäfer (*Agriotes obscurus* [L.]), Garten-Humusschnellkäfer (*Agriotes sputator* [L.]), *Agriotes ustulatus* (Schall.), Schwarzbauchiger Laubschnellkäfer (*Athous niger* [L.]), *Melanotus brunnipes* [Germ.]), Mausgrauer Schnellkäfer (*Lacon murinus* L.) u. a.
Charakteristisch für die Vertreter der Familie der Schnellkäfer ist die Fähigkeit der Käfer, sich mit einem knipsenden Geräusch aus der Rückenlage in die Bauchlage schnellen zu lassen. Die 6 bis 11 mm langen (bestimmte Arten auch länger), schwarzen, braunen, oft metallisch glänzenden, mehr oder weniger kurz behaarten, mitunter gestreiften Käfer sind von Mai bis Juli auf den Feldern anzutreffen. Die Eiablage erfolgt in den Boden. Die Entwicklungszeit der Larven beträgt 3 bis 5 Jahre. Sie verpuppen sich im Boden. Die Jungkäfer überwintern entweder im Boden oder in oberirdischen Verstecken. Die häufigsten schädlichen Arten sind *Agriotes lineatus* (L.) und *Agriotes obscurus* (L.).

8

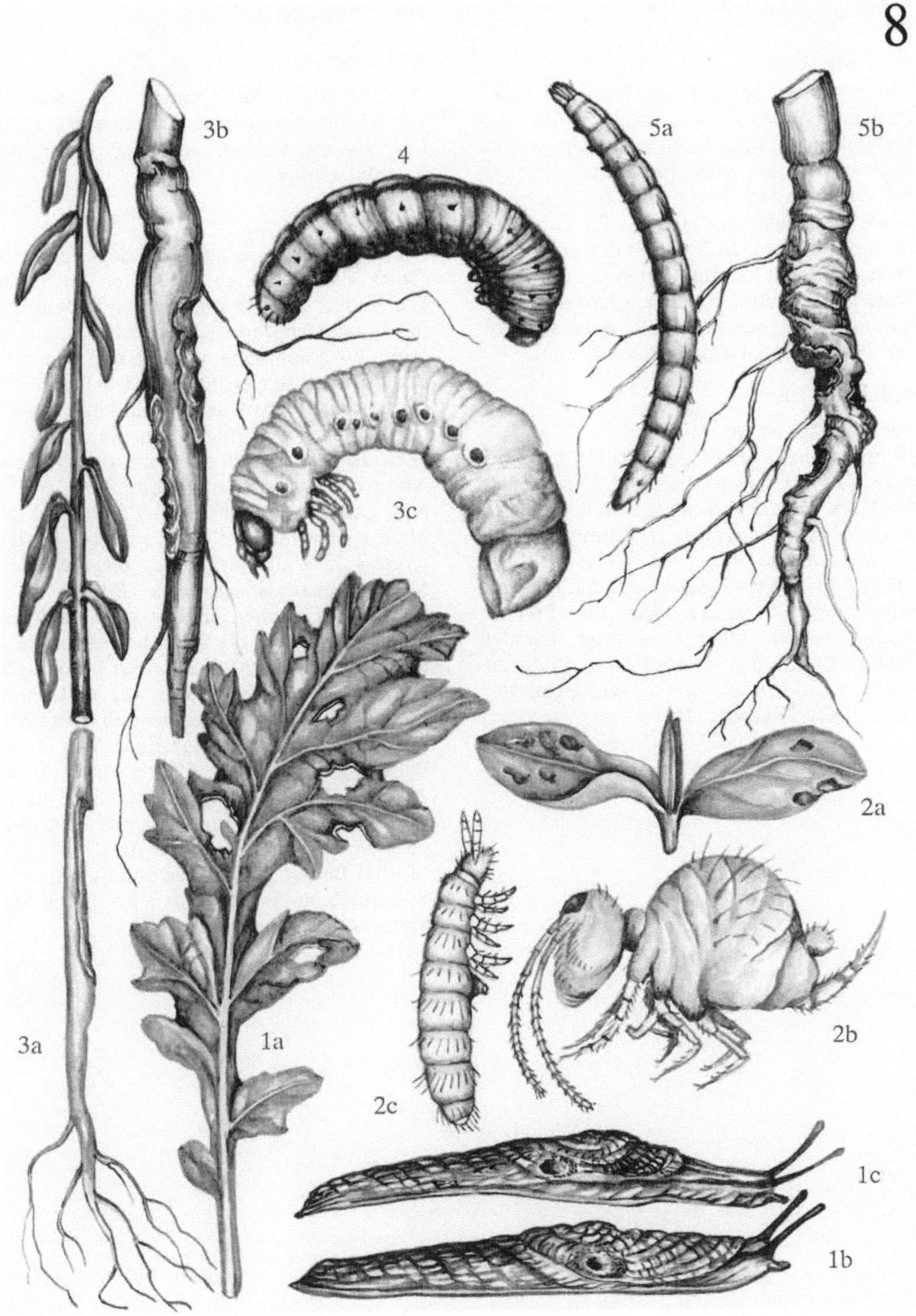

Schnakenlarven

SCHADBILD

Die Bestände laufen lückenhaft auf. Junge Pflanzen bleiben im Wachstum zurück, welken und sterben ab. An den Wurzeln, vor allem aber an den unterirdischen Stengelteilen, befinden sich mehr oder weniger starke Fraßbeschädigungen (1 a–c). Es entstehen Bestandeslücken. Im Bereich der befallenen Pflanzen findet man im Boden in der oberen Bodenschicht etwa 3 bis 4 cm lange, walzige und beinlose, quergerunzelte Fliegenlarven mit Fleischzapfen am Hinterende (1 d).

SCHÄDLINGE

Schnakenlarven, vor allem:
Wiesenschnake (*Pales pratensis* L.), Gelbbindige Schnake (*Pales crocata* L.), Gefleckte Schnake (*Pales maculata* Meig.), Kohlschnake (*Tipula oleracea* L.), Sumpfschnake (*Tipula paludosa* Meig.).
Die 1,5 bis 2,5 cm langen, graubraunen und langbeinigen Schnaken legen ihre Eier im August bis September in lockeren, feuchten Boden. Die an den unterirdischen Pflanzenteilen schädigenden Larven verpuppen sich im Juli des folgenden Jahres.

Haarmückenlarven

SCHADBILD

Das Schadbild ist ähnlich dem, welches durch Schnakenlarven verursacht wird (1 a–c). Die Bestandeslücken entstehen meist entlang der Drillreihe.

SCHÄDLINGE

Die Fraßbeschädigungen an den unterirdischen Pflanzenteilen, mitunter auch am Wurzelhals unmittelbar an der Bodenoberfläche, werden verursacht durch schmutziggrüne bis graubraune, etwa 16 mm lang werdende Fliegenlarven (2). Die Kopfkapsel ist braunschwarz. Auf den Hinterleibssegmenten befinden sich ringsherum weiche Dörnchen. Es handelt sich dabei um verschiedene Arten der Haarmückengattung *Bibio*, vor allem: Gartenhaarmücke (*Bibio hortulanus* L.), Markus-Haarmücke (Märzenfliege) (*Bibio marci* L.), Waldhaarmücke (*Bibio claviceps* Meig.), Johannishaarmücke (*Bibio johannis* L.). Die Männchen sind etwa 8 bis 9 mm lang und schwarz, die Weibchen ebenso lang und rotgelb gefärbt. Die Larven bevorzugen verrottende organische Substanz als Lebensraum. Flugzeit in Schwärmen ab Mitte Mai bis Anfang Juni. Eiablage Ende Mai in den Boden. Die Larven schlüpfen im Juli bis August. Der Hauptschaden entsteht durch die Larven erst ab Ende Februar. Die Verpuppung erfolgt etwa Ende April bis Mitte Mai im Boden. Zur Artbestimmung Spezialliteratur benutzen bzw. den Rat eines Spezialisten einholen.

Wurzelfliegenlarven
(Verschiedene Arten der Fliegengattung *Delia*)

SCHADBILD

Betroffen werden vor allem Bestände kreuzblütiger Ölfruchtkulturen. Die Pflanzen laufen ungleichmäßig auf. Jungpflanzen bleiben im Wachstum zurück. Während die jüngsten Blätter aufrecht stehen, vergilben die unteren Blätter und sterben ab. Bei Trockenheit welken die ganzen Pflanzen. Dieses Schadbild kann auch an älteren Pflanzen entstehen. Die betroffenen Pflanzen lassen sich leicht aus dem Boden ziehen. Der Wurzelhals sowie die Wurzel sind braun verfärbt und faulen. Die Seitenwurzeln sind meist abgestorben. An der faulenden Wurzel, mitunter auch im Inneren der Wurzel und zum Teil sogar dem Stengel (3a) fressen bis zu 8 mm lang werdende, gelblich-weiße Fliegenlarven (3b) mit charakteristisch ausgebildeter Afterfläche (*Delia brassicae* Bchè., *Delia florilega* Zett. und *Delia pilipyga* Vill. 3c).

SCHÄDLINGE

Die Larven verschiedener Wurzelfliegen-Arten der Gattung *Delia* (Syn. *Chortophila* spp., *Phorbia* spp., *Erioischia* spp., *Hylemyia* spp.), vor allem:
Kleine Kohlfliege (*Delia brassicae* Bché.).
Die Fliege ähnelt der Stubenfliege und ist etwa 6 mm lang. Sie überwintert im Boden im Puppenstadium in einer etwa 4 bis 7 mm langen Tönnchenpuppe. Die Fliege verläßt Ende April bis Anfang Mai den Boden und legt ihre Eier in der Nähe des Stengelgrundes der Pflanzen in den Boden ab. Nach etwa 3 bis 8 Tagen schlüpfen die Junglarven, die zunächst äußerlich an den Wurzeln fressen. Sie greifen aber später alle unterirdischen Pflanzenteile an und dringen zum Teil auch in den Stengel ein. Es ist mit etwa 3 Generationen im Jahr zu rechnen.
Weiterhin haben Bedeutung:
Große Kohlfliege (Rettichfliege) (*Delia floralis* Fall.), Haarfuß-Wurzelfliege (*Delia florilega* Zett.). Schnauzen-Wurzelfliege (*Delia radicum* L.), Kammschienen-Wurzelfliege (Bohnenfliege) (*Delia platura* Meig.), *Delia pilipyga* Vill.

Maulwurfsgrille
(*Gryllotalpa vulgaris* Latr.)

SCHADBILD

Keimpflanzen sowie Jungpflanzen welken und gehen ein. Der Boden unter den Pflanzen ist angelockert. Unmittelbar unter der Bodenoberfläche ziehen sich etwa fingerbreite Gänge hin. Die Wurzeln der Pflanzen sind angefressen oder durchgebissen, mitunter auch am Wurzelhals (4a, b). In den Gängen leben etwa 3 bis 5 cm lange, braune Insekten.

SCHÄDLING

Maulwurfsgrille (*Gryllotalpa vulgaris* Latr., Syn. *Gryllotalpa gryllotalpa* L.).
Die Larven sind weich, bräunlich, die erwachsenen Tiere samtbraun. Die Vordertarsen sind zu Grabfüßen umgebildet (4c). Die Eiablage erfolgt in ein Erdnest bis zu 20 cm tief in den Boden. Die Neststellen sind an aufgelockertem Boden und welkenden Pflanzen in ihrem unmittelbaren Bereich erkennbar. Die Überwinterung erfolgt als Larve im Boden.

Tausendfüßer

SCHADBILD

Die Bestände laufen ungleichmäßig auf. Auf den Fehlstellen finden sich im Boden angefressene Samenkörner bzw. angefressene Keimpflanzen. Im fortgeschrittenen Wachstumsstadium welken die Keim- bzw. Jungpflanzen und gehen ein. An den unterirdischen Pflanzenteilen treten mehr oder weniger starke Fraßbeschädigungen auf, ähnlich denen, die durch Schnaken- oder Haarmückenlarven entstehen. Es kommen auch an den Wurzeln oder am Wurzelhals Loch- oder Bohrfraß vor (5 a). Zum Teil werden die unterirdischen Pflanzenteile vollständig durchgebissen.

SCHÄDLINGE

Im Bereich der Schadstellen befinden sich im Boden verschiedene Tausendfüßer-Arten, vor allem der braun bis schwarzbraun gefärbte, etwa 19 bis 37 mm lange Gemeine Tausendfuß (*Cylindroiulus teutonicus* [Pokkock]) (5 b) und der hellbraun gefärbte, etwa 8 bis 16 mm lange, an den Seiten rot gepunktete Gemeine Tüpfeltausendfuß (*Blaniulus guttulatus* [Bosc.]) (5 c). In feuchten Lagen kann mitunter der zu den Tausendfüßern gehörende Zwergfüßer (*Scutigerella immaculata* [Newp.]) (5 d) erhebliche Schäden in der beschriebenen Weise verursachen. Diese Art ist schmutzig weiß und glänzend, etwa 5 bis 7 mm lang und besitzt lange Fühler.

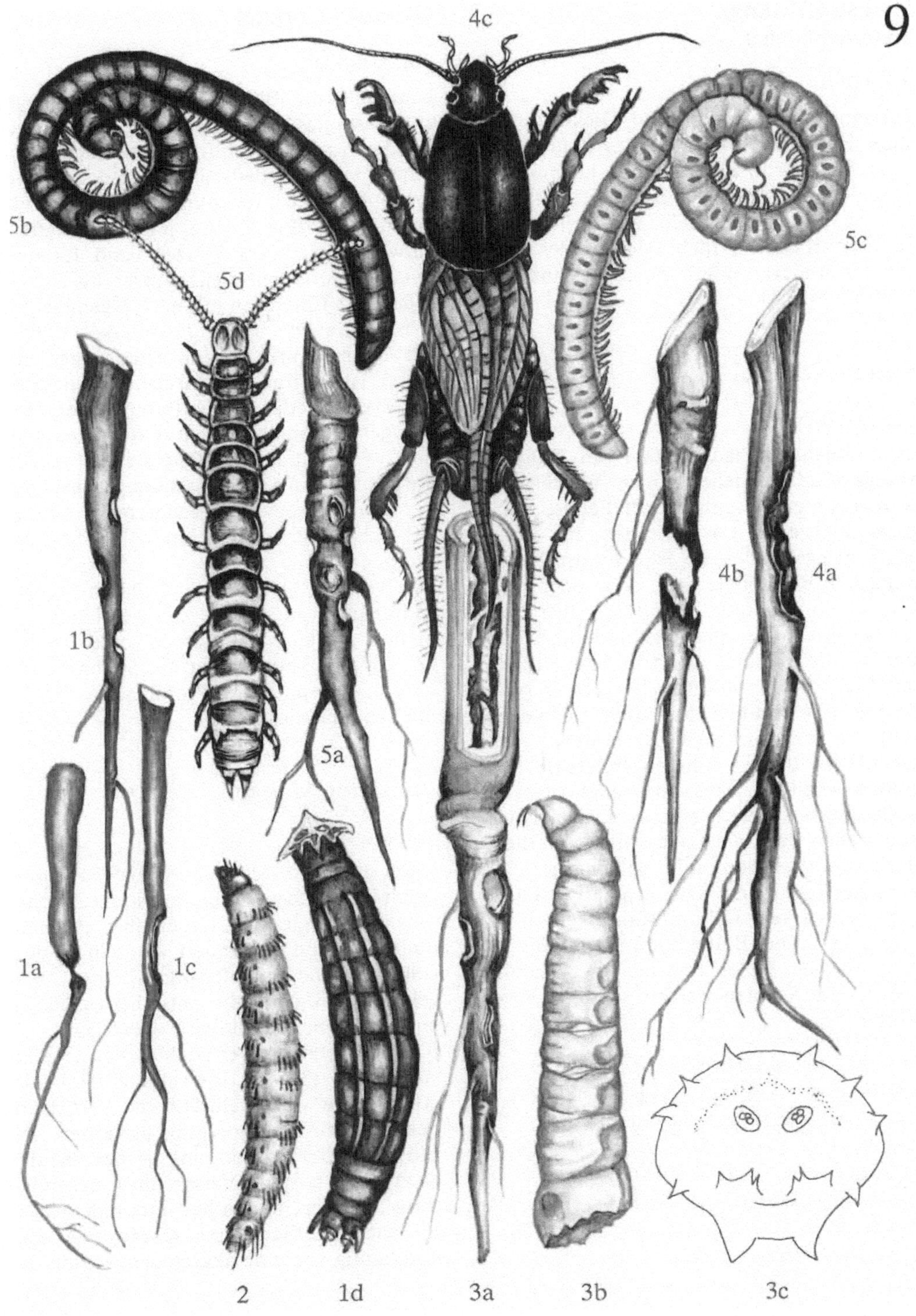

5b
5d
4c
5c
1b
5a
4b
4a
1a
1c
2
1d
3a
3b
3c

Stickstoff-Mangel
(ohne Abbildung)

SCHADBILD

Hemmung des Längen- und Dickenwachstums der Sproßachse sowie des Blattwachstums, Starrtracht, Blätter häufig kleiner und schmaler, Blattfarbe insgesamt hellgrün bis gelblich, Basalblätter gelb, mit hellbrauner Farbe vertrocknend, mehr oder minder deutliche Anthocyanverfärbungen an unteren Pflanzenteilen.

Kalium-Mangel

SCHADBILD

Im Frühjahr beobachtet man an Kalium-Mangelpflanzen neben einer Welketracht eine mehr oder weniger auffallende, blaugrüne Blattfarbe. Das zwischen den Blattadern gelegene Gewebe ist teilweise aufgewölbt, die Blattspreite nach oben oder auch nach unten gekrümmt. An älteren, aber auch an ausdifferenzierten Folgeblättern bilden sich gelbliche Rand- und Interkostalchlorosen (1 a), die im späteren Verlauf in gelbbraune bzw. braune Nekrosen übergehen (1 b) und zum vorzeitigen Absterben der geschädigten Blätter führen. Innerhalb der chlorotischen Flecken kann es auch zur Ausbildung von zahlreichen kleinen, stecknadelkopfgroßen Punktnekrosen kommen. Ältere Blätter vertrocknen mit gelbbrauner bis brauner Verfärbung. Die generative Phase wird bei starkem Kalium-Mangel erheblich geschädigt. Die Blütenbildung unterbleibt gänzlich, oder Blüten bzw. nur unvollständig entwickelte Schoten werden vorzeitig abgeworfen.

Calcium-Mangel

SCHADBILD

Unterhalb der Blüte erscheint der Stengel zunächst glasig und verbräunt mehr oder minder rasch. Nach Einschnüren der so geschädigten Gewebepartie knickt der Stengel um und hängt unter dunkelbrauner Verfärbung herab (2 a–b). An jüngeren Blättern entwickeln sich im Spitzen- und Randbereich chlorotische Sprenkelungen bis zu ausgedehnten Chlorosen mit nachfolgenden Nekrosen, die sich bis in die Interkostalfelder ausweiten können. Nicht selten gehen den chlorotischen und nekrotischen Veränderungen haken- oder krallenförmige Verkrümmungen, bevorzugt an den Blattspitzen noch nicht voll entfalteter Blattspreiten, voraus, die häufig von Aderverbräunungen begleitet werden. Anthocyananreicherungen können das Schadbild farblich braun bis rotviolett verändern.
Die Wurzeln werden unter Calcium-Mangelbedingungen besonders stark geschädigt, sie bleiben nur kurz und sterben von der Spitze her ab. Die Entwicklung der Seitenwurzeln unterbleibt, und die Wurzelhaare werden nur schwach ausgebildet.

Phosphor-Mangel

SCHADBILD

Unter Phosphor-Mangel leidende Pflanzen fallen in der Regel durch ihre starre Blatthaltung auf, der gesamte Sproßaufbau sowie die Blattgröße sind vermindert. Auf den oft dunkelgrünen und stumpfen Blattspreiten, Stengeln und Blattstielen entstehen zunächst purpurfarbene Farbtöne vorwiegend im Blattrandbereich, aber auch in den Interkostalfeldern (3 a–c), die allmählich unter grünbrauner oder gelbrötlicher Verfärbung nekrotisieren und vorzeitig absterben. Die Blüten- und Fruchtbildung ist bei unzureichender Phosphor-Versorgung besonders stark betroffen, indem bei stark reduziertem Blütenansatz die Blüten relativ klein sind und häufig vorzeitig abgestoßen werden.

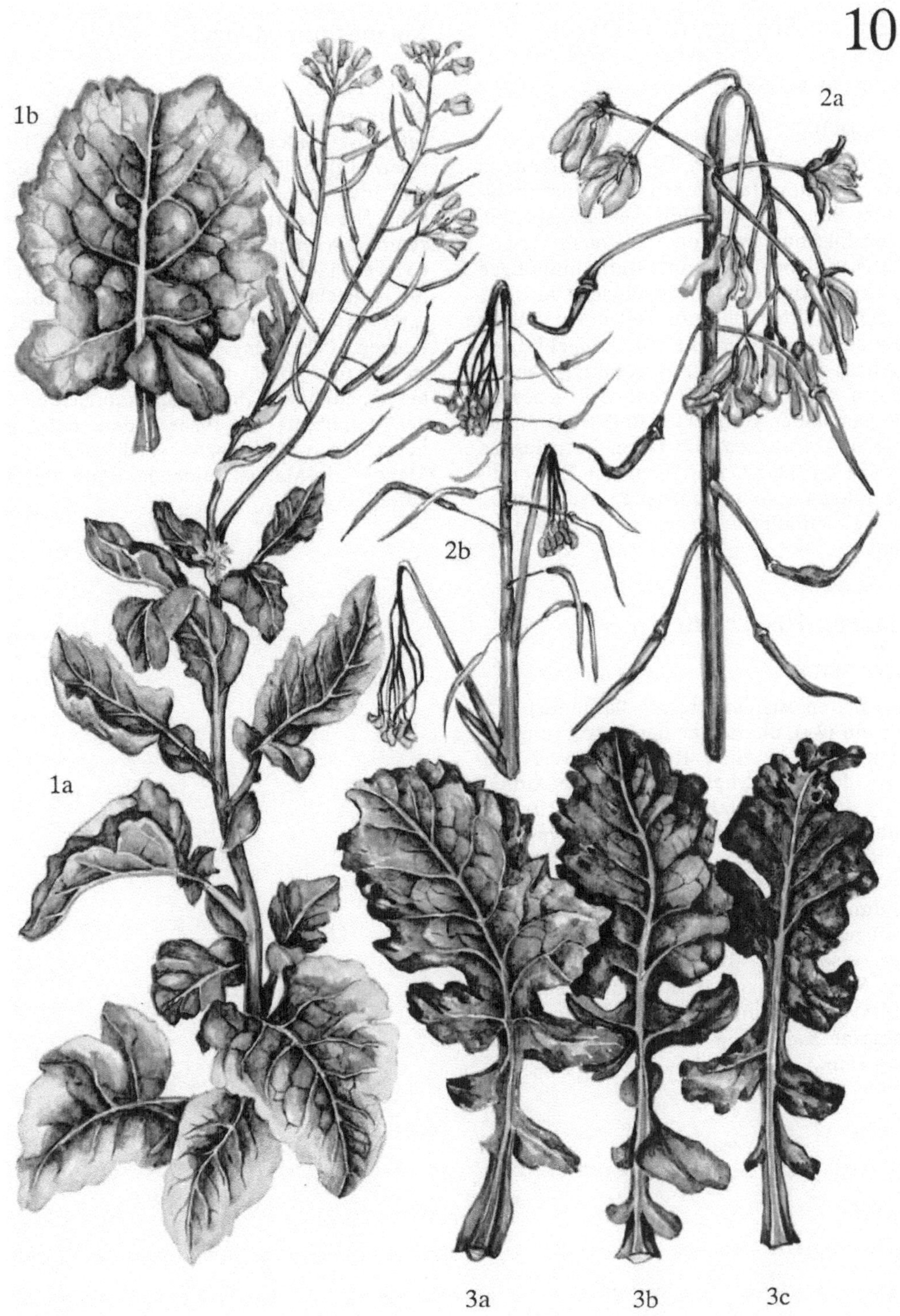

Herbizid-Schaden (2,4–D) bei Raps
(Siehe auch Tafel 3)

SCHADBILD

Als Folge geringfügiger 2,4-D-Rückstände in einer PSM-Spritze können nach Insektizid-Behandlung im Stadium der Knospenbildung folgende Symptome auftreten: Trieb-, Blattstiel- und Blattspreitenverkrümmungen mit epinastischen Verformungen. Die Blattfläche verfärbt sich zum Teil unregelmäßig rotviolett bis hellbraun. An neugebildeten Blättern kommt es zur Ausbildung von geringen Spreitenreduktionen. Die Knospen bleiben an den gestreckten und gekrümmten Stielen geschlossen und fallen überwiegend ab (1a–b). Durch Aufreißen der Epidermis im unteren Sproßteil entstehen nachfolgend, neben auffälligen Wucherungen, weitere Schäden.

Mangan-Überschuß

SCHADBILD

An älteren Blättern treten Blattrandchlorosen auf (2a), die infolge der Verkürzung des Blattrandes zu einer Rollung bzw. Löffelform der Blätter bei zunehmender Aufhellung der Interkostalfelder führen (2b). Bei anhaltendem Mangan-Überschuß verstärkt sich die löffelartige Verformung der Blätter in Verbindung mit einer zunehmenden Ausbildung von dunkelbraunen Nekrosen im welligen Blattspitzen- und -randbereich sowie zwischen der Blattnervatur (2c). Ursache der Mangan-Toxizität ist in der Regel eine hohe Bodenazidität, die durch eine angemessene Kalkung weitgehend beseitigt werden kann.

Magnesium-Mangel

SCHADBILD

An älteren Blättern entwickeln sich in den Interkostalfeldern gelbgrüne bis gelbe Chlorosen (3a), die immer mehr um sich greifen und mehr oder weniger stark nekrotisieren (3b). Die Blattrippen und die daran angrenzenden schmalen Gewebestreifen bleiben dagegen häufig längere Zeit grün. Nicht selten entstehen auf der geschädigten Blattspreite bronzene bis rötlich purpurne Einfärbungen. Die Mangelblätter machen einen steifen und spröden Eindruck. Sie sterben bei anhaltendem Mangel unter fortschreitender Vergilbung ab. Insbesondere bei Sonnenschein welken bzw. erschlaffen unter Magnesium-Mangel leidende Rapspflanzen auffällig.

11

Mangan-Mangel

SCHADBILD

Nach zunächst allgemeiner Aufhellung der jüngeren bis mittleren Blattspreiten kommt es in den aderfernen Gewebepartien der Interkostalfelder zum verstärkten Chlorophyllabbau, und es entstehen deutlich sichtbare blaß- bis gelbgrüne, tüpfelförmige Chlorosen, die immer mehr Zellpartien erfassen und bei fortschreitendem Mangel die Interkostalflächen unter gelber bis gelbweißer Verfärbung großflächig verändern. Die Adern mit angrenzendem Saum bleiben jedoch längere Zeit grün, werden allerdings bei anhaltendem Mangel ebenfalls nach und nach chlorotisch. Im Zentrum der Chloroseflecken bilden sich gelbweiße bis braune, sommersprossenartige Nekrosen, die zu größeren Flecken zusammenfließen können.
Die Blüten sind bei stärkerem Mangan-Mangel reduziert, die Taubblütigkeit ist erhöht und die Anzahl und Größe der Schoten verringert (1 a–b).

Bor-Mangel

SCHADBILD

Bei starkem Bor-Mangel beobachtet man infolge einer gehemmten Internodienstreckung eine fast rosettenartige Entwicklung der Pflanze („Sitzenbleiben des Rapses"). Die meist verdickten Blattspreiten sind unsymmetrisch verformt oder beinahe bis auf die Mittelrippe reduziert. Die älteren Blätter verfärben sich im Rand- und Interkostalbereich rot-violett. Die Sproßspitze stellt ihr Wachstum vorzeitig ein oder stirbt ab (2 a). Die Achselknospen treiben verstärkt aus und verharren kurz darauf in diesem Entwicklungsstadium. An den verdickten Stengeln entstehen braune Narben, die häufig aufplatzen und deutliche Risse hinterlassen. Der meist gedrungene Blütenstand bringt nur wenige Blüten hervor, die entweder taub sind oder schwache Schoten mit einem verminderten Anteil keimfähiger Samen zur Reife bringen (2 b). Die Wurzeln sind stark verkürzt, dick und kaum gestreckt, mit nekrotischen Verdickungen an den Wurzelspitzen.

104

Molybdän-Mangel
(ohne Abbildung)

SCHADBILD

Im Rosettenstadium mangelhafte Ergrünung der Blätter ähnlich dem Stickstoff-Mangel, die von blaßgrün bis zu einer weißgelben Verfärbung reicht, Blätter mit weiß gefärbten Randnekrosen, Spreiten der jüngeren Blätter mißgestaltet.

1a
1b
2b
2a

Stickstoff-Mangel
(ohne Abbildung)

SCHADBILD

Längen- und Dickenwachstum der Sproßachse gehemmt, Starrtracht, Pflanzen hellgrün, untere Blätter gelb mit hellbrauner
Farbe vertrocknend.

Kalium-Mangel
(ohne Abbildung)

SCHADBILD

An den Rändern und Spitzen älterer Blätter
entstehen gelbliche, in Braun übergehende
Flecken, die sich bis in das aufgewölbte Interkostalgewebe erstrecken, geschädigte Blätter sterben nach gelbbrauner Verfärbung ab,
Welketracht.

Bor-Überschuß

SCHADBILD

An den Spitzen und Rändern älterer Blätter
entstehen vorerst leichte Chlorosen, die allmählich durch beigefarbene bis hellbraune
Nekrosen ersetzt werden. Die Chlorose erfaßt mehr oder weniger stark auch das innere
Blattgewebe. Das Wachstum des Blattrandes
wird durch die zunehmenden Bor-Anreiche-
rungen gegenüber den Blättern gesunder
Pflanzen (1 a) vorzeitig eingestellt, so daß die
bei noch nicht vollständig entwickelten Blättern zunächst noch weiter wachsende Blattmitte eine Aufrollung der nekrotischen
Blattränder bewirkt (1 b, c). Bei anhaltendem
Bor-Überangebot schreiten die Schäden zu
den jüngeren Blättern fort, während die älteren unter Welkeerscheinungen absterben.

Mangan-Mangel

SCHADBILD

Nach allgemeiner Aufhellung der jüngeren
Blattspreiten entwickeln sich grüngelbe bis
gelbe, fleckenartige Interkostalchlorosen
(2 a), die in weiße bis weißbraune, eingesunkene nekrotische Flecken zwischen den
Adern übergehen (2 b). Außer den Hauptadern, die mit angrenzendem Saum relativ
lange grün bleiben, färbt sich in der Folge
das gesamte Mesophyll einschließlich der
kleinsten Adern gelb bis gelbweiß. Bei anhaltender Mangelsituation weiten sich die
Symptome auf die mittleren und jüngsten
Blätter, die zugleich klein bleiben, aus.

Magnesium-Mangel

SCHADBILD

An den Blattspitzen und -rändern sowie in
den Interkostalfeldern älterer Blätter entwik-
keln sich gelbgrüne bis goldgelbe Chlorosen.
Die Blattrippen und die daran angrenzenden
Gewebeteile bleiben grün (3 a). Anstelle der
Chlorosen können auch bronzene bis rotbraune Verfärbungen entstehen (3 b). Es
kommt zu vorzeitigem Blattfall der geschädigten Blätter.

Calcium-Mangel

SCHADBILD

Im Blattrandbereich jüngster Blätter entstehen nach blaßgrüner Verfärbung chlorotische Aufhellungen, die in hellbraune bis
braune Nekrosen übergehen. Zugleich zeigen die geschädigten Blattspreiten Aufrol-
lungen und Einkrümmungen der Blattspitzen. Unterhalb der Sproßvegetationspunkte
entstehen ebenso wie an Blattstielen zunächst glasige Stellen, die als Folge einer
Stengelweiche unter dunkelbrauner Verfärbung zum Abknicken und Absterben der
Sproßspitzen bzw. Blätter führen kann (4).
Die Wurzeln bleiben kurz und zeigen ein
struppiges, schleimiges Aussehen.

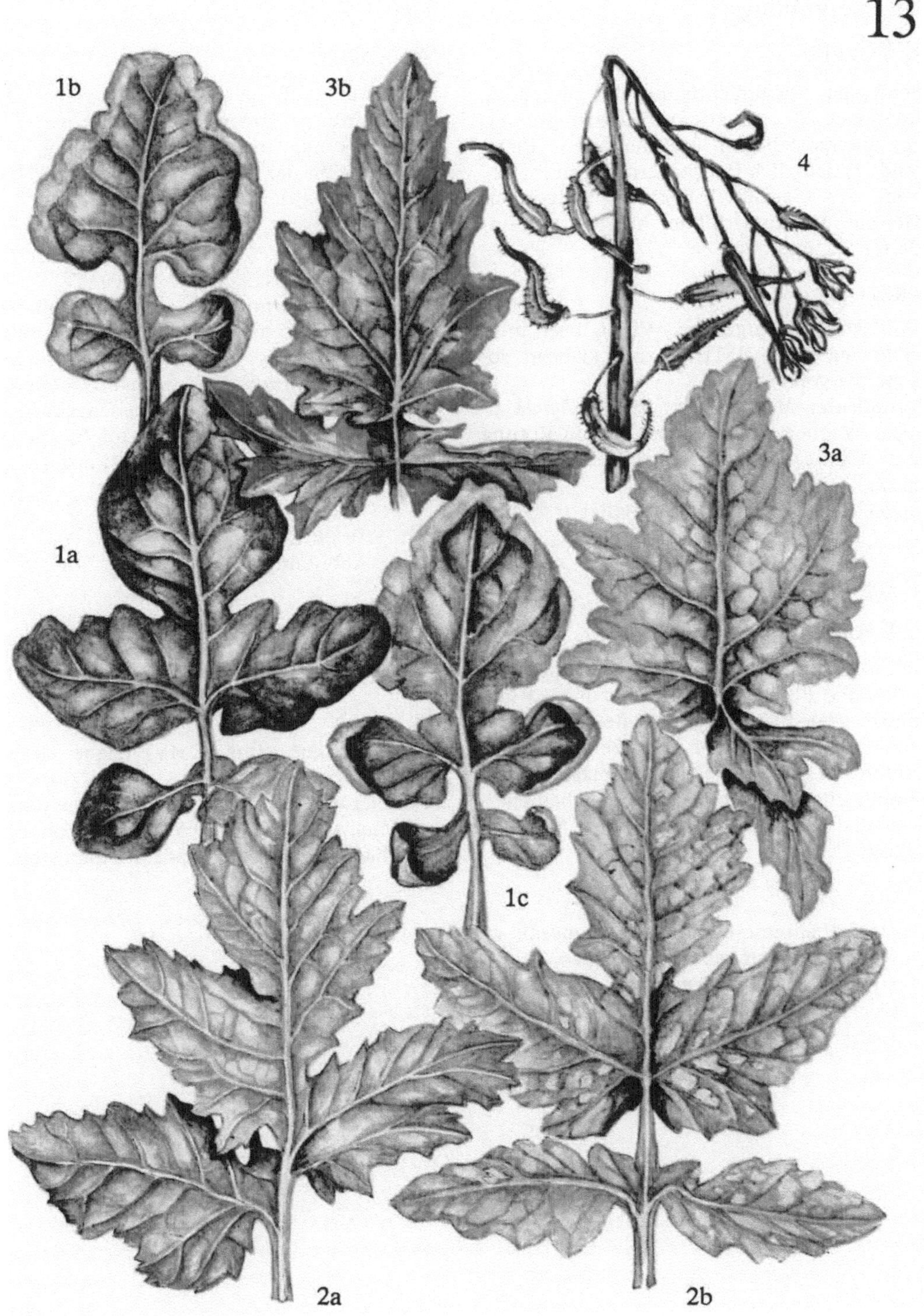
1b
3b
4
1a
3a
1c
2a
2b

Rapsvergilbung

SCHADBILD

Schwache Beeinträchtigung des Wuchses, Randzone älterer Blätter gerötet, Vergilbung der Interkostalfelder beginnend am Blattrand (1), lediglich Hauptadernpartien im Bereich der Blattmittelrippe von hellgrünem Gewebe umsäumt, Blätter brüchig, verminderter Samenertrag.

ERREGER

Mildes Rübenvergilbungs-Virus, beet mild yellowing virus (BMYV), virus slabogo pozeltenija svekly.
Testpflanze: *Montia (Claytonia) perfoliata* (3 bis 5 Wochen nach der Inokulation Rötung der Ränder älterer Blätter, Wuchshemmung).
Serodiagnose: ELISA im Speziallabor.

Rapsscheckung

SCHADBILD

Pflanzen unterentwickelt, Adernaufhellung, gelbgrüne Flecke oder unregelmäßige Ringmuster der Blätter, deren Interkostalfelder vom Rande beginnend in größeren Arealen Chlorosen aufweisen (2). Im Endstadium der Krankheit allgemeine Scheckung, beulenartige Blattdeformation, mangelhafte Schotenbildung.

ERREGER

Wasserrübenmosaik-Virus, turnip mosaic virus (TuMV), virus mozaiki turnepsa.
Testpflanze: *Chenopodium amaranticolor* (chlorotische, später nekrotische Lokalläsionen).
Serodiagnose: ELISA im Speziallabor.

Rapskräuselmosaik

SCHADBILD

Zwergwuchs, Blattadern deutlich aufgehellt, dunkelgrün gebändert, Flecke oder partielle Ringfleckung, Untergröße, Kräuselung und Deformation der mosaikkranken Blätter (3), Degeneration der Schoten.

ERREGER

Wasserrübenmosaik-Virus (TuMV) in Mischinfektion mit dem Gurkenmosaik-Virus, cucumber mosaic virus (CMV), virus ogurečnoj mozaiki.
Testpflanze: *Chenopodium amaranticolor* (Reaktion wie bei TuMV, siehe „Rapsscheckung").
Serodiagnose: TuMV: ELISA im Speziallabor, CMV: Agargel-Doppeldiffusionstest.

Rapsmosaik
(ohne Abbildung)

SCHADBILD

Gestauchter Wuchs, Mosaik und Kräuselung der Blätter, Stengel und Schoten deformiert.

ERREGER

Gurkenmosaik-Virus (CMV) (siehe „Rapskräuselmosaik").
Testpflanze: *Chenopodium amaranticolor* (chlorotische, später nekrotische Lokalläsionen).
Serodiagnose: Agargel-Doppeldiffusionstest.

14

Blütenvergrünung des Rapses

SCHADBILD

Zwergwuchs der vergilbenden Pflanzen, Adernaufhellung und Verformung der Blätter, Blütenvergrünung, Durchwachsen der Blüten und Blütenstände (1 a–c). Anstelle der Blüten grüne, blasige Gebilde, zum Teil blattähnlich.

ERREGER

Mykoplasmen.
Testpflanze: *Catharanthus roseus* (Triebsucht, Aufhellung der Blattadern, Blütenvergrünung).

Kräuselmosaik des Ölrettichs

SCHADBILD

Wuchsleistung bei Frühinfektion stark beeinträchtigt, verkleinerte Blätter vergilbt, am Rande gerötet und stark gekräuselt, jüngere Blätter zeigen Mosaik, Mißbildung der Schoten (2).

ERREGER

Wasserrübenmosaik-Virus (TuMV) in Mischinfektion mit Mildem Rübenvergilbungs-Virus (BYMV) (siehe Rapsscheckung, Tafel 14, Rapsvergilbung, Tafel 14).
Testpflanzen: (siehe Rapsscheckung, Tafel 14 und Rapsvergilbung, Tafel 14).

Vergilbung des Ölrettichs
(ohne Abbildung)

SCHADBILD

Hemmung des Wachstums, Randzone älterer Blätter gerötet, Vergilbung der Interkostalfelder, Gewebe brüchig.

ERREGER

Mildes Rübenvergilbungs-Virus (BYMV) (siehe Rapsvergilbung, Tafel 14).
Testpflanze: *Montia (Claytonia) perfoliata* (3 bis 5 Wochen nach der Inokulation Rötung der Ränder älterer Blätter, Wuchshemmung).
Serodiagnose: ELISA im Speziallabor.

1c
1a
1b
2

Senfvergilbung

SCHADBILD

Schwachwüchsigkeit, ältere Blätter brüchig, weinrot umsäumt, Vergilbung der Interkostalfelder (1 a, b), jüngere Blätter unterentwickelt, schwach aufgehellt, lückiger Schotenbesatz der spärlich ausgebildeten Fruchttriebe.

ERREGER

Mildes Rübenvergilbungs-Virus (BMYV) (siehe Rapsvergilbung, Tafel 14).
Testpflanze: *Montia (Claytonia) perfoliata* (3 bis 5 Wochen nach der Inokulation Rötung der Ränder älterer Blätter, Wuchshemmung).
Serodiagnose: ELISA im Speziallabor.

Senfmosaik

SCHADBILD

Pflanzen unterentwickelt, Adernaufhellung, Fleckung, Mosaik und Verbeulung der Blätter, geringer Schotenansatz (2 a–c).

ERREGER

Wasserrübenmosaik-Virus (TuMV) (siehe Rapsscheckung, Tafel 14).
Testpflanze: *Chenopodium amaranticolor* (chlorotische, später nekrotische Lokalläsionen).
Serodiagnose: ELISA im Speziallabor.

Kräuselkrankheit des Rübsens

SCHADBILD

Abhängig vom Virusstamm Wuchshemmung, Kräuselung, Adernaufhellung und hellgrüne oder gelbliche Verfärbung der Blätter (3).

ERREGER

Wasserrübenkräusel-Virus, turnip crinkle virus (TuCrV), virus morščinistosti turnepsa.
Testpflanze: *Datura stramonium* (schwache chlorotische Flecke).
Serodiagnose: Agargel-Doppeldiffusionstest.

Rosettenkrankheit des Rübsens
(ohne Abbildung)

SCHADBILD

Beeinträchtigung des Wachstums, rosettenartig eingerollte, verkleinerte Blätter mit Adernaufhellung, Gelbfleckung und Blattstielnekrose.

ERREGER

Wasserrübenrosetten-Virus, turnip rosette virus (TuRV), virus rozetočnosti turnepsa.
Testpflanze: *Nicotiana bigelovii* (Scheckung inokulierter Blätter).
Serodiagnose: Agargel-Doppeldiffusionstest.

Milde Rübsenvergilbung
(ohne Abbildung)

SCHADBILD

Wuchsdepression, ältere Blätter weinrot umsäumt, Chlorose der Interkostalfelder bis zur vollständigen Vergilbung.

ERREGER

Mildes Rübenvergilbungs-Virus (BMYV) (siehe Rapsvergilbung, Tafel 14).
Testpflanze: *Montia (Claytonia) perfoliata* (3 bis 5 Wochen nach der Inokulation Rötung der Ränder älterer Blätter, Wuchshemmung).
Serodiagnose: ELISA im Speziallabor.

Rübsenmosaik
(ohne Abbildung)

SCHADBILD

Wuchshemmung, Aufhellung der Blattadern, Fleckung, Mosaik und Kräuselung der gelegentlich asymmetrisch verformten Blätter, streifenartige Stengelnekrose, Untergrößen der lückig angesetzten Schoten.

ERREGER

Wasserrübenmosaik-Virus, turnip mosaic virus (TuMV), virus mozaiki turnepsa (siehe Rapsscheckung, Tafel 14).
Testpflanze: *Chenopodium amaranticolor* (chlorotische, später nekrotische Lokalläsionen).
Serodiagnose: ELISA im Speziallabor.

Rübsennekrose
(ohne Abbildung)

SCHADBILD

Stauchung, chlorotische bis nekrotische Flecke, nekrotische Linien- und Ringmuster gealteter Blätter, Kräuselung jüngerer Blätter, Adern- und Stengelnekrose.

ERREGER

Rettichmosaik-Virus, radish mosaic virus (RaMV), virus mozaiki redisa.
Testpflanze: *Chenopodium murale* (6 bis 8 Tage nach der Inokulation chlorotische bis nekrotische Lokalläsionen, nicht systemisch).
Serodiagnose: Agargel-Doppeldiffusionstest.

Rübsengelbmosaik
(ohne Abbildung)

SCHADBILD

Leuchtend gelbes Mosaik, Fleckung und gelbgrüne Verfärbung größerer Blattareale.

ERREGER

Wasserrübengelbmosaik-Virus, turnip yellow mosaic virus (TuYMV), virus zeltoj mozaiki turnepsa.
Testpflanze: *Brassica chinensis* (hellgelbes Mosaik, Blüten buntstreifig).
Serodiagnose: Agargel-Doppeldiffusionstest.

Krambenmosaik
(ohne Abbildung)

SCHADBILD

Schwachwüchsigkeit, gelblich-grünes Mosaik auf den deformierten, zum Teil gekräuselten Blättern, Anzahl der Schoten vermindert.

ERREGER

Wasserrübenmosaik-Virus (TuMV) (siehe Rapsscheckung, Tafel 14).
Testpflanze: *Chenopodium amaranticolor* (chlorotische, später nekrotische Lokalläsionen).
Serodiagnose: TuMV-Ditalan-Doppeldiffusionstest mit partiell abgebautem Virus, ELISA im Speziallabor.

Leindottermosaik
(ohne Abbildung)

SCHADBILD

Ältere Blätter der verzwergten Pflanzen unregelmäßig gelbgrün gefleckt, jüngere Blätter mit hellgrünem Mosaik, Verformung des Blütenstandes, degenerierte Schoten lückig angeordnet.

ERREGER

Wasserrübenmosaik-Virus (TuMV) (siehe: Rapsscheckung, Tafel 14).
Testpflanze: *Chenopodium amaranticolor* (chlorotische, später nekrotische Lokalläsionen).
Serodiagnose: ELISA im Speziallabor.

16

Halsnekrose
(*Phoma lingam* [Tode ex. Fr.] Desm.)

SCHADBILD

Schäden an auflaufenden Pflanzen sowie Keimpflanzen (siehe Tafel 5). Pflanzen mit Vergilbungserscheinungen. Im späten Frühjahr zeigen sich im Bereich der Halsregion der Triebe dunkel verfärbte, mitunter auch nur ausgeblichene und später nekrotisch werdende Flecke (1a, b). Diese vergrößern sich später und sind mit zahlreichen, dunklen, punktförmigen Pyknidien (Fruchtkörper des Erregers) besetzt. Befallene Pflanzen können vorzeitig absterben, Wurzeln verbräunt (1c). Mitunter auch Befall an Blättern (1d) und Schoten.

ERREGER

Phoma lingam (Tode ex. Fr.) Desm., Ascusform (Hauptfruchtform): *Leptosphaeria maculans* (Desm.) Ces. et Not.
Der Pilz tritt vorwiegend in der Nebenfruchtform, besonders am Stengelgrund mit zunächst eingesenkten und bei der Reife hervorbrechenden Pyknidien auf (1e). Pyknosporen einzellig (1e) farblos, ellipsoid, zuweilen leicht gekrümmt (3 bis 6,5 × 0,8 bis 2 µm).

Cylindrosporium-Krankheit
(*Cylindrosporium concentricum* Grev.)

SCHADBILD

Auf der Blattoberseite entstehen zunächst wenige Millimeter große, silberige und unscheinbare Flecke. Später sind an der Unterseite der Blätter an diesen Stellen aufgehellte grüne Flecke erkennbar. Das Blattgewebe stirbt an diesen Stellen ab, und es entstehen hellbeige und unregelmäßig gestaltete Flecke. Darauf befinden sich später charakteristische weiße Punkte (Acervuli des Erregers) (2a). Sie umgeben den Fleck kranzförmig und werden erst im Frühjahr mit beginnender Vegetation gebildet. Stark befallene Bestände nehmen im Frühjahr ein graues Aussehen an und sind im Wuchs gehemmt. Es können auch an den Trieben Flecken auftreten (2b), die allerdings etwas dunkler sind als die Blattflecken.

ERREGER

Cylindrosporium concentricum Grev., Hauptfruchtform: *Pyrenopeziza brassicae* Sutton et Rawlinson, Syn. *Gloeosporium concentricum* (Grev.) Berk. et Br.
Das Myzel ist verzweigt, hyalin, septiert. Acervuli 100 bis 200 µm Durchmesser (2c), weiß, subkutikulär, einzeln oder in Gruppen. Konidiophoren parallel (2d), nur an der Basis verzweigt, mit 1 bis 2 Septen, hyalin, zylindrisch oder unregelmäßig geformt, glatt, 10 bis 16 × 2,5 bis 4 µm. Konidiogene Zellen zur Spitze leicht verjüngt, hyalin, glatt. Konidien hyalin, dünnwandig, unseptiert, zylindrisch, 10 bis 16 × 3 bis 4 µm (2e).

Grauschimmel (*Botrytis*-Fäule)
(*Botrytis cinerea* Pers.)

SCHADBILD

Von der Zeit des Schossens an tritt an Stengeln, vor allem im unteren Teil, grauer, graubrauner bis dunkelolivbrauner, stark stäubender Pilzbelag auf (3a). Bei feuchtem Wetter auch Befall der Blütenknospen, Blütenstiele und Blütenstandachsen. Es ist auch Spätbefall während der Reife möglich (3b). Mitunter können auch Keimpflanzen befallen werden.

ERREGER
(siehe Tafel 62)

Botrytis cinerea Pers., Hauptfruchtform: *Sclerotinia fuckeliana* (Lib.) de Bary, Syn. *Botryotinia fuckeliana* (de Bary) Whetzel.
Der Pilz besitzt bäumchenförmige, verzweigte basal bräunliche Konidienträger (50 bis 190 µm groß, 7,5 bis 12,5 µm Träger-Durchmesser), von denen an Sporenmutterzellen mit Sterigmen 1-zellige, farblose (in Massen grau erscheinende) eiförmige bis ellipsoide Konidien (9 bis 15 × 6,5 bis 10 µm) abgeschnürt werden. Nicht selten Bildung schwarzer Sklerotien.

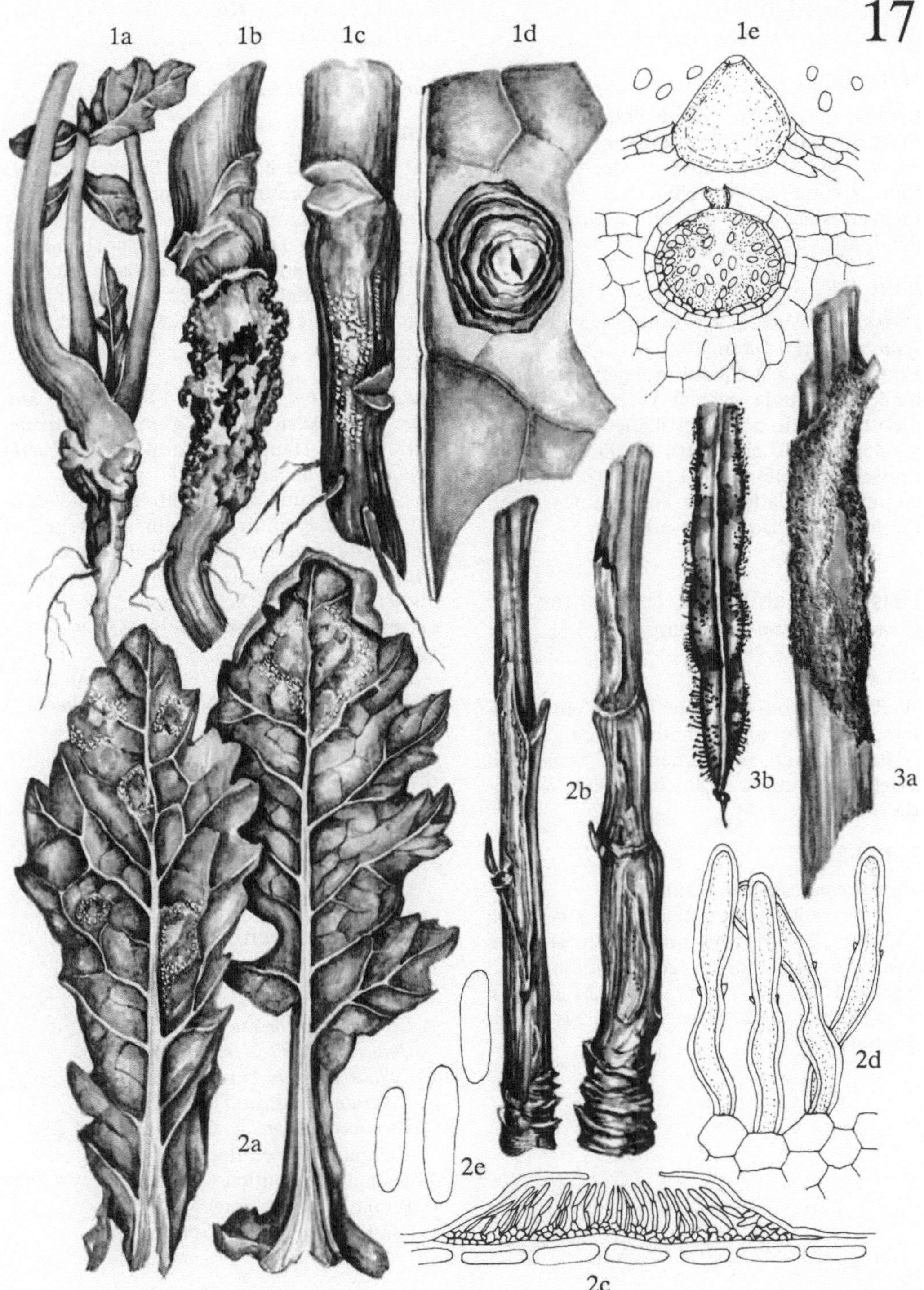
17
1a
1b
1c
1d
1e
2a
2b
2c
2d
2e
3a
3b

Falscher Mehltau
(*Peronospora brassicae* Gäum.)

SCHADBILD

Bereits im Herbst treten helle, gelbliche Flecken an den Blättern auf (1 a). An Blattunterseiten, seltener auch an der Blattoberseite grauweißer Myzelüberzug (1 b). Die Flecken sind vieleckig, oft zusammenfließend, mit dunklerem Rand.

ERREGER

Peronospora brassicae Gäum., Syn. *Peronospora parasitica* Gäum.
Endoparasit, aus Spaltöffnungen hervortretend, endständig gabelig verzweigte Konidienträger mit angeschwollener Basis (250 bis 450 µm × 6 bis 9 µm), Konidien (1 c) elliptisch bis eiförmig (12 bis 28 × 11 bis 23 µm), im Blattgewebe kugelige Oosporen (25 bis 30 µm Durchmesser).

Falscher Mehltau an Leindotter
(*Peronospora camelina* Gäum.)

SCHADBILD

Weißlicher, lockerer Pilzüberzug auf Blättern, Stengeln und Schötchen (2 a). Pflanzenteile welken, verbräunen und sterben ab. Triebe deformiert, Schötchen reifen vorzeitig (2 b).

ERREGER

Peronospora camelina Gäum.
Die verzweigten Konidienträger sind etwa 250 bis 300 µm groß und treten aus den Spaltöffnungen hervor. Die Konidien sind breitoval (17 bis 28 × 12 bis 24 µm). In Stengeln oft runde Oosporen (30 bis 34 µm Durchmesser).

Rapsschwärze (*Alternaria*-Blattfleckenkrankheit)
(*Alternaria brassicae* [Berk.] Sacc., *Alternaria brassicicola* [Schw.] Wiltsh.)

SCHADBILD

Auf Blättern, Schoten und Stengeln runde, zonierte, hellbraune bis graue oder dunkelbraune bis schwarze Flecke von weniger als 0,5 bis 12 mm Durchmesser, manchmal zusammenfließend (3 a, b, c). Entlang der Mittelrippe der Blätter sind die Flecke länglich und eingesunken. Die Schoten platzen auf.

ERREGER

– *Alternaria brassicae* (Berk.) Sacc., Syn. *Macrosporium brassicae* Berk., *Cercospora bloxami* Berk. et Br., Hauptfruchtform: *Leptosphaeria napi* (Fuck.) Sacc.
Die Hyphen und Konidienträger sind dunkel, septiert. Konidien einzeln, sehr selten in Ketten, dunkel, lang geschnäbelt (3 d, e), mit Längs- und Quersepten (11 bis 15 Quer-, 1 bis 8 Längs- bzw. Schrägsepten), Konidien einschließlich Schnabel 75 bis 350 × 20 bis 30 µm.
– *Alternaria brassicicola* (Schw.) Wiltsh., Syn. *Helminthosporium brassicola* Schw., *Alternaria oleracea* Milbr.
Konidiophoren, dunkel, septiert. Konidien dunkel, kettenförmig gebildet (20 und mehr), fast ungeschnäbelt, mit 6 Quer- und nur vereinzelten Längssepten, 18 bis 30 × 8 bis 20 µm.

Weitere Fleckenbildungen
(ohne Abbildung)

– *Mycosphaerella brassicicola* Ces. et de Not.,
– *Leptothyrium brassicae* Preuss.,
– *Ovularia brassicae* Bres. et All.,
– *Cylindrosporium brassicae* Fautr. et Roum.,
– *Fusarium brassicae* Thüm.
– *Pseudocercosporella capsellae* (Ell. et Ev.) (Deighton) (Weißfleckenkrankheit).
(Symptome ähnlich wie durch *Phoma lingam, Peronospora brassicae*).
(Bestimmung durch Spezialisten).

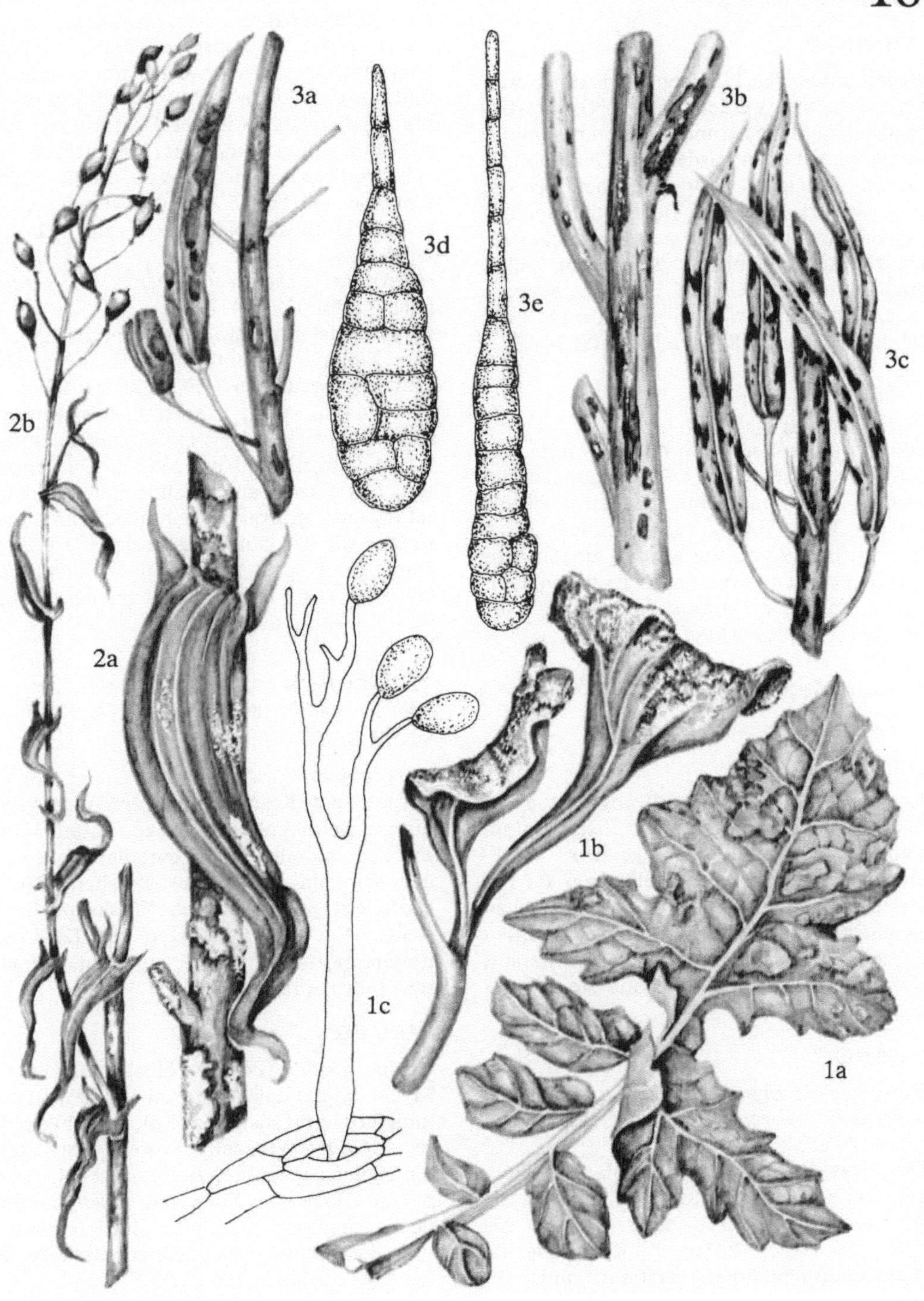
3a
3d
3e
3b
2b
3c
2a
1b
1c
1a

Verticillium-Stengelfäule
(*Verticillium dahliae* Kleb.)

SCHADBILD

Gegen Ende der Pflanzenentwicklung welken diese und werden notreif, Grauverfärbungen am Stengelgrund, die sich mehr oder weniger nach oben ausdehnen. Gefäßbündel in den Stengeln verbräunt, ebenfalls die Wurzeln (1a, b, c). An Befallsstellen unter der Epidermis befinden sich zahlreiche Mikrosklerotien. Ähnliche Symptome treten auch an den Wurzeln auf. Befallene Stengelteile schrumpfen, werden jedoch nicht hohl (Unterschied zum Rapskrebs, Tafel 20).

ERREGER

Verticillium dahliae Kleb.
Die charakteristisch geformten Konidienträger (1d) besitzen 3 bis 4 Abzweigungen, die wirtelig angeordnet sind. Sie sind 80 bis 160 µm lang. Größe der Konidien 3 bis 5,5 × 1,5 bis 2 µm. Sie werden einzeln von den Seitenästen abgeschnürt. Es treten zahlreiche schwarze Mikrosklerotien (30 bis 60 µm Durchmesser) auf (1e).

Echter Mehltau
(*Erysiphe* spp.)

SCHADBILD

Im Spätsommer bzw. im Herbst treten auf den Blattoberseiten zarte weißliche, spinnwebartige Pilzmyzel-Überzüge bzw. weißliche, später hellbraune Myzelpusteln auf (2). Darin befinden sich dunkle Pünktchen (Kleistothecien). Aus dem Myzel wachsen kurze Konidienträger mit Konidien heraus. Befallene Blätter vergilben und sterben bei starkem Befall ab.

ERREGER

Verschiedene *Erysiphe*-Arten, vor allem:
– *Erysiphe polygoni* DC. ex Saint-Amans (siehe Tafel 52)
Das Myzel ist weiß, dicht, auf Blättern, Stengeln und an Kapseln. Konidien einzeln oder in Ketten, zylindrisch oder oval, 30 bis 45 × 10 bis 20 µm. Kleistothecien (Schlauchfruchtkörper) verstreut, rund, anfangs gelb, dann bräunlich-schwarz, Durchmesser 90 bis 150 µm. Zellen der Kleistothecien unregelmäßig, braun. Anhängsel zahlreich, an der Basis inseriert, braun, einfach oder manchmal verzweigt, untereinander und mit dem hyalinen Myzel verflochten, 1- bis 2mal so lang wie der Durchmesser des Kleistotheciums, um dieses ein dichtes Gespinst bildend. 3 bis 12 ovale, 2- bis 4-sporige Asci, 50 bis 75 × 26 bis 40 µm. Ascosporen elliptisch bis oval, hyalin, 20 bis 30 × 10 bis 12 µm.
– *Erysiphe cichoracearum* DC. ex Merat. (siehe Tafel 52)
Myzel meist gut entwickelt. Konidien in langen Ketten, tonnenförmig bis rechteckig, sehr variabel in der Größe (25 bis 45 × 14 bis 26 µm). Im Herbst Kleistothecien (Schlauchfruchtkörper) in Gruppen oder vereinzelt, kugelig (90 bis 135 µm Durchmesser). Mit erkennbaren Wandzellen. Anhängsel myzelartig, hyalin bis dunkelbraun, 4mal so lang wie der Durchmesser des Kleistotheciums, Asci 10 bis 25, oval bis breitoval, selten rund, mehr oder weniger gestielt (60 bis 90 × 25 bis 50 µm, 2sporig).

Weißer Rost
(*Albugo candida* [Pers. ex Hook.] O. Kuntze)

SCHADBILD

Im Frühjahr und im Sommer treten vor allem an Senf, Krambe, und Leindotter weiße bis cremefarbene, kalkartige Pusteln und Flecken auf allen Pflanzenteilen außer an den Wurzeln auf (3a, b). Befallene Pflanzenteile zeigen oft deutliche Wachstumshemmung, Wuchsveränderungen und Deformationen, besonders die Blattspreiten, Stengel und Blüten (3b, c).

ERREGER

Albugo candida (Pers. ex Hook.) O. Kuntze. Myzel interzellulär mit kleinen runden bis knopfartigen Haustorien (3d), eines bis mehrere in jeder Wirtszelle. Pusteln (Sori) weiß bis blaßgelb, deutlich, tief eingesenkt, variabel in Größe und Form, oft zusammenfließend. Sporangiophoren hyalin, keulenförmig, dickwandig, besonders zur Basis zu, 30 bis 45 × 15 bis 18 µm (3e).

3d
3c
3e
3a
3b
1e
1d
1a
1b
1c
2

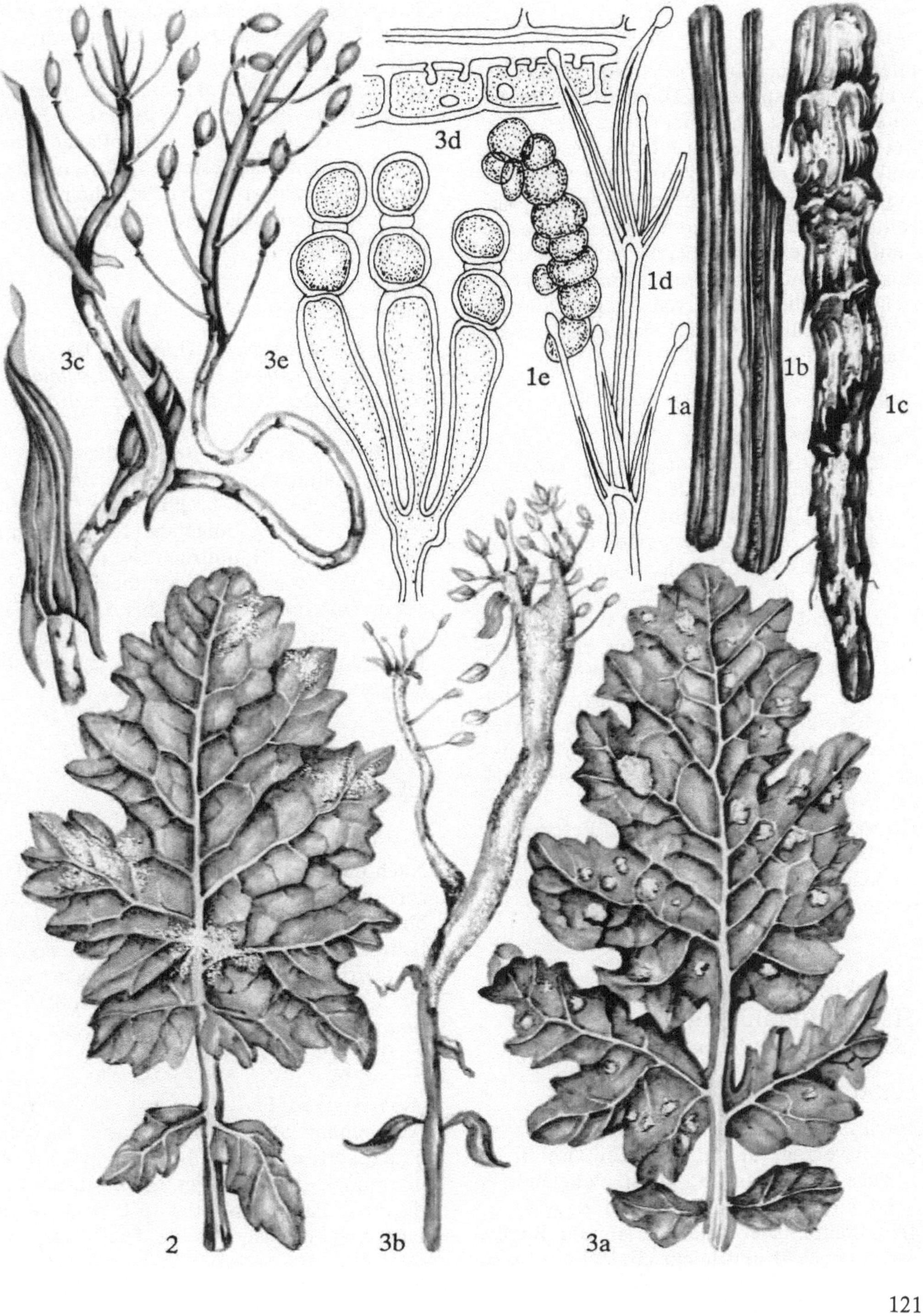

Kohlhernie
(*Plasmodiophora brassicae* Wor.)

SCHADBILD

Pflanzen bleiben im Wachstum zurück. Bei Winterölfruchtpflanzen können Pflanzen bereits im Herbst oder über Winter absterben. Bei Trockenheit werden Pflanzen schlaff und welken. An den Wurzeln treten fingerförmige oder knollige Wucherungen und Vergallungen auf. Sie umfassen mitunter das gesamte Wurzelsystem (1 a, b). In den Wucherungen befinden sich keine Fraßgänge bzw. weißlich-gelbe Käferlarven (siehe Tafel 26, Kohlgallenrüßler, *Ceutorhynchus pleurostigma* Marsh.).

ERREGER

Plasmodiophora brassicae Wor.
Endoparasitischer Schleimpilz, aus sekundären Plasmodien in Zellen des wuchernden Wurzelgewebes massenhaft rundliche (1,6 bis 4,3 µm Durchmesser) oder etwas eiförmige (4,6 bis 6 µm Durchmesser) Dauersporen bildend, die die Zellen fast füllen (1 c, d), Primärbefall der Pflanzen in Wurzelhaaren durch Zoosporen, keimend aus den im Boden sich erhaltenden Dauersporen. Primäre Plasmodien entwickeln rundliche oder eiförmige Sporangien in Haufen in den Wurzelhaaren (6 bis 6,5 µm Durchmesser). Zoosporen aus den Sporangien befallen sekundär das Wurzelparenchym.
Hinweis: Erregerdiagnose zur Feststellung der Dauersporen in den Wirtszellen durch einfache Gewebeschnitte von Wurzelwucherungen.

Rapskrebs (Weißstengeligkeit, Handgriffkrankheit)
(*Sclerotinia sclerotiorum* [Lib.] de Bary)

SCHADBILD

Nach Abblühen des Rapses treten am Stengel, bevorzugt im unteren Teil, weißliche, bleiche Verfärbungen, meist stengelumfassend, auf. Sie sind etwa handbreit, gelegentlich breiter. Die Rinde ist an der Befallsstelle erweicht und leicht abziehbar (2 a, b).

Pflanzenteile oberhalb der Befallsstelle vergilben und werden notreif. Zerstörung des Stengelmarks. Im entstandenen Stengelhohlraum flockiges weißes Myzel und unregelmäßige, schwarze Sklerotien (2 c), mitunter auch im Bereich verbräunter und abgestorbener Wurzeln. Unter bestimmten Bedingungen können bereits Keimpflanzen welken, umfallen und absterben, jüngere Pflanzen sind zunächst im Wuchs gehemmt, am Wurzelhals erweicht und verbräunt, weißer Myzelüberzug.

ERREGER
(siehe Tafel 50)

Sclerotinia sclerotiorum (Lib.) de Bary, Syn. *Sclerotinia libertiana* Fuckel, *Whetzelinia sclerotiorum* (Lib.) Korf et Dumont, *Peziza sclerotiorum* Lib.
Die Sklerotien dieses Becherpilzes sind als Myzelzusammenballungen unregelmäßig geformt, rötlich oder braun, später schwarz, schwach runzelig, ungefähr 10 bis 30 mm Durchmesser. Hauptfruchtform aus den Sklerotien wachsend, Apothecien 4 bis 8 mm Durchmesser auf 2 bis 5 cm langen, zylindrischen Stielen, Asci mit elliptischen, 1zelligen Ascosporen (9 bis 13 × 4 bis 6,5 µm), Paraphysen vorhanden.

Typhula gyrans Fr.
(ohne Abbildung)

SCHADBILD

Nach der Schneeschmelze zeigen die Pflanzen von Winterölfruchtpflanzen an den oberirdischen Pflanzenteilen weiche, bräunliche Faulstellen, welche von einem weißen, watteartigen Pilzgeflecht überzogen sind. Darin befinden sich rapskorngroße, rotbraune bis schwarzbraune Sklerotien.

ERREGER

Typhula gyrans Fr.
Aus einem Sklerotium wachsen 1 bis 2 Fruchtkörper. Sie sind weiß, etwa 21 bis 30 mm lang, unverzweigt und besitzen einen dünnen, flaumigen Stiel mit etwa 10 mm langer, zylindrischer Keule. Die Sporen sind farblos.

20
2a
2c
2b
1c
1d
1a
1b

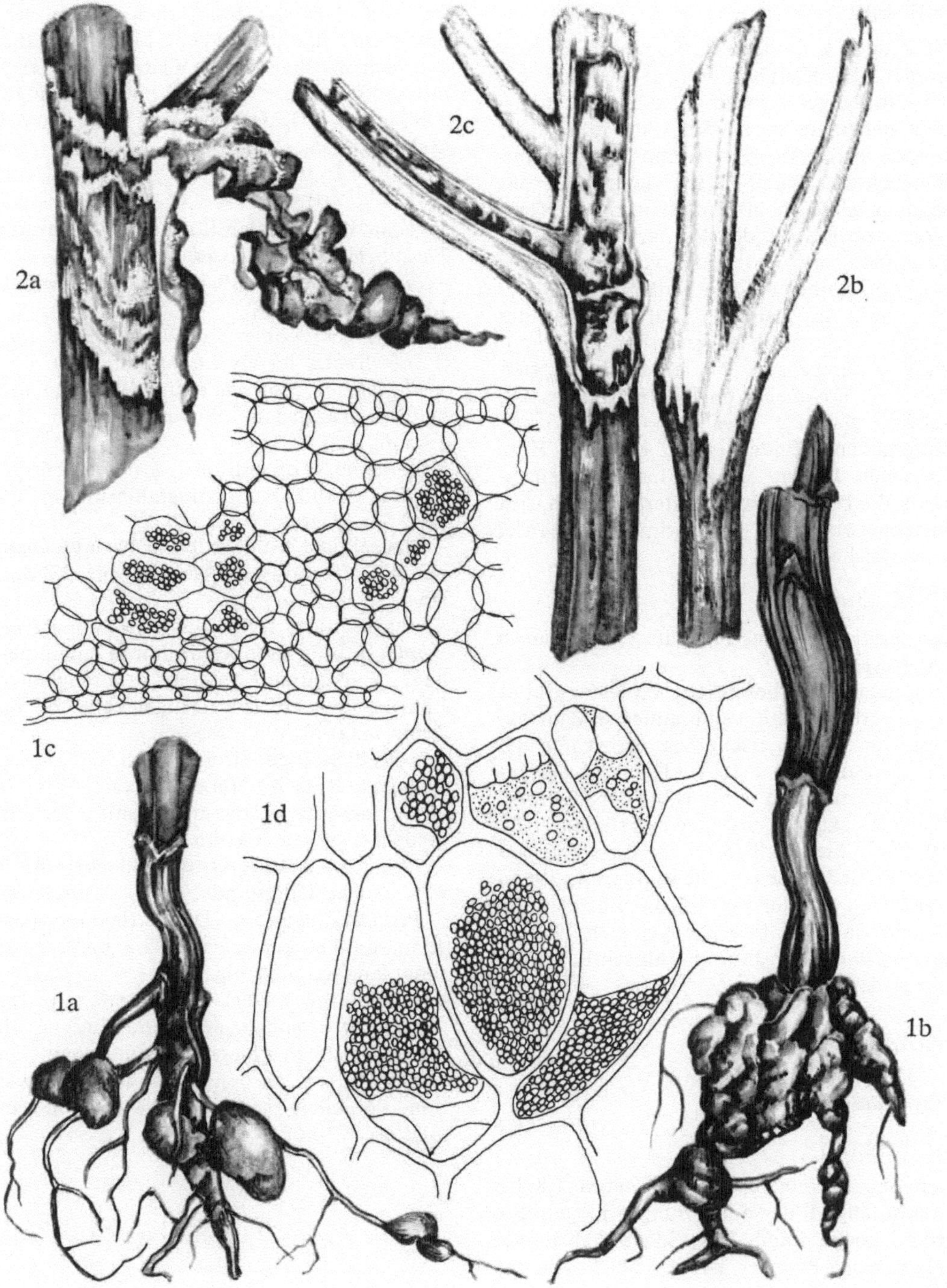

Rapserdfloh

(Psylliodes chrysocephala [L.])

SCHADBILD

Nach dem Auflaufen von Raps und Rübsen werden die Keimblätter (1a) durch 3 bis 4,5 mm lange, schwarz-blau bis grünlich-blau glänzende, springende Käfer mit gelben Beinen befressen (1b) (Rand-, Loch- und Schabefraß). Später treten derartige Fraßschäden auch an älteren Blättern auf (1c). Noch vor Eintritt des Winters werden die Laubblätter gelb, vor allem vom Rande her (1d) und sterben ab. Die Blattstiele, Blattrippen sowie das Herz, im Frühjahr auch die Triebe, sind narbig aufgeworfen, mit Fraßgängen durchzogen (1d, e), in denen sich braunes Fraßmehl und schmutzig-weiße, schwarz gefleckte, etwa 6 bis 7,5 mm lange Käferlarven befinden (1f). 2 bis 3 im Herz fressende Larven bringen im Rosettenstadium die Pflanzen zum Absterben. Dies wird fälschlicherweise als „Auswinterung" (Tafel 1) angesehen.

SCHÄDLING

Rapserdfloh (Raps-Flohkäfer) *(Psylliodes chrysocephala* [L.]).
Von dem bereits beschriebenen Käfer gibt es eine Farbform mit gelbbraunen Flügeldekken. Im Herbst erscheinen die Käfer bei Temperaturen über 16 °C. Die Eiablage erfolgt in den Boden in der Nähe der Pflanzen. Sie erstreckt sich bis in das Frühjahr. Die Larven bohren sich in die Blattmittelrippen und die Blattstiele ein. Sie wandern in ihnen abwärts in das Herz der Pflanzen bzw. in die Triebe. Im Frühjahr verpuppen sich die Larven im Boden. Im Juni bis Juli schlüpfen die Jungkäfer.

Kohlerdflöhe

(Verschiedene *Phyllotreta*- bzw. *Psylliodes*-Arten)

SCHADBILD

An den Keimblättern fressen etwa 1,8 bis 3 mm lange Käfer mit Sprungvermögen. Sie rufen Loch-, Rand- bzw. Schabefraß hervor (1a). Junge Pflanzen können bei Massenbefall völlig vernichtet werden. An den älteren Blättern tritt über die gesamte Blattspreite verteilter, ausgedehnter Loch- bzw. Schabefraß auf. Um die Fraßstellen herum verbräunt das Blattgewebe (1c). Mitunter befinden sich im Blattgewebe Platz- oder Gangminen (3b), in denen etwa 4 bis 6 mm lange, gelblich-weiße Käferlarven mit 3 Beinpaaren (3c) minieren.

SCHÄDLINGE

Verschiedene Kohlerdflöhe der Gattungen *Phyllotreta* bzw. *Psylliodes*, vor allem:
– *Phyllotreta aerea* All. (schwarz glänzend, 1,6 bis 2 mm lang),
– Schwarzer Kohlerdfloh *(Phyllotreta atra* [F.]) (schwarz, 1,7 bis 2,6 mm lang) (2),
– *Phyllotreta consobrina* (Curt.) (schwarz mit bläulich-grünlichem Schimmer, 1,8 bis 2,4 mm lang),
– Gemeiner Kohlerdfloh *(Phyllotreta cruciferae* Goeze) (bläulich bis metallisch grün, 1,8 bis 2,5 mm lang),
– Blauseidiger Kohlerdfloh *(Phyllotreta nigripes* [F.]) (metallisch blau, 1,8 bis 2,8 mm lang),
– Gelbstreifiger Kohlerdfloh *(Phyllotreta nemorum* [L.]) (braunschwarz mit je einem gelben, sich zum Körperende verengenden Längsstreifen auf jeder Flügeldecke, 2,5 bis 3 mm lang) (3a),
– Gewelltstreifiger Kohlerdfloh *(Phyllotreta undulata* Kutsch.) (braunschwarz, mit je einem gewellten Längsstreifen auf jeder Flügeldecke, 1,8 bis 2,5 mm lang),
– *Phyllotreta vittata* (F.) (Flügeldecken mit je einer gelben Längsbinde, 1,8 bis 2 mm lang),
– *Psylliodes cupreata* (Duft.) (lebhaft glänzend, dunkel kupferfarbig, 2,2 bis 2,6 mm lang, länglich-eiförmig.
Die Eiablage erfolgt mit Ausnahme von *Phyllotreta nemorum,* der seine Eier an die Blattunterseiten ablegt, in den Boden. Die Larven fressen an den Wurzeln, die Larven von *Phyllotreta nemorum* minieren in den Blättern (3b, c).

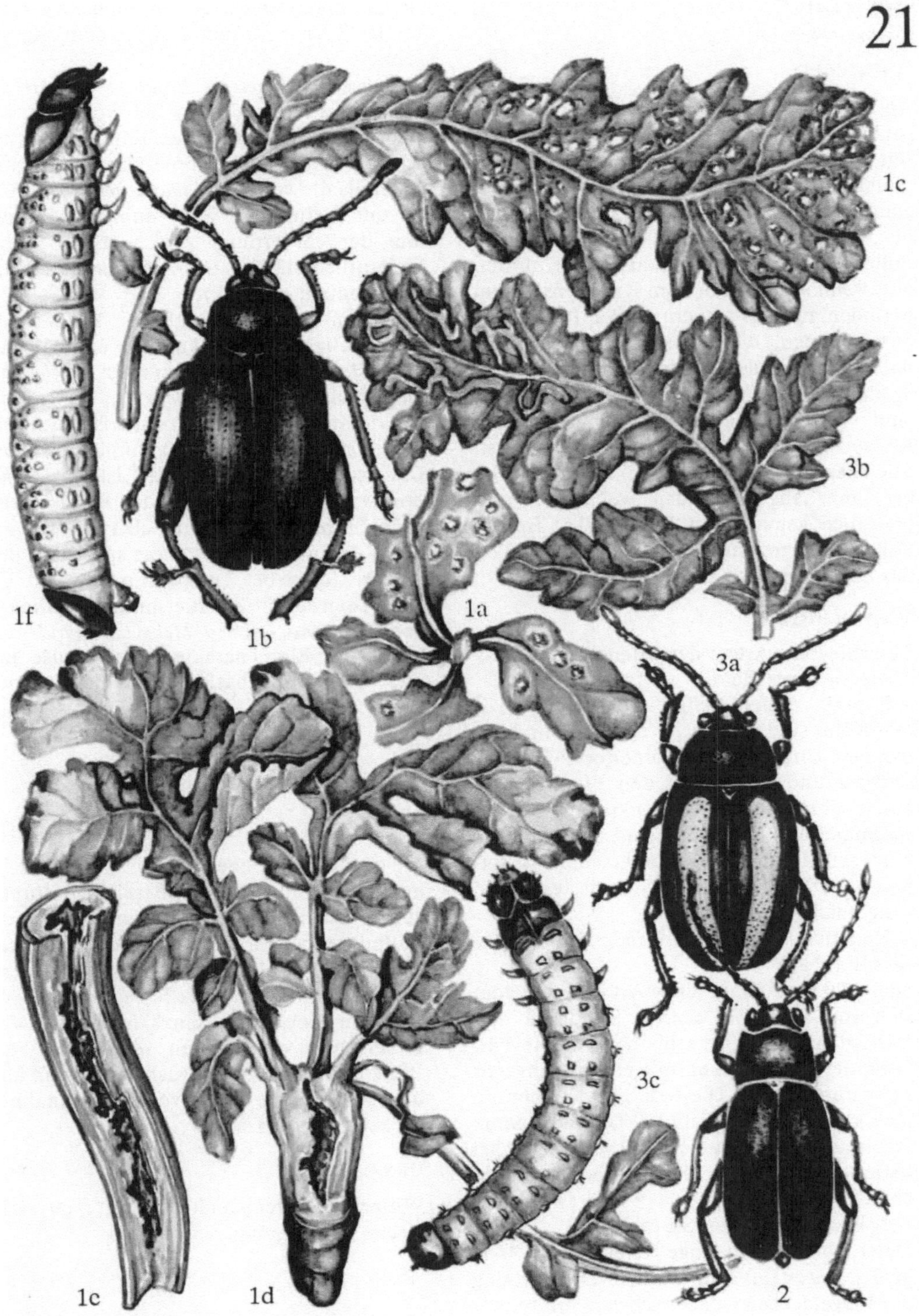
1c
3b
1f
1b
1a
3a
3c
2
1c
1d

Glanzkäfer
(*Meligethes*-Arten)

SCHADBILD

An und in den Knospen sowie an den Staubgefäßen der sich öffnenden Blüten (1 a) fressen schwarze bis braunschwarze, zum Teil metallisch grün bzw. blaugrau bis blauviolett glänzende, etwa 1,5 bis 2,7, zum Teil auch bis 3 mm lange Käfer. Ihre Hauptnahrung ist Pollen. Treten die Käfer an den Kulturen auf, wenn sie sich noch im Knospenstadium befinden, müssen sie, um an den Pollen heranzukommen, die Knospen annagen. Der dabei entstehende Schaden ist um so größer, je kleiner die Knospen zu dieser Zeit noch sind. Vielfach fallen die angefressenen Knospen ab, so daß nur noch die leeren Stielchen zurückbleiben (1 b). Die etwa 3,4 bis 4 mm lang werdenden, weißgrauen und bräunlich gepunkteten Larven (1 c) fressen Pollen und greifen nur in Ausnahmefällen das Schotengewebe an.

SCHÄDLINGE

Verschiedene Arten der Glanzkäfergattung *Meligethes*, vor allem:
– Rapsglanzkäfer (*Meligethes aeneus* [F.]) (1 d)
Die Käfer sind 1,5 bis 2,7 mm lang und haben eine länglich-ovale Körperform. Sie sind schwarz und weisen auf den Flügeldecken einen grünlichen bis blaugrauen Metallschimmer auf. Die Beine sind dunkelbraun. Nur selten sind die Vorderschienen rotbraun. Die Vordertibien sind fein und gleichmäßig gezähnelt.
– Hederich-Glanzkäfer (*Meligethes viridescens* [F.]) (1 e)
Diese 2,0 bis 2,5 mm lange Art unterscheidet sich von *Meligethes aeneus* (F.) durch ihre stark glänzende, grüne bis blauviolette Färbung der Flügeldecken mit einer geringeren Behaarungsdichte. Die Beine sind gelbbraun und gleichmäßig gezähnt (1 f). Im äußeren Drittel des Hinterrandes der Mittelschenkel befindet sich ein kleines stumpfes Zähnchen.
– *Meligethes coracinus* Sturm (1 g).
Der 1,5 bis 2,7 mm lange Käfer ist dem *Meligethes aeneus* (F.) sehr ähnlich. Die Färbung der Flügeldecken ist aber schwarz mit schwa-

chem, braunschwarzem Metallglanz. Die Vordertibien sind fein und gleichmäßig gezähnelt.
– *Meligethes nigrescens* Steph., Syn. *Meligethes picipes* Sturm (1 h).
Der 1,7 bis 2,5 mm lange Käfer ist braunschwarz gefärbt. Die Körperform ist gedrungener als die von *Meligethes aeneus* (F.). Fühler und Beine sind gelbbraun. Die Zähnelung der Vordertibien wird nach der Spitze zu deutlich stärker. Die Zähnchen sind unterschiedlich groß (1 i).
– In einzelnen Exemplaren können an kreuzblütigen Ölfruchtkulturen auch die Arten *Meligethes coeruleovirens* Först., *Meligethes atratus* Ol., *Meligethes bidens* Bris., *Meligethes maurus* Sturm, *Meligethes lumbaris* Sturm und *Meligethes viduatus* Sturm gefunden werden. Die weitaus häufigere Art ist *Meligethes aeneus* (F.). Sie besiedelt die Bestände im Frühjahr bei Temperaturen ab 15 °C. Die anderen Arten erscheinen etwas später auf den Feldern (etwa bei Temperaturen ab 20 °C). Alle Arten legen ihre Eier in die angefressenen Knospen, wobei *Meligethes viridescens* (F.) seine Eier charakteristischerweise nur von der Knospenbasis her in die Knospen ablegt.

Physiologische Knospenwelke

SCHADBILD

An den Blütentrieben werden vor allem im mittleren und unteren Bereich, mitunter aber auch im Spitzenbereich, die Blütenknospen braun, vertrocknen und fallen ab (2). Es bleiben nur noch die Blütenstielchen zurück. Dieses Schadbild wird oft mit dem durch die Glanzkäfer-Arten (*Meligethes* spp.) verursachten verwechselt. Am Blütentrieb befinden sich, unregelmäßig über die gesamte Länge verteilt, normal entwickelte Schoten.

URSACHE

Witterungs- oder standortbedingte, physiologische Schädigung.

126

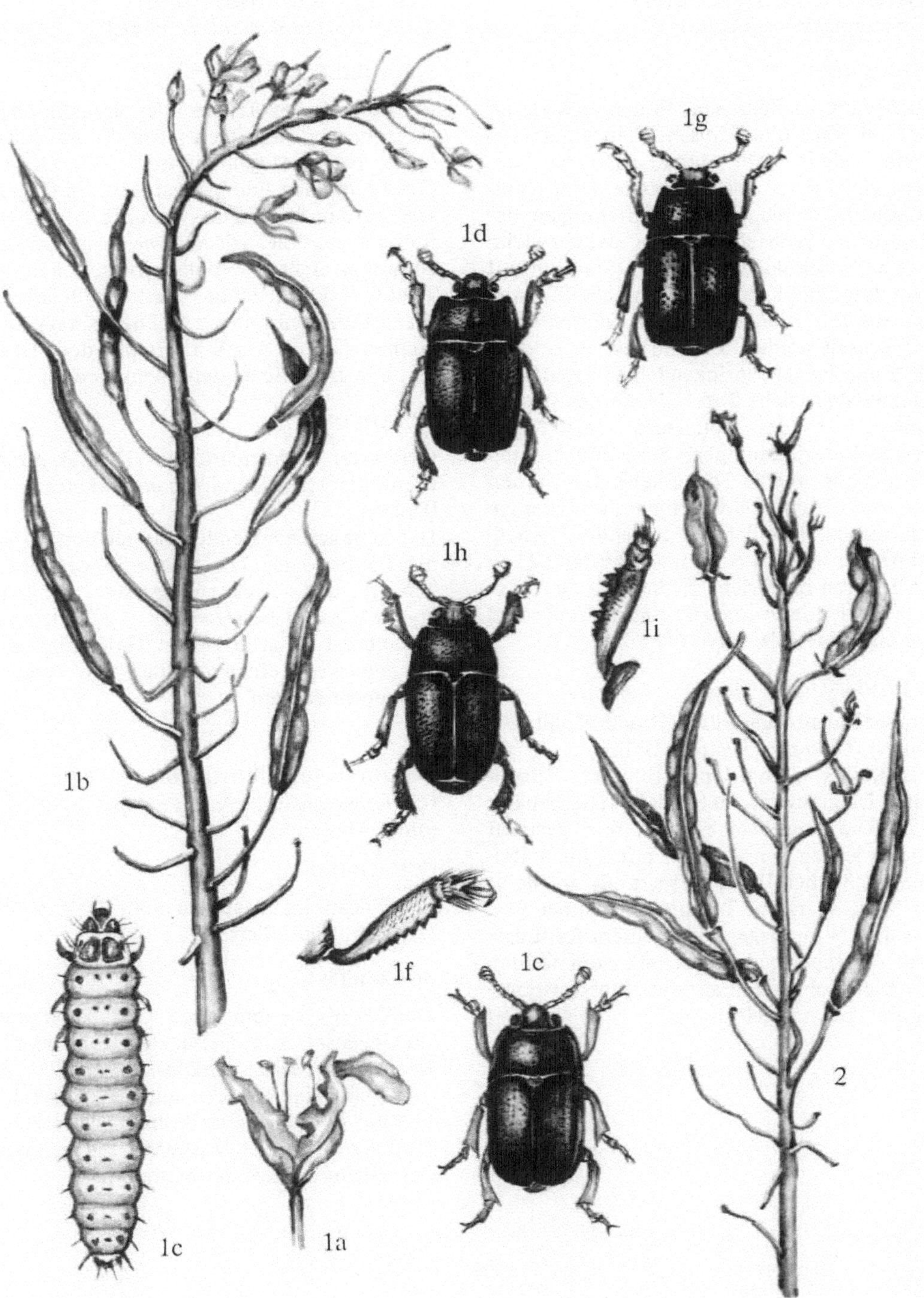
1g
1d
1h
1i
1b
1f
1c
1c
1a
2

Großer Rapsstengelrüßler
(Großer Kohltriebrüßler)
(*Ceutorhynchus napi* Gyll.)

SCHADBILD

Zu Beginn des Schossens finden sich vor allem bei Raps und Rübsen Pflanzen im Bestand, welche nicht normal schossen, sondern viele kurze und schwache Triebe aufweisen. Es werden auch Verdrehungen der Herzblätter beobachtet. Diese bleiben klein. Das Schadbild kann in diesem Stadium mit dem durch die Kohldrehherzmücke (*Contarinia nasturtii* Kieff., Tafel 25) verursachten verwechselt werden. Es sind jedoch keine 1 bis 2 mm langen, springenden Fliegenlarven nachweisbar (siehe Tafel 25). In der Wachstumsperiode des Schossens weisen die Triebe Verkrümmungen, Stauchungen und Verdickungen auf. Die Triebe sind innen hohl, reißen später brettartig auf und können umknicken. Der darüber liegende Triebabschnitt ist vielfach S-förmig gekrümmt (1 a). Im Inneren der Triebe fressen bis zu 7 mm lang werdende, beinlose, gelblich-weiße und braunköpfige Käferlarven (1 b).

SCHÄDLING

Großer Rapsstengelrüßler (Großer Kohltriebrüßler) (*Ceutorhynchus napi* Gyll.)
Der 3,7 bis 4,2 mm lange, schwarze Rüsselkäfer ist grauweiß bis schiefergrau behaart (1 c). Die Flügeldecken sind fein gestreift und zwischen den Streifen mit 3 bis 4 Reihen weißlicher Haare besetzt. Er erscheint ab Mitte März bei Temperaturen über 9 °C aus dem Winterlager. Nach einem Reifungsfraß an Raps- und Rübsenpflanzen werden die Eier dicht unterhalb der Knospenstände in die Triebe abgelegt.

Gefleckter Kohltriebrüßler
(Kleiner Kohltriebrüßler)
(*Ceutorhynchus quadridens* [Panz.])

SCHADBILD

Im Inneren der Triebe aller kreuzblütigen Ölfruchtarten minieren etwa 5 bis 6 mm lange, beinlose, gelblich-weiße Käferlarven (2 a) in braunen Fraßgängen (2 b). Im Gegensatz zu der Schädigung durch den Großen Rapsstengelrüßler (*Ceutorhynchus napi* Gyll.) kommt es nicht zu Wuchsdeformationen der Triebe, wohl aber bei starkem Befall zu Wachstumshemmungen. Die Fraßgänge können auch in den Mittelrippen der Blätter sowie in Blattstielen gefunden werden.

SCHÄDLING

Gefleckter Kohltriebrüßler (Kleiner Kohltriebrüßler) (*Ceutorhynchus quadridens* [Panz.]).
Der schwarz glänzende Rüsselkäfer ist 2,3 bis 3,5 mm lang. Die Oberseite ist dunkel behaart und fleckenweise mit gelblichgrauen Haaren besetzt (2 c). Die Spitze der Mittelbrust weist zwischen Halsschild und Flügeldecken einen weißen bis gelben Schuppenfleck auf.

Blauer Rapstriebrüßler
(*Ceutorhynchus sulcicollis* [Payk.])
(ohne Abbildung)

SCHADBILD

Das Schadbild entspricht dem des Gefleckten Kohltriebrüßlers.

SCHÄDLING

Der 2,5 bis 3,3 mm lange Rüsselkäfer weist im Gegensatz zum Gefleckten Kohltriebrüßler (*Ceutorhynchus quadridens* [Panz.]) kahle und glänzende Streifen auf den Flügeldecken auf und erscheint deshalb schwarzblau. Es fehlt auch der weißliche bis gelbliche Schuppenfleck auf der Mittelbrust.

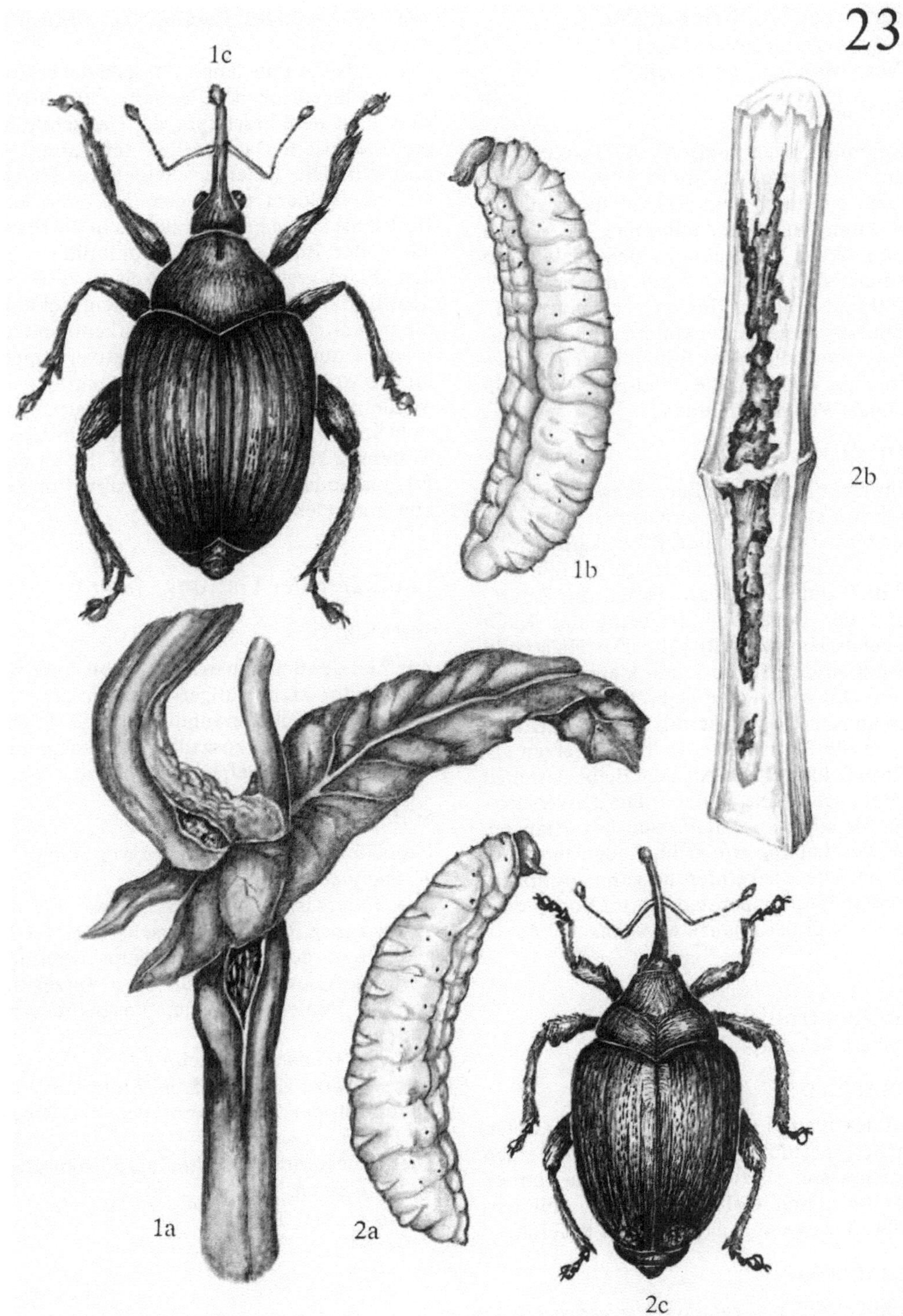
1c
1b
2b
1a
2a
2c

Schwarzer Kohltriebrüßler
(Schwarzer Triebrüßler)
(Ceutorhynchus picitarsis Gyll.)

SCHADBILD

Winterölpflanzen weisen im Rosettenstadium vom Herbst bis in das zeitige Frühjahr hinein ein durch beinlose, gelblich-weiße, 3 bis 4 mm lange, walzenförmige Käferlarven ausgehöhltes Herz auf. In den Blattstielen befindet sich Minierfraß mit braunem Bohrmehl und Kot. Die Herzen platzen auf (1 a). Derartige Pflanzen wintern leicht aus. Manchmal treiben im Frühjahr Nebenknospen aus, wodurch die Pflanzen einen buschigen Wuchs annehmen.

SCHÄDLING

Schwarzer Kohltriebrüßler (Schwarzer Triebrüßler) *(Ceutorhynchus picitarsis* Gyll.).
Der schwarze, glänzende Rüsselkäfer ist 2,4 bis 3,4 mm lang. Die Oberseite ist fein und spärlich dunkel behaart. Durch die Anordnung der Behaarung erscheint der Käfer oberseits längsgestreift (1 b). Der Halsschild besitzt an den Seiten je ein kleines Höckerchen. Die Tarsen sind gelbrot. Die Eier werden ab Ende September bis in den März hinein in die Blattstiele oder in die Herzen abgelegt (Kühlbrüter). An den Eiablagestellen bilden sich kleine Warzen. Die Larven fressen vor allem in den Herzen der Pflanzen. Die Verpuppung erfolgt im Boden in einem Kokon. Die Überwinterung kann sowohl im Larven- bzw. Puppenstadium im Boden oder als Käfer in der Pflanze erfolgen.

Kohlblattrüßler
(Ceutorhynchus leprieuri Bris.)

SCHADBILD

Auf den Blattadern der Blattunterseite treten flache, linsenförmige Gallen auf, die einen Durchmesser bis zu 6 mm erreichen können (2). In diesen Gallen lebt eine weißlich-gelbe, 3 bis 4 mm lange, beinlose Käferlarve.

SCHÄDLING

Kohlblattrüßler *(Ceutorhynchus leprieuri* Bris.,

Syn. *Ceutorhynchus leprieuri* var. *rübsaameni* Kolbe).
Der 2 bis 2,4 mm lange Rüsselkäfer besitzt blaue Flügeldecken. Die Seiten der Brust sind dicht weiß beschuppt, der Halsschild ist grob punktiert. Das 3. Glied der Tarsen ist rotbraun. Die Käfer erscheinen im Herbst auf den Feldern und legen ihre Eier vom Herbst bis in das Frühjahr hinein in die Blattadern der Blattunterseite (Kühlbrüter). An den Eiablagestellen entwickelt sich unter dem Einfluß der Ei- und Larvenentwicklung die beschriebene Galle. Bei starkem Gallenbesatz kann es zu leichten Blattverkrüppelungen kommen. Die erwachsenen Larven wandern aus den Gallen aus und verpuppen sich im Boden in einem Kokon. Die Überwinterung kann als Larve oder Käfer an den Pflanzen oder als Larve oder Puppe im Kokon im Boden erfolgen.

Laufkäfer der Gattung *Amara*

SCHADBILD

Zur Zeit der Schotenausbildung bis kurz vor der Reife kreuzblütiger Ölfruchtkulturen können die Schoten und auch die Triebe mehr oder weniger ausgedehnt angenagt und zum Teil auch abgefressen sein (3 a).

SCHÄDLINGE

Laufkäfer der Gattung *Amara,* vor allem:
– *Amara ovata* (F.)
Der Käfer ist länglich-oval, etwa 7,5 bis 9,5 mm lang, schwarz, oberseits mit Metallglanz und deutlich erkennbarer Streifung der Flügeldecken (3 b). Die drei Wurzelglieder der Fühler sind gelb, die Beine ganz dunkel.
– *Amara familiaris* (Dftsch.)
Der schwarze Käfer ist 5 bis 7 mm lang und ähnelt in der Körperform der Art *Amara ovata* (F.).
Die Artbestimmung sollte Spezialisten überlassen bleiben.

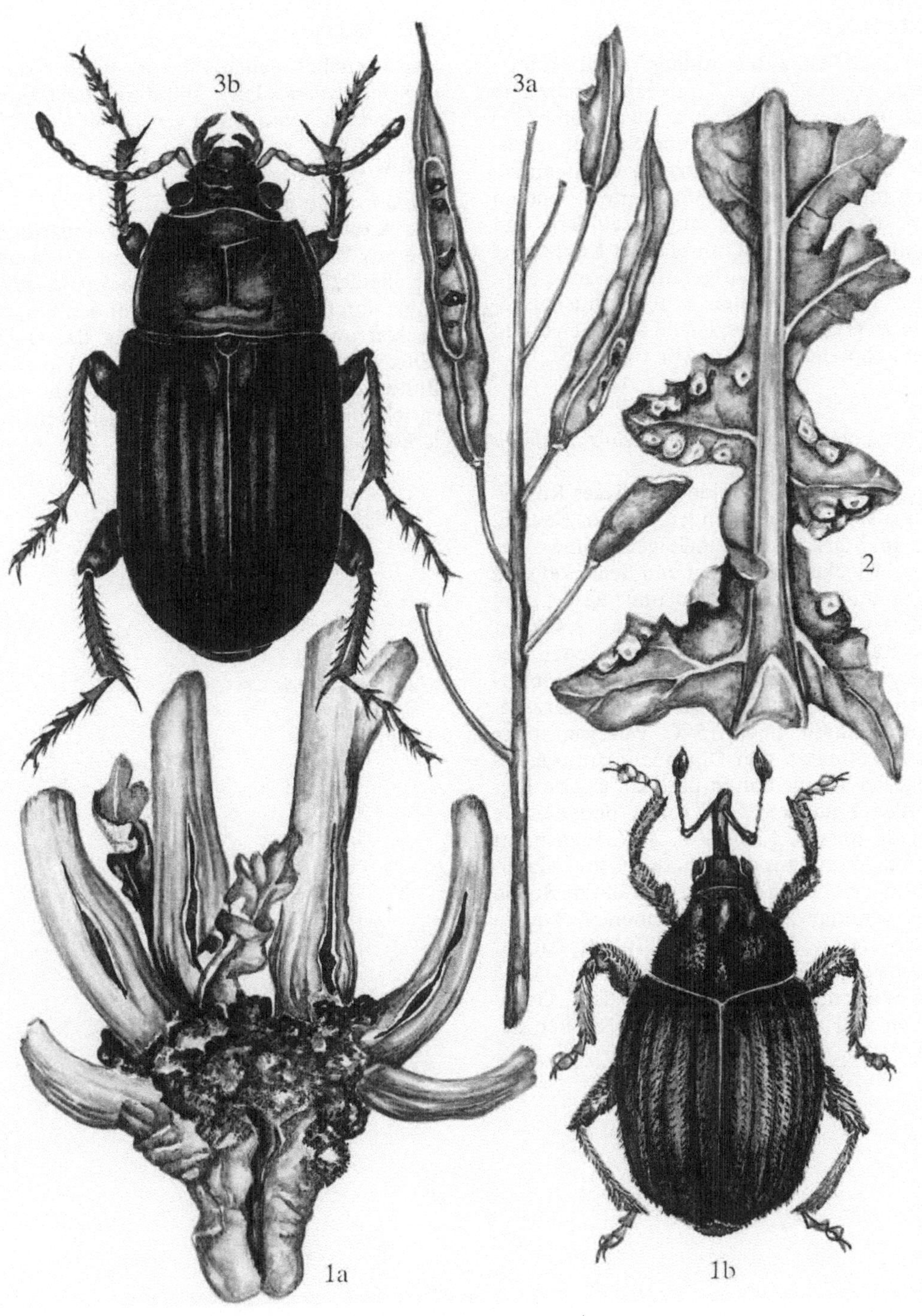
3b
3a
2
1a
1b

Kohlschotenrüßler
(*Ceutorhynchus assimilis* Payk.)

SCHADBILD

Ab Ende März bis Anfang April werden durch etwa 2,2 bis 3,3 mm lange, schwarze und fein weißlich behaarte Rüsselkäfer (1a) kleine Löcher in Blätter und Stengel gefressen. Später fressen in vorzeitig vergilbenden und mitunter leicht deformierten Schoten (1b) etwa 3 bis 4 mm lange, weißliche und beinlose Käferlarven mit brauner Kopfkapsel an den noch nicht ausgereiften Samen (1c). Zum Teil sind an den Schoten Ausbohrlöcher zu erkennen (vergleiche auch Schadbild Kohlschotenmücke, 2a, 2b).

SCHÄDLING

Kohlschotenrüßler (*Ceutorhynchus assimilis* Payk.).
Die Streifen der Flügeldecken dieses Rüsselkäfers sind mit anliegenden, weißen Haaren, die in 2 bis 4 unregelmäßigen Reihen stehen, bedeckt. Die Klauen und Schenkel sind ungezähnt, Kopf, Fühler und Beine sind schwarz. Bei grober Betrachtung erscheint der Käfer grauschwarz. An den Seiten des Halsschildes befindet sich je ein Höckerchen. Die Winterlager werden ab März bei Temperaturen über 15 °C verlassen. Der Hauptzuflug zu den Ölpflanzenkulturen erfolgt bei Temperaturen über 20 °C. Die Eier werden in junge Schoten gelegt, in denen die Larven fressen. Nach etwa 3 Wochen bohrt sich die Larve aus der Schote aus und hinterläßt ein Bohrloch (1a, 2a, b), fällt zu Boden und verpuppt sich hier in einem Kokon in der oberen Bodenschicht. Im Juli bis August erscheinen die Jungkäfer, die aber bald in die Winterquartiere an Waldrändern, Gebüschen und anderen geschützten Stellen abwandern.

Ceutorhynchus gallorhenanus Solari
(ohne Abbildung)

SCHADBILD

Ein ähnliches Schadbild wie durch *Ceutorhynchus assimilis* Payk. soll durch *Ceutorhynchus gallorhenanus* Solari verursacht werden.

SCHÄDLING

Ceutorhynchus gallorhenanus Solari.
Die Artberechtigung ist zur Zeit umstritten. Die aus Westeuropa beschriebene Form unterscheidet sich von *Ceutorhynchus assimilis* Payk. durch feinere Streifung auf den Flügeldecken und dichtere Behaarung der Oberseite. Die Eiablage soll in die geschlossene Blütenknospe erfolgen. Im übrigen entspricht die Entwicklung derjenigen von *Ceutorhynchus assimilis* Payk.

Leindotterrüßler
(*Ceutorhynchus syrites* Germ.)
(ohne Abbildung)

SCHADBILD

Bei Leindotter werden Blätter, Stengel, Blüten und Schötchen durch 2,6 bis 3,2 mm lange, schwarze, weiß behaarte Rüsselkäfer befressen. In den Schötchen fressen 2,5 bis 3,5 mm lange, gelblich-weiße, beinlose und sichelförmige Larven an den Samen.

SCHÄDLING

Leindotterrüßler (*Ceutorhynchus syrites* Germ.).
Nach einem Reifefraß an grünen Pflanzenteilen legt der Käfer seine Eier ab Mai einzeln in die Fruchthüllen. Die Larven fressen in den vergilbenden Schötchen. Sie bohren sich zur Verpuppung im Boden durch ein Loch aus den Schötchen aus. Die Jungkäfer erscheinen im Herbst und überwintern im Boden.

Neosirocalus floralis Payk.
(ohne Abbildung)

SCHADBILD

Mitunter frißt an den Knospen, Blüten und Schötchen von Leindotter ein 1,5 bis 2,1 mm langer, schwarzer Rüsselkäfer mit gestreiften Flügeldecken und weißer bis goldgelber Behaarung.

SCHÄDLING

Neosirocalus floralis Payk.

Kohlschotenmücke (Kohlgallmücke)
(*Dasyneura brassicae* Winn.)

SCHADBILD

Schoten vergilben vorzeitig, sind an der Oberfläche leicht deformiert bzw. schwellen an und sind mitunter an der Spitze verkrümmt (2a–c). Im Inneren fressen, meist vergesellschaftet mit den Larven von *Ceutorhynchus assimilis* Payk., 1,5 bis 3 mm lange, gelblich-weiße, kopf- und beinlose Larven (2d). Später platzen die betroffenen Schoten vorzeitig auf. Sie verbräunen. Die darin enthaltenen, durch die Fraßtätigkeit der Larven geschädigten, aber auch die normalen, noch nicht ausgereiften Samenkörner fallen aus. Oft tritt das Schadbild zusammen mit dem des Kohlschotenrüßlers auf (1b).

SCHÄDLING

Kohlschotenmücke (Kohlgallmücke) (*Dasyneura brassicae* Winn.).
Die Überwinterung erfolgt als Puppe im Boden. Im Mai erscheinen die etwa 1,2 bis 1,5 mm langen Gallmücken. Sie besitzen einen rötlichen Hinterleib mit braunen Querstreifen (2e) und legen ihre Eier in die jungen Schoten, wobei sie im wesentlichen auf die Einbohr- und Fraßlöcher des Kohlschotenrüßlers (*Ceutorhynchus assimilis* Payk.) angewiesen sind. Es gibt aber auch Angaben, wonach die Gallmücke in der Lage ist, an dünnwandigen Stellen der Schoten die Eier in diese abzulegen, ohne auf Fraßbeschädigungen durch andere Schadinsekten (Kohlschotenrüßler, Erdflohkäfer, Rapsglanzkäfer) angewiesen zu sein. Die Larven schädigen die jungen Samen und fressen auch an den Innenwänden der Schoten, wodurch das beschriebene Schadbild entsteht. Im Durchschnitt können bis zu 30 Larven in einer Schote gefunden werden. Es wurden aber auch vereinzelt über 100 Larven pro Schote beobachtet. Nach dem Aufplatzen der Schoten fallen die Larven zu Boden und verpuppen sich in der obersten Bodenschicht in einem weißlichen Kokon. Es können bis zu 3 Generationen im Jahr auftreten.

Rübsenblattwespe
(Kohlrübenblattwespe)
(*Athalia rosae* L.)

SCHADBILD

Braunschwarze bis schwarze, etwa 10 mm lang werdende, 22füßige Blattwespenlarven (3a) verursachen an den Blättern zunächst Rand- und Lochfraß (3b), bei starkem Befall werden die Blätter skelettiert, und es entsteht mitunter Kahlfraß. Es werden auch die Blütentriebe sowie die jungen Schoten angegriffen.

SCHÄDLING

Rübsenblattwespe (Kohlrübenblattwespe) (*Athalia rosae* L., Syn. *Athalia colibri* Christ.). Die 5 bis 9 mm langen Blattwespen fliegen im Mai bis Juni, etwa zur Zeit der Winterroggenblüte. Sie besitzen einen gelben bis rotgelben Hinterleib und glasklare Flügel. Die 0,8 mm langen Eier werden an die Blattränder abgelegt. Nach etwa 4 bis 12 Tagen schlüpfen die Larven, die zunächst von der Unterseite her die Blätter befressen. Der Schädling wird bei Beginn des Schadens daher oft übersehen. Nach einer Fraßzeit von etwa 4 Wochen erfolgt die Verpuppung in der obersten Bodenschicht in einem Kokon. Die Flugzeit der zweiten Generation liegt in der Zeit von Juli bis August. Mitunter tritt im Herbst noch eine dritte Generation auf. Die Überwinterung geschieht im Larvenstadium in den Kokons im Boden, darin Verpuppung im Frühjahr.

25

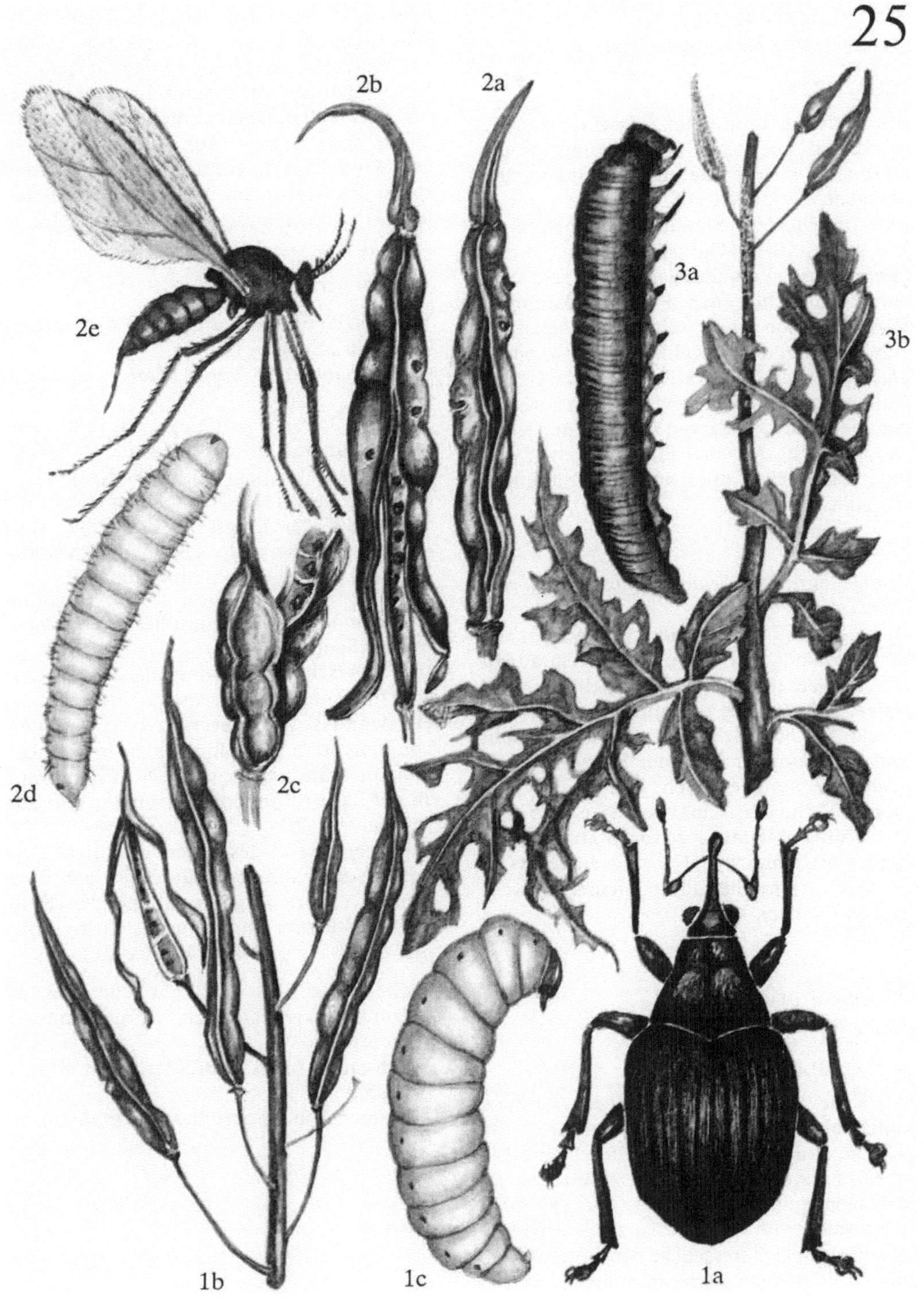

Kohlgallenrüßler
(*Ceutorhynchus pleurostigma* Marsh.)

SCHADBILD

Am Wurzelhals und an der Hauptwurzel, manchmal auch am Stengelgrund, treten erbsen- bis kirschgroße, mitunter ineinander übergehende Gallen auf. Bei Raps kann es unter ungünstigen Standortverhältnissen sowie sehr starkem Gallenbesatz zu Wuchshemmungen, Vergilbungen, zum Teil auch zum Umbrechen der Pflanzen kommen. Dies ist jedoch relativ selten. Im Gegensatz zum Schadbild der Kohlhernie (*Plasmodiophora brassicae* Wor., Tafel 20) fressen in den Gallen bis etwa 8 mm lang werdende, weißliche, beinlose Käferlarven mit brauner Kopfkapsel (1 a, b). An einer Pflanze können mitunter zahlreiche Gallen auftreten, die unterschiedlich groß sind.

SCHÄDLING

Kohlgallenrüßler (*Ceutorhynchus pleurostigma* Marsh.).
Der 2,2 bis 3 mm lange Rüsselkäfer ist schwarz und spärlich mit dunkelbraunen Härchen besetzt (1 c). Die Mittelfurche des Halsschildes ist tief und gleichmäßig eingedrückt. Die Seiten der Mittelbrust sind dicht und hell beschuppt. An der Spitze der Flügeldecken befinden sich feine Körnchen. Der Schädling tritt in zwei Stämmen auf. Der Frühjahrsstamm legt von März bis Mai, der Herbststamm von Herbst bis in den Winter hinein seine Eier an den Wurzelhals der jungen Pflanzen ab.

Mauszahnrüßler
(*Baris*-Arten)

SCHADBILD

Ab Ende März fressen metallisch schwarz, dunkelblau oder dunkelgrün glänzende, etwa 3,2 bis 4 mm lange Rüsselkäfer kleine Löcher in die Blattstiele. Die Fraßstellen erscheinen punktförmig und reichen mehr oder weniger tief in das Pflanzengewebe hinein (2 a). Später fressen in den unteren Teilen der Blattstiele sowie im Stengelmark mi-

nenartig 5 bis 6 mm lange, gelblich-weiße Käferlarven mit dunkler Kopfkapsel Gänge zur Wurzelspitze (2 b, c). In den Gängen befinden sich Bohrmehl sowie in einem späteren Entwicklungsstadium gelblich-weiße, bis 5 mm lange Puppen (2 d). Auch im Inneren der Wurzel selbst können Käferlarven und später die Puppen angetroffen werden. Befallene Pflanzen kümmern und bilden oft kein Herz aus.

SCHÄDLINGE

Verschiedene Rüsselkäfer-Arten der Gattung *Baris*, vor allem:
– Rapsmauszahnrüßler (*Baris chlorizans* Germ.)
Der etwa 3,2 bis 4 mm lange, dunkelblau bis dunkelgrün metallisch glänzende Rüsselkäfer besitzt eine länglich-ovale Körperform (2 e). Die Seiten des Halsschildes dieser Art weisen auf der Unterseite runde bis ovale Punkte auf, die nicht miteinander verbunden sind. Die Tarsen sind rotbraun.

– Blaugrauer Mauszahnrüßler (*Baris coerulescens* [Scop.], 2 f)
Im Unterschied zu *Baris chlorizans* Germ. sind die groben Punkte an der Unterseite des Halsschildes zu Längsrunzeln verbunden. Die Körperfarbe ist dunkelblau bis dunkelgrün metallisch glänzend. Die Fühler sind an der Basis rot und die Tarsen dunkelbraun gefärbt.
Die Lebensweise des Käfers entspricht etwa der von *Baris chlorizans* Germ., jedoch überwintern die im August schlüpfenden Käfer in den Wurzeln und bohren sich im Frühjahr durch ein Bohrloch heraus (2 c).

Weiterhin können (mit ähnlicher Lebensweise) an kreuzblütigen Ölfruchtkulturen vorkommen:
– Schwarzer Mauszahnrüßler (*Baris laticollis* [Marsh.])
– Grüner Mauszahnrüßler (*Baris cuprirostris* [F.])
– *Baris lepidii* Germ.

26

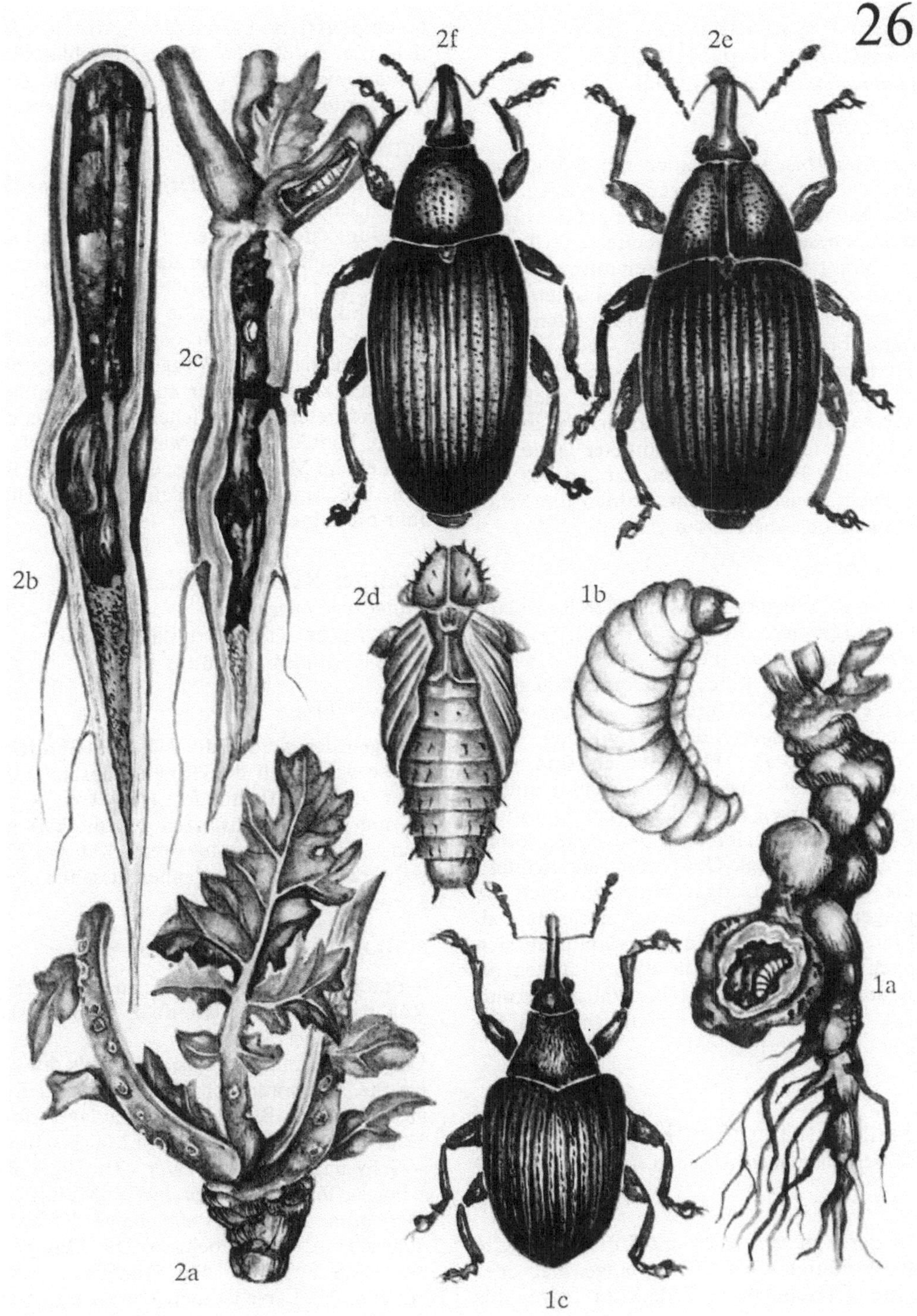

Roter Rapsblattkäfer
(Gestreifter Rapsblattkäfer)
(*Entomoscelis adonidis* [Pall.])

SCHADBILD

Im März bis April werden die Blätter von etwa 12 bis 13 mm langen, schwarzen, mit drei Reihen schwarzer Warzen auf dem Hinterleib besetzten Larven befressen (Rand-, Lochfraß) (1 a, b). Bei Massenauftreten kann es zu Kahlfraß kommen. Ab Mai treten dann 7 bis 10 mm lange Käfer mit roten oder orangebraunen Flügeldecken (1 c) an den Pflanzen auf und befressen die Blätter in ähnlicher Weise, später werden auch die Triebe, Blüten und die Schoten angegriffen. Dabei werden wenige Millimeter lange Rillen in die Triebe gefressen. An den Schoten entsteht Fensterfraß bzw. werden die Schoten gänzlich abgefressen (1 d).

SCHÄDLING

Roter Rapsblattkäfer (Gestreifter Rapsblattkäfer) (*Entomoscelis adonidis* [Pall.], Syn. *Entomoscelis trilineata* [F.]).
Der Körper der Käfer ist nach hinten deutlich erweitert. Die Unterseite ist schwarz, die Oberseite vorwiegend rot, mitunter auch orangebraun. Die Flügeldecken sind grob punktiert mit schwarzem Nahtsaum und je einer schwarzen Längsbinde (1 c). Die roten Eier werden im Herbst in den Boden klumpenweise abgelegt. Gewöhnlich überwintern die Eier, bei günstiger Witterung auch die jungen Larven. Die Larven erscheinen ab März auf den Pflanzen. Sie verpuppen sich nach einer Fraßzeit von etwa 20 Tagen im Boden. Ab Mai sind die Jungkäfer zu erwarten, die dann ebenfalls die kreuzblütigen Ölfruchtkulturen besiedeln.

Senfblattkäfer (Senfkäfer)
(*Colaphellus sophiae* [Schall.])

SCHADBILD

In der Zeit von März bis Juli werden die Blätter durch 4 bis 5,5 mm lange, blau oder grün gefärbte, ovale Käfer (2 a) sowie bis 9 mm lang werdende, gelblich-weiße und braun punktierte Larven (2 b) befressen, ähnlich wie durch den Roten Rapsblattkäfer (*Entomoscelis adonidis* [Pall.]) (1 b, d). Zum Teil werden auch die Knospen abgefressen.

SCHÄDLING

Senfblattkäfer (Senfkäfer) (*Colaphellus sophiae* [Schall.]).
Die Jungkäfer verlassen ab März die Puppenwiege im Boden, in der sie überwintert haben, und wandern auf die kreuzblütigen Ölfruchtkulturen über. Sie legen ihre Eier in den Boden in kleinen Gelegen bis zu 43 Stück. Die nach etwa 7 Tagen erscheinenden Larven wandern wieder auf die Nährpflanzen und fressen in ähnlicher Weise bis in die zweite Maihälfte hinein wie die Käfer. Nach etwa einem Monat verpuppen sie sich im Boden. Die Jungkäfer erscheinen im gleichen Jahr nicht mehr.

Brauner Rübenaaskäfer
(*Blitophaga opaca* [L.]),
Schwarzer Rübenaaskäfer
(*Blitophaga undata* [Müll.])

SCHADBILD

Gelegentlich werden die Blätter in ähnlicher Weise wie durch den Roten Rapsblattkäfer oder den Senfblattkäfer (1 b) von 9 bis 15 mm langen, schwarzen bis dunkelbraunen, oberseits gerunzelten Käfern und schwarzen, bis 13 mm langen, asselförmigen Larven (3 a, b) befressen.

SCHÄDLINGE

– Brauner Rübenaaskäfer (Buckelstreifiger Rübenaaskäfer, Glattstreifiger Rübenaaskäfer) (*Blitophaga opaca* [L.])
Der 9 bis 12 mm lange, schwarze bis dunkelbraune, goldbraun behaarte Käfer (3 a) frißt ab Mai an den Blättern. Die Eiablage erfolgt in den Boden. Larvenfraß im Mai bis Juni.
– Schwarzer Rübenaaskäfer (Runzliger Rübenaaskäfer) (*Blitophaga undata* [Müll.])
Der etwa 11 bis 15 mm lange Käfer ist schwarz und fast unbehaart. Die Flügeldecken sind zwischen den erhabenen Adern runzlig. Die Larve ist mattschwarz und asselförmig.

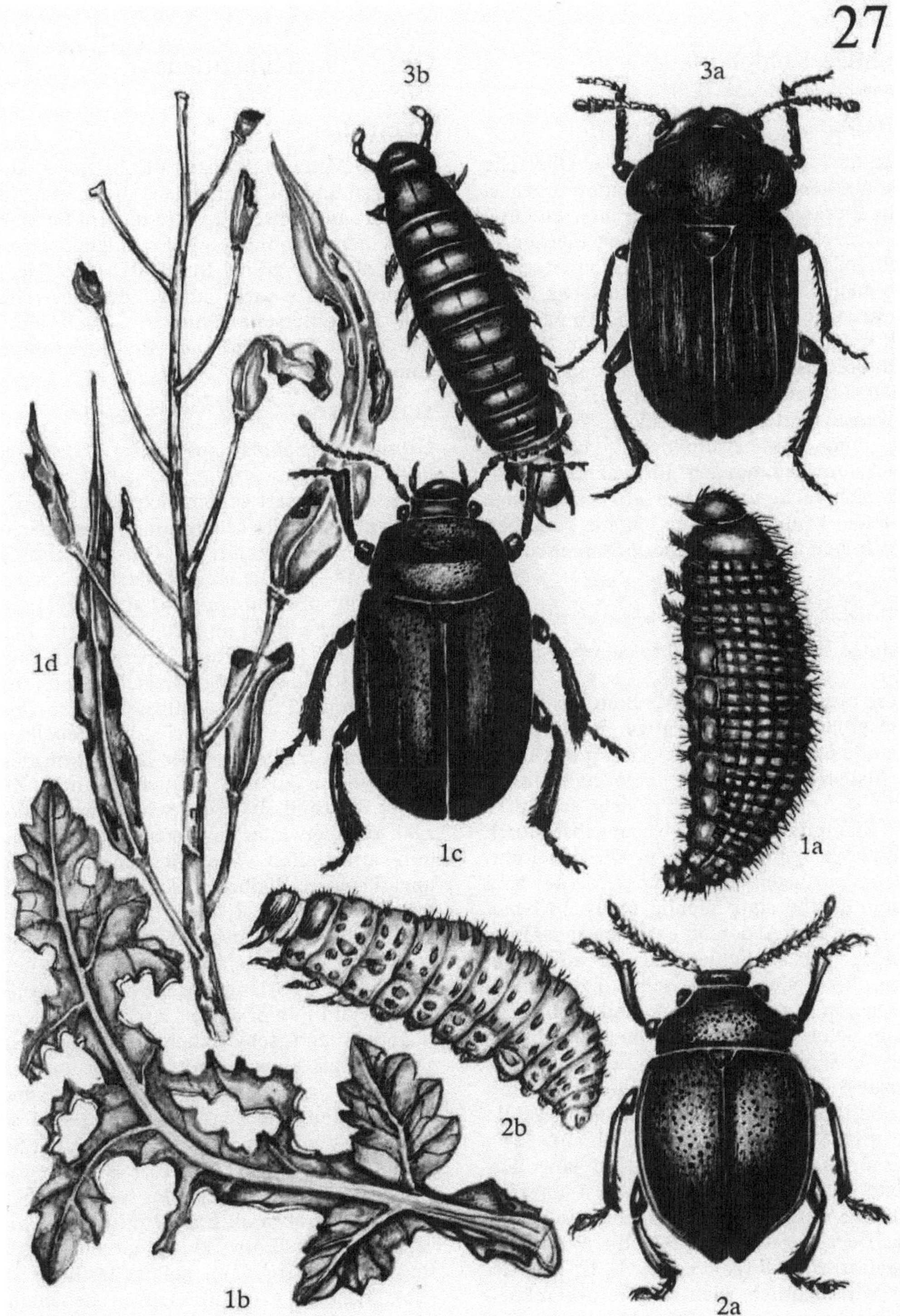
3b
3a
1d
1c
1a
1b
2b
2a
139

Mehlige Kohlblattlaus
(*Brevicoryne brassicae* [L.])

SCHADBILD

Etwa ab Mitte Mai treten an der Oberseite gekräuselter bzw. buckliger Blätter zunächst helle Flecke auf. Auf der Blattunterseite und an Stengeln saugen unter diesen Flecken in mehr oder weniger großen Kolonien grünlich-graue, blauweiß bepuderte, etwa 2 bis 3 mm lange Blattläuse (1a, b). Ab Juni bis Juli wandern die Blattläuse auf die Blüten- und Fruchtstände über und bilden an den Trieben dichte Kolonien. Bei starkem Befall welken die Triebspitzen, zeigen Verdrehungen und Anthocyanbildung (1c) sowie Wachstumshemmungen. Blütenknospen öffnen sich nicht und fallen ab. Auch junge Schoten können abfallen, ältere vergilben und bilden nur verkümmerte Samenkörner aus.

SCHÄDLING

Mehlige Kohlblattlaus (*Brevicoryne brassicae* [L.]).
Diese nicht wirtswechselnde Blattlaus befällt eine große Zahl kreuzblütiger Kulturpflanzen und Unkrautarten. Sie überwintert als Ei an Blattstielen und Stengeln sowie Strünken ihrer Wirtspflanzen. Im Frühjahr schlüpfen die Stammütter, die sich zunächst durch Jungfernzeugung vermehren. Die dabei entstehenden ungeflügelten Jungfern (2a) sind graugrün und stark mehlig blauweiß bepudert. Auf dem Abdomen befinden sich Querbänder. Das 3. Fühlerglied ist auffallend lang, die Siphonen sind sehr kurz. Ab Mai können in den Blattlauskolonien auch geflügelte, gelblich-grüne Tiere beobachtet werden. Das Abdomen ist grünlich und weist dorsal 5 bis 7 hellbraune Querbänder mit Seitenflecken auf. Kopf, Thorax, Beine, Fühler und Siphonen sind dunkelbraun (2b). Das 3. Fühlerglied ist auffallend lang. Die letzte Generation im Sommer ist ungeflügelt. Sie erzeugt Männchen und Weibchen. Nach der Begattung werden die Wintereier abgelegt. *Brevicoryne brassicae* L. ist Überträger wirtschaftlich wichtiger Viruskrankheiten an kreuzblütigen Ölfruchtkulturen (Tafeln 14–17).

Grüne Pfirsichblattlaus
(*Myzus persicae* [Sulz.])

SCHADBILD

Etwa ab Mitte Mai zeigen die Blätter Kräuselungen und rollen sich nach unten ein. An der Blattunterseite saugen in diesem Bereich in kleinen Kolonien etwa 2 mm lange, grünlich-gelbe bis grüne Blattläuse. Die Tiere können auch einzeln auf der Blattoberseite bzw. Blattunterseite gefunden werden, ohne daß es zu Deformationen der Blattspreite kommt.

SCHÄDLING

Grüne Pfirsichblattlaus (*Myzus persicae* [Sulz.]).
Diese Blattlausart ist der wichtigste Überträger wirtschaftlich bedeutsamer Viruskrankheiten der kreuzblütigen Ölfruchtkulturen (Tafeln 14–17). Sie ist wirtswechselnd, kann aber auch vor allem an Raps anholozyklisch als geflügelte bzw. ungeflügelte Form zwischen den Herzblättern überwintern. Im Wintereistadium erfolgt die Überwinterung vor allem am Pfirsich, einigen anderen *Prunus*-Arten sowie an *Lycium halimifolium*. Etwa Mitte Mai erfolgt der Zuflug von den Winterwirten zu den Ölfruchtkulturen. Zu dieser Zeit sind aber auch schon die anholozyklisch überwinterten Tiere auf deren Blättern anzutreffen. Die länglich-eiförmigen ungeflügelten Weibchen sind grünlich-gelb bis grün und etwa 1,4 bis 2,5 mm lang. Die Fühler sind meist etwas kürzer als der Körper. Die Siphonen sind schwach keulig und etwa doppelt so lang wie die Cauda. Kopf, Thorax und Fühler der bis 2 mm langen Geflügelten sind schwärzlich, das Abdomen gelbgrün bis olivgrün mit großem, unregelmäßigem, schwärzlichem Mittelfleck und dunklen Seitenflecken. Die Fühler sind so lang oder wenig länger als der Körper, die Siphonen etwa 1,5- bis 2mal so lang wie die Cauda. Vor allem zur Zeit des sommerlichen Befallsfluges etwa ab Ende Juni können die verschiedenen Entwicklungsstadien (ungeflügelte Jungfern (3a), geflügelte Jungfern (3b), Nymphen (3c) sowie Larven) nebeneinander meist einzeln oder in kleinen Kolonien auf den Blättern gefunden werden.

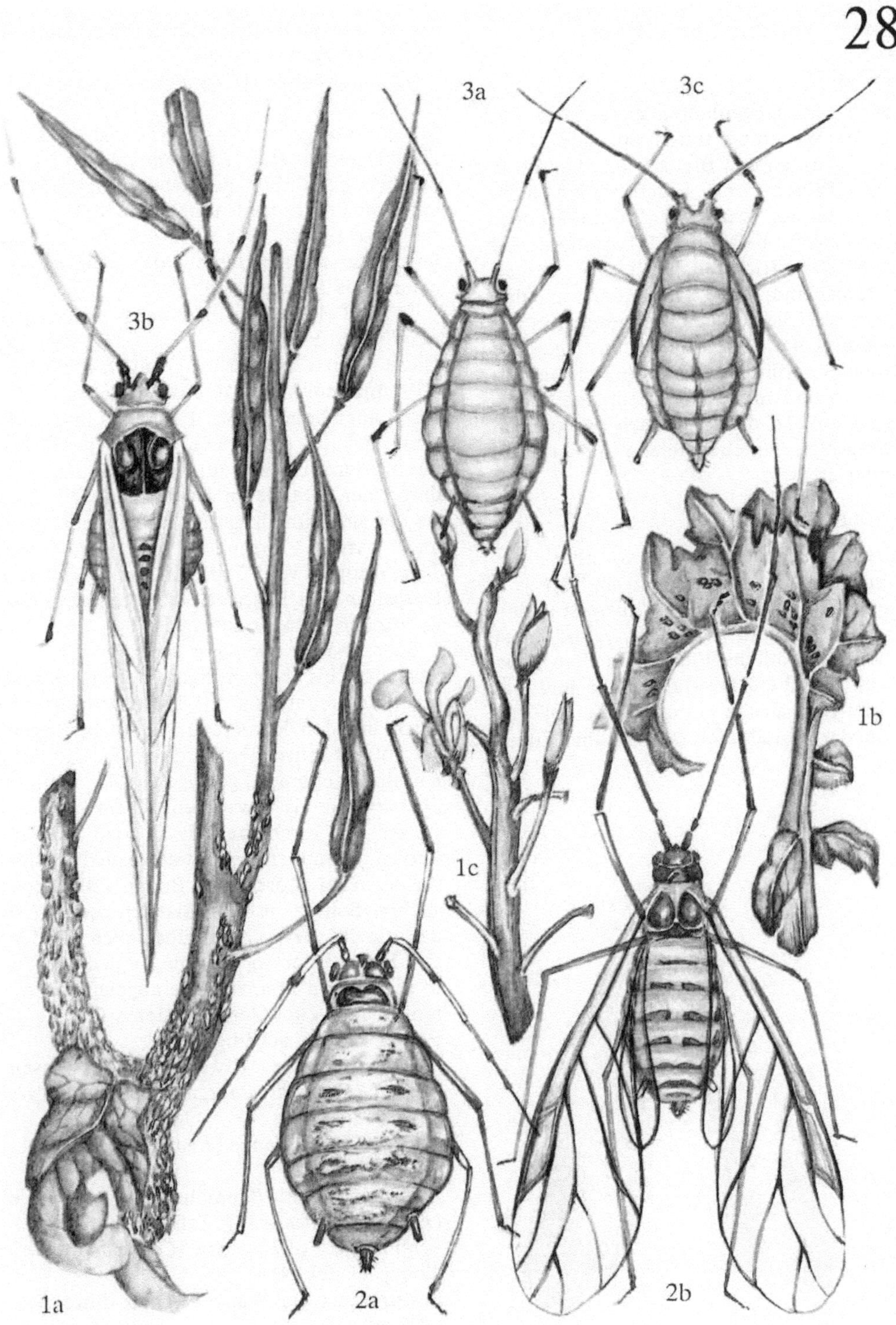
3a
3c
3b
1b
1c
1a
2a
2b

Wanzen, verschiedene Arten

SCHADBILD

Besonders bei langanhaltender, warmer und trockener Witterung treten auf den Blattspreiten (1 a), an den Blattstielen (1 b) sowie an den Blüten- und Fruchttrieben helle Stichstellen auf. Mitunter krümmen oder biegen sich die befallenen Pflanzenteile im Bereich der Stichstellen. Triebe zeigen Wachtumshemmungen. Besonders an den Blättern verfärbt sich das Blattgewebe in der Umgebung der Stichstellen rötlich. Die Blattränder verfärben sich bräunlich bis rötlich-braun und rollen sich mehr oder weniger stark ein (1 c, d). Schließlich vertrocknen die verfärbten Gewebebereiche und brechen mitunter ab.

SCHÄDLINGE

Wanzen, verschiedene Arten, vor allem:
– Kohlwanze (*Eurydema oleraceum* [L.])
Die etwa 7 bis 9 mm lange Wanze ist metallisch grün bis blau gefärbt (2 a) und weist gelbliche bis rötliche Flecke auf dem Rücken auf. Sie überwintert als Imago und legt ihre Eier (2 b) an die Unterseite der Blätter. Die Larven sind ähnlich gefärbt, aber flügellos. Sie saugen an den grünen Pflanzenteilen bis in den Herbst hinein.
– Schmuckwanze (*Eurydema ornatum* [L.]) (3)
Sie ist etwas größer als die Kohlwanze (*Eurydema oleraceum* [L.]). Auf dem Rücken ist sie gelblich bis rötlich gezeichnet und besitzt auf dem Pronotum 6 unterschiedlich große, schwarze Flecke. Der Hinterleib ist fast rot. Die Eier ähneln denen der Kohlwanze, ebenso die Lebensweise.
– Trübe Feldwanze (Blindwanze) (*Exolygus rugulipennis* Reut.)
Diese Wanze ist grau bis grünlich-braun gefärbt und meist ohne deutliche Fleckung (4). Ihre Länge beträgt etwa 4,7 bis 5,4 mm, mitunter auch bis 6 mm. Die erwachsenen Tiere überwintern unter Laubstreu, auf Rapsfeldern oder in anderen Verstecken. Die Eier werden im Frühjahr in das Blattgewebe abgelegt. Larven, Nymphen und erwachsene Tiere saugen vom Frühjahr an bis in den Herbst an den Pflanzen. Es treten zwei Generationen im Jahr auf.
– Beerenwanze (*Dolycoris baccarum* L.)
Diese 10 bis 12 mm lange Wanze besitzt einen fast rechteckig und hinten abgerundet erscheinenden Körperbau. Sie ist braungelb gefärbt mit schwarzen Punkten (5). Die Fühler sind hellbraun geringelt. Die Wanzen überwintern als erwachsene Tiere oder als Ei. Ab Mai erscheinen sie auf den Feldern. Larven, Nymphen und erwachsene Tiere lassen sich bei Störung zu Boden fallen oder suchen Schutz an den Blattunterseiten, so daß sie im Bestand oft übersehen werden. Die Eier werden im Juli bis August an bzw. in die grünen Pflanzenteile abgelegt. Es treten im Jahr zwei Generationen auf.
Ferner können schädigen:
– Kartoffelwanze (Zweipunktige Wiesenwanze) (*Calocoris norvegicus* [Gmel.]) (Tafel 55)
– Grüne Futterwanze (*Exolygus pabulinus* L.) (Tafel 55)
– Wiesenwanze (Gemeine Wiesenwanze) (*Exolygus pratensis* L.) (Tafel 44)
– Südliche Fruchtwanze (*Carpocoris pudicus* [Poda]) (Tafel 44)
Bestimmung der Wanzen-Arten durch Spezialisten.

29

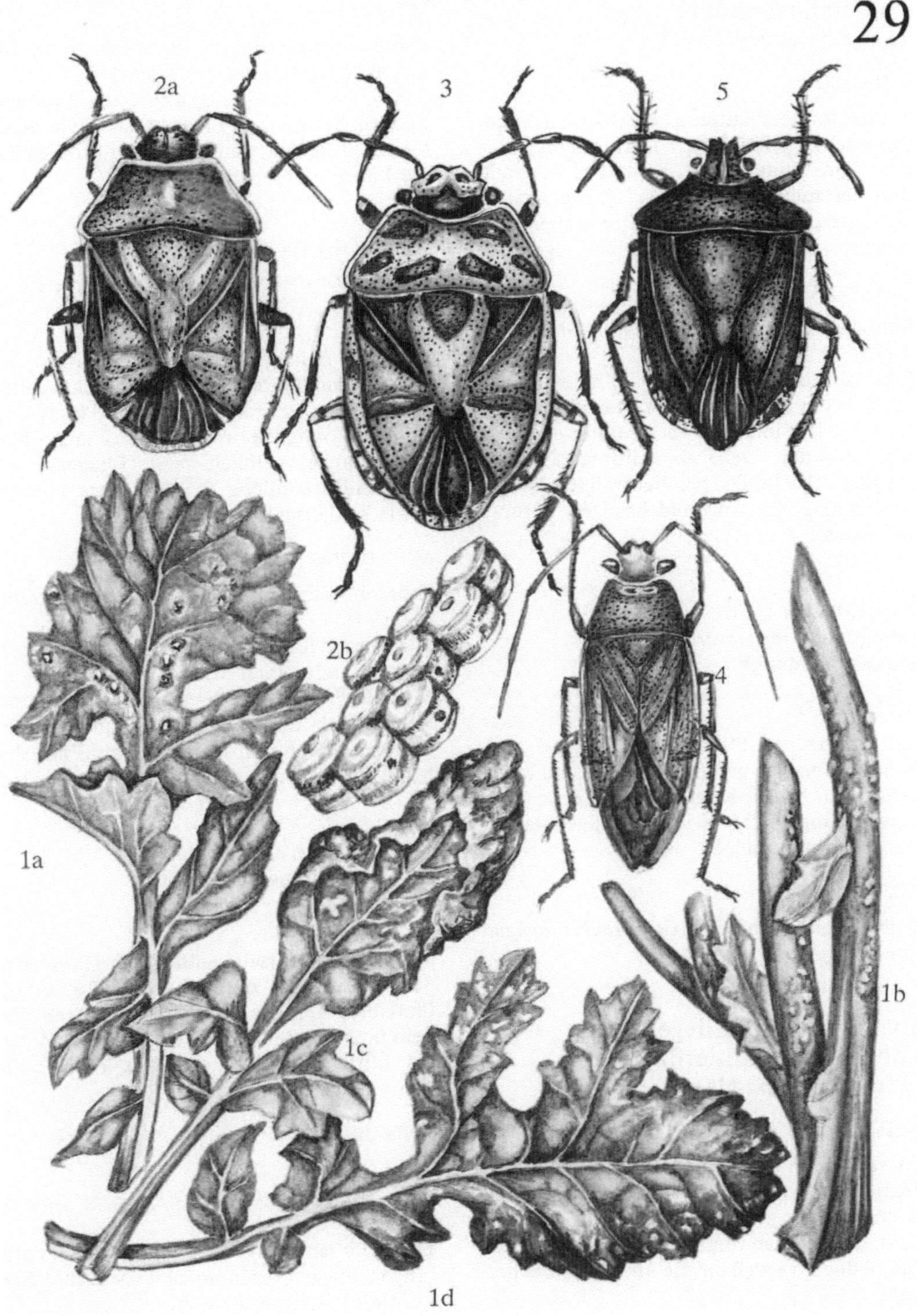

Kohldrehherzmücke
(*Contarinia nasturtii* Kieff.)

SCHADBILD

Verdrehte Herzblätter. Diese bleiben klein. Dazwischen gelblich-weiße, 2 mm lange Larven. Die Blütentriebe bzw. Fruchtstände sind gestaucht, stehen büschelartig zusammen, die Blüten- oder Schotenstielchen sind verkürzt (1 a an Radieschensamenträger).

SCHÄDLING

Kohldrehherzmücke (*Contarinia nasturtii* Kieff.).
Die 1,5 bis 2 mm lange Gallmücke (1 b) fliegt in der Zeit von Mitte Mai bis Anfang Juni. Sie legt ihre Eier vor allem in der Spitzenregion der Triebe ab, mitunter auch an die Blattachseln. Die gelblich-weißen Larven sind etwa 2 mm lang und besitzen Sprungvermögen.

Kohlblüten-Gallmücke
(*Gephyraulus raphanistri* Kieff.)
(ohne Abbildung)

SCHADBILD

An vereinzelten Pflanzen im Bestand bleiben die Knospen geschlossen und sind angeschwollen. In den Knospen leben etwa 1 bis 2 mm lange, rötliche Gallmückenlarven ohne Sprungvermögen.

SCHÄDLING

Kohlblüten-Gallmücke (*Gephyraulus raphanistri* Kieff.).

Blattstiel-Minierfliege (Blumenkohlminierfliege)
(*Phytomyza rufipes* Meig.)

SCHADBILD

In verdickten Stengeln sowie in Blattstielen fressen minenartig bis 6 mm lang werdende, weißliche bis gelblich-weiße Fliegenlarven (2 a). Die Blätter vergilben und verbräunen. Schließlich verwelken sie und vertrocknen (2 b).

SCHÄDLING

Blattstiel-Minierfliege (Blumenkohlminierfliege) (*Phytomyza rufipes* Meig.).
Die etwa 3 mm langen, braunschwarzen Fliegen haben ihre Flugzeit ab Ende Mai. Sie legen ihre Eier an die Blätter, in die sich die Larven einbohren.

Erbsenminierfliege
(*Phytomyza atricornis* Meig.)

SCHADBILD

Auf den Blattspreiten treten einfache, bis etwa 2 mm breite und leicht geschlängelte Gangminen auf, die bis etwa 10 mm lang werden können (3 a). In den Gangminen 3 mm lange, gelblich-weiße Fliegenlarven (3 b) und bräunliche, 2,5 mm lange Puppen sowie Kotkörnchen.

SCHÄDLING

Erbsenminierfliege (*Phytomyza atricornis* Meig.).
Die etwa 2 bis 2,5 mm langen, gelbbraunen bis schwarzbraunen Minierfliegen fliegen ab Mitte Mai. Sie legen ihre Eier an die Blätter, in die sich die Junglarven einbohren, in ihnen minieren und schließlich am Ende der Mine verpuppen.

Kruziferenminierfliege
(*Scaptomyza flaveola* Meig.)

SCHADBILD

Vor allem beiderseits entlang der Hauptader der Blätter tritt eine unregelmäßig breite Platzmine auf. Sie erscheint hell gegenüber dem umgebenden grünen Blattgewebe (4). In der Mine frißt eine weißliche, etwa 3 bis 4 mm lange Fliegenlarve.

SCHÄDLING

Kruziferenminierfliege (*Scaptomyza flaveola* Meig.).
Die gelblichen bis braunen, etwa 3,5 mm langen Fliegen legen ab Ende Mai ihre Eier an die Blattunterseiten ab.

1a
1b
4
2b
2a
3b
3a

Rübsaatpfeifer (Rübsaatzünsler)
(*Evergestis extimalis* Scop.)

SCHADBILD

Sobald die Pflanzen junge Schoten aufweisen, werden diese fein zusammengesponnen. Die Schotenwände zeigen dann mehr oder weniger zahlreiche Lochfraßstellen (1 a), die bis zu den jungen Samen hineinreichen. Sie werden verursacht durch etwa 18 bis 20 mm lange, 16füßige, gelbgrüne Larven.

SCHÄDLING

Rübsaatpfeifer (Rübsaatzünsler) (*Evergestis extimalis* Scop.).
Der etwa 10 mm lange Falter besitzt gelbliche Vorder- und weißlich-graue Hinterflügel. Die Flügelspannweite beträgt etwa 25 mm (1 b). Er fliegt etwa im Mai und legt seine Eier an die jungen Schoten. Die Larven fressen die Schoten immer dort an, wo sich im Inneren die Samen befinden, um zu den Samen zu gelangen, welche sie annagen.

Kohlschabe (Kohlmotte)
(*Plutella maculipennis* Curtis)

SCHADBILD

Ab Mitte Mai minieren in den Blättern grüne Schmetterlingslarven mit dunklem Kopf und vielen kleinen Pünktchen auf dem Rücken. Nach der ersten Häutung verlassen sie die Minen und führen auf dem Blatt zunächst einen Schabe-, später Lochfraß (2 a) aus. Sie erreichen dann eine Länge von etwa 10 mm (2 b).

SCHÄDLING

Kohlschabe (Kohlmotte) (*Plutella maculipennis* Curtis).
Der etwa 7 mm lange Falter besitzt eine Spannweite von 15 bis 17 mm. Bei zusammengelegten Flügeln erscheint der Falter auf dem Rücken hell trapezförmig gezeichnet (2 c). Die Eier werden ab Mitte Mai an die Blattunterseiten oder an die Blattstiele abgelegt. Die Larven minieren zunächst in den Blättern und verursachen später Lochfraß. Sie verpuppen sich an den Blattunterseiten in einem feinen, weißlichen Gespinst (2 d).

Rübenzünsler (Wiesenzünsler)
(*Loxostege sticticalis* [L.])

SCHADBILD

Vor allem in warmen und trockenen Jahren kann ab Mitte Mai an den Blättern ein ähnliches Schadbild gefunden werden, wie es durch die Kohlschabe (*Plutella maculipennis* Curtis) verursacht wird, wobei allerdings mitunter zwischen den Fraßlöchern ganz feine Gespinstfäden vorhanden sind. Im Bereich der Fraßstellen sind 20 bis maximal 35 mm lang werdende, grünliche bis schwärzliche Schmetterlingslarven zu finden, die gelbgrüne Rücken- und Seitenstreifen besitzen (3).

SCHÄDLING

Rübenzünsler (Wiesenzünsler) (*Loxostege sticticalis* [L.], Syn. *Pyrausta sticticalis* [L.]).
Der etwa 10 bis 12 mm lange Falter hat eine Flügelspannweite von etwa 18 bis 26 mm und rotbraune Vorderflügel mit hellen und dunklen Makeln. Die Eiablage erfolgt ab Ende April bis Mitte Mai an die Blätter oder an die Triebe.

Larven verschiedener Eulen-Arten

SCHADBILD

An den Blättern können zu allen Zeiten der Vegetationsperiode mehr oder weniger ausgedehnte Fraßstellen in Form von Loch- und Randfraß (4), aber auch von Skelettierfraß auftreten.

SCHÄDLINGE

– Gammaeule (*Phytometra gamma* L.) (Tafel 65)
– Kohleule (*Barathra brassicae* L.) (Tafel 55)
– Erdraupen (Tafel 8)
Durch den Fraß von Erdraupen sind vor allem die unteren, meist dem Boden aufliegenden Blätter gefährdet. Das Schadbild kann aber auch durch die Larven verschiedener *Pieris*- sowie *Polia*-Arten verursacht werden (siehe hierzu Tafeln 32, 65).

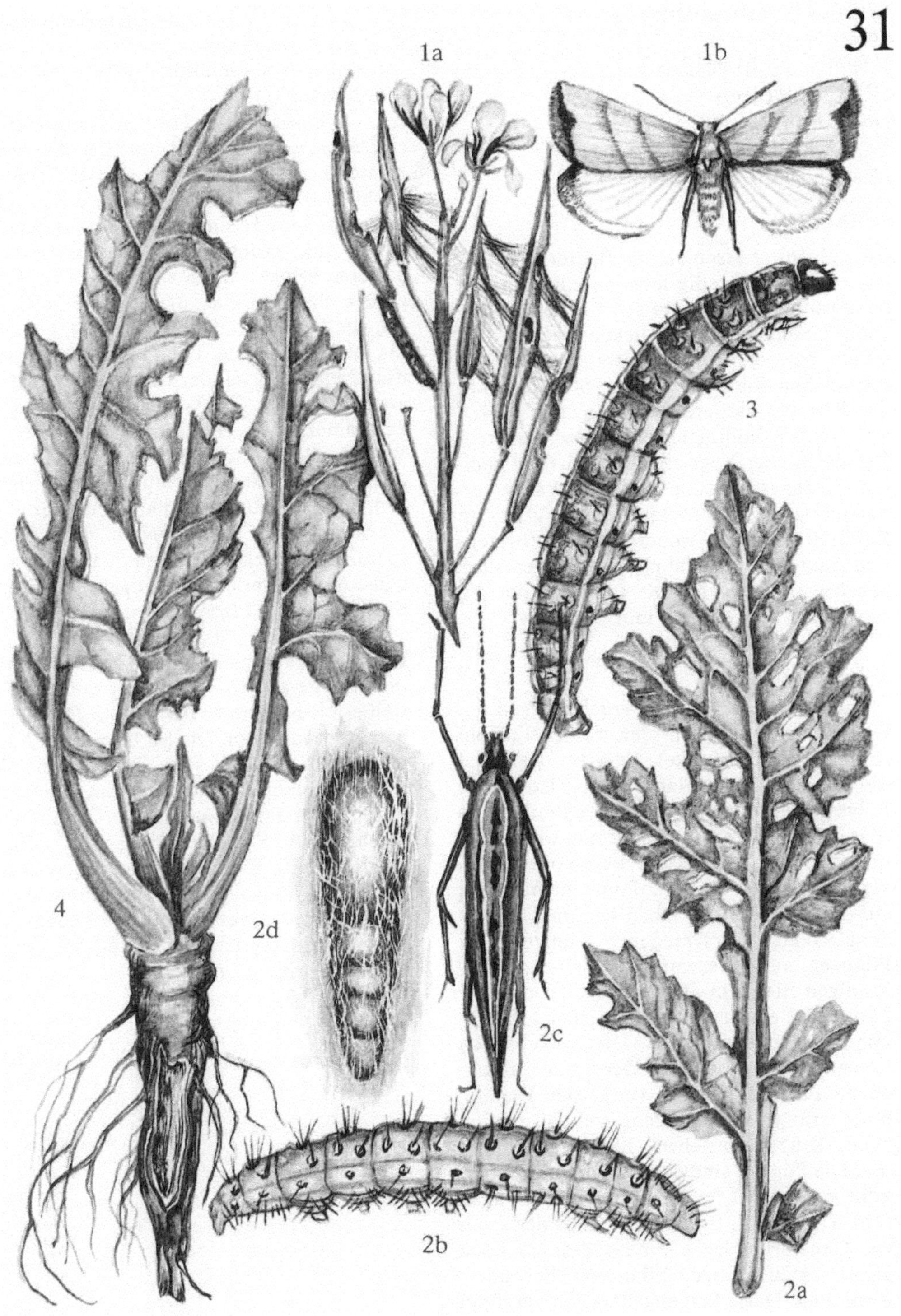

Großer Kohlweißling
(*Pieris brassicae* L.)
Kleiner Kohlweißling
(Rübsenweißling)
(*Pieris rapae* L.)
Rapsweißling
(*Pieris napi* L.)

SCHADBILD

Etwa ab Juni fressen an den Blättern zahlreiche, zunächst gesellig lebende, dunkelgrüne oder grün gefärbte Larven mit zarten, gelblichen Linien auf dem Rücken und an den Seiten bzw. gelbgrün gefärbte Larven mit zahlreichen, dunklen Flecken. Sie können in der Färbung variieren. Solange die Larven nur wenige Millimeter lang sind, entsteht oberflächlicher Nagefraß auf den Blattspreiten. Später werden die Blätter lochartig zerfressen (1 a) oder skelettiert. Es kann zu Kahlfraß kommen, wobei auch die Blüten- und Samenstände mehr oder weniger stark zerstört werden (1 b). Die Larven erreichen eine Länge von etwa 40 mm.

SCHÄDLINGE

– Großer Kohlweißling (*Pieris brassicae* L.)
Die Weibchen sind auf den weißen Flügeln charakteristisch dunkel gefleckt (2 a) und werden etwa 22 mm lang. Sie besitzen eine Flügelspannweite von etwa 60 mm. Die Männchen sind etwas kleiner und weisen neben den dunklen Ecken der Vorderflügel kleinere, etwas blassere Punktzeichnungen auf (2 b). Im Frühjahr leben sie zunächst von dem Nektar verschiedener kreuzblütiger Pflanzen, auf denen auch die gelben, kegelförmigen Eier (2 c) abgelegt werden und die Larven der ersten Generation leben. Die Eihöhe beträgt etwa 1 mm. Die erwachsenen Larven sind gelbgrün gefärbt mit zahlreichen, dunklen Flecken (2 d). Die Verpuppung erfolgt an senkrecht stehenden Flächen, Kruziferentrieben, Bäumen, Zäunen u. a. Die Puppen sind etwa 22 mm lang, graugrün gefärbt mit feinen dunklen Pünktchen (2 e). Die ab Juli fliegenden Falter der zweiten Generation legen erneut Eier an noch grüne, kreuzblütige Pflanzen, besonders Kohlarten. Diese Larvengeneration verpuppt

sich noch im Herbst. Die Überwinterung erfolgt im Puppenstadium.
– Kleiner Kohlweißling (Rübsenweißling) (*Pieris rapae* L.)
Im Gegensatz zum Großen Kohlweißling (*Pieris brassicae* L.) sind die Eier dieser Art birnenförmig und an der Auflageseite gewölbt (3 a). Die Eihöhe beträgt etwa 1 mm. Die etwa 24 mm lang werdenden Larven besitzen eine grüne Grundfarbe und weisen auf dem Rücken sowie an den Seiten je eine zarte gelbliche Linie auf (3 b). Die Farbe der Puppen variiert von graugrün (3 c), gelbgrün bis hellbraun. Die Flügel der Falter sind nicht rein weiß, sondern besitzen bei weißer Grundfärbung einen gelblich-bräunlichen Schimmer. Während die Vorderflügel der Weibchen neben den dunklen Eckenmakeln zwei dunkle Flecke im Spitzendrittel besitzen, hat das Männchen manchmal nur einen Fleck auf den Vorderflügeln. Die Flügelspannweite beträgt nur etwa 50 mm. Die Lebensweise entspricht derjenigen des Großen Kohlweißlings (*Pieris brassicae* L.).
– Rapsweißling (*Pieris napi* L.)
Die Eier des Rapsweißlings sind flaschenförmig, mit gerader Auflagefläche und gelblichweißer bis hellgrüner Farbe (4 a). Die Eihöhe beträgt etwa 1 mm. Die bis etwa 30 mm lang werdenden Larven sind dunkelgrün (4 b), mitunter bläulich getönt und an den Seiten mit einem zarten, gelblichen Streifen gezeichnet. Die Flügel der Falter sind weiß bis gelblich-weiß. Sie besitzen deutlich dunkel bestäubte Flügeladern. Die Flügelspannweite beträgt etwa 50 mm. Die Lebensweise dieser Art entspricht derjenigen des Großen Kohlweißlings (*Pieris brassicae* L.).

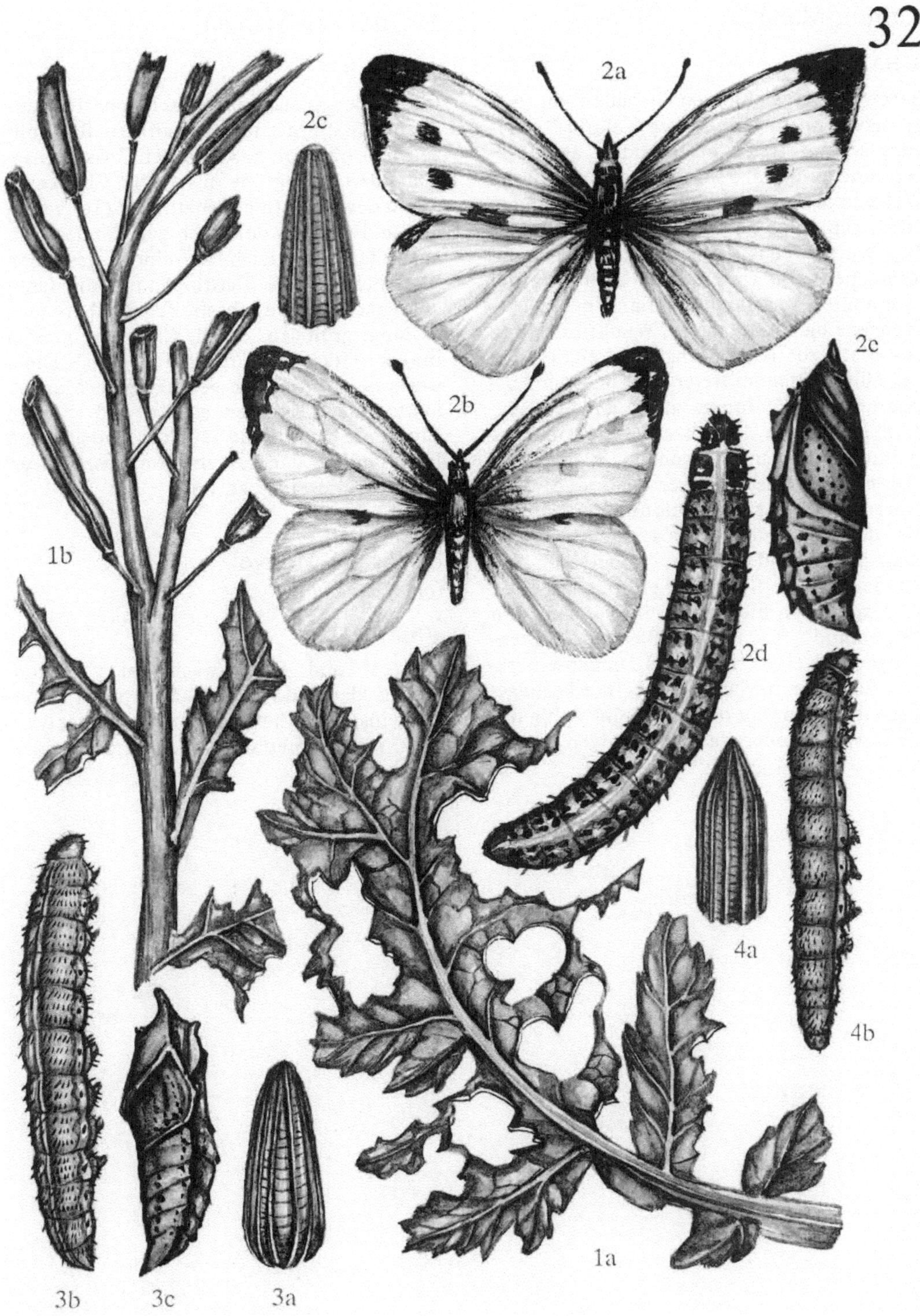
2c
2a
2b
2c
1b
2d
3b
3c
3a
4a
4b
1a

Kalium-Mangel

SCHADBILD

Bevor es zu sichtbaren Schäden an den Pflanzen mit ungenügender Kalium-Versorgung kommt, treten insbesondere an sonnigen und warmen Tagen charakteristische Welkeerscheinungen mit herabhängenden oder nach unten gekrümmten Blättern auf.
Das Wachstum ist gehemmt oder ganz unterbrochen. Die verminderte Streckung der Internodien verleiht den Pflanzen eine gedrungene bis rosettenartige Wuchsform (2 a). Die Blattfarbe ist zunächst dunkelgrün. Bei den älteren Blättern treten als Folge der Auslagerung der K^+-Ionen zuerst an den Rändern, später über die ganze Spreite verstreut, gelbliche, in Braun übergehende Flecken auf (2 b–c). Besonders starker Kalium-Mangel führt zur direkten Ausbildung hellbrauner bis dunkelbrauner Nekrosen entlang der Blattspitzen und -ränder, wobei sich die Ränder zur Oberfläche hin einrollen (2 d–e). Man spricht in diesem Zusammenhang von „Blattbrand" bzw. von „Blattrandverbrennungen" als einem typischen Diagnosemerkmal für Kalium-Mangel. Das Interkostalgewebe ist aufgewölbt oder erscheint wellig mit mehr oder minder starken flächigen Nekrosen.

Magnesium-Mangel

SCHADBILD

Infolge der Auslagerung von Magnesium aus älteren Blättern entstehen an den Blattspitzen und -rändern sowie in den Zwischenrippenfeldern gelbgrüne bis gelbe Chlorosen, die in der Regel in der Blattmitte (3 a) beginnen und sich von dort nach den Rändern hin ausweiten (Vergleich zu einem gesunden Blatt siehe 1). Die Blattrippen und die daran angrenzenden Gewebestreifen bleiben relativ lange grün (3 b–c). Die Chlorosen greifen immer stärker um sich und werden stellenweise nekrotisch. Die geschädigten Mangelblätter machen einen steifen und spröden Eindruck. Die Interkostalfelder sind gewölbt. Insbesondere bei starkem Sonnenschein erscheinen die Pflanzen welk.

Stickstoff-Mangel
(*ohne Abbildung*)

SCHADBILD

Längen- und Dickenwachstum gehemmt. Blätter klein und schmal, Starrtracht, Blattfarbe insgesamt hellgrün, untere Blätter gelbgrün, mit hellbrauner Farbe vertrocknend.

2a
2d
2e
1
2b
2c
3a
3b
3c
3d

Bor-Mangel

SCHADBILD

Im frühen Entwicklungsstadium der Pflanzen treten an den jüngsten Blättern, vordringlich im basalen Bereich der Blattspreite, gelbe bis rote Verfärbungen auf, die unter Braun- bzw. Schwarzfärbung nekrotisieren. Die Blattlamina und der Stiel sind verdickt und spröde mit teils unsymmetrischen Verformungen. Die älteren Blätter sehen normal aus. Die Sproßspitze ist gehemmt und stirbt nach kurzer Zeit unter schwarzbrauner Verfärbung ab. Neben einer verminderten Internodienstreckung beobachtet man an den verdickten Stengeln ein Aufplatzen des Rindengewebes. Kommt es zur Ausbildung von Blütenorganen, so bilden sie vorwiegend deformierte Blüten mit meist hohen Anteilen tauber Samen (1).

Bor-Überschuß

SCHADBILD

Beim Bor liegen die optimale Konzentration und die Schädigungsgrenze relativ nahe beieinander. Da überschüssiges Bor vorwiegend in den Blatträndern abgelagert wird, äußern sich die Vergiftungserscheinungen durch Chlorosen und nachfolgende braune bis dunkelbraune Nekrosen an den Spitzen und Rändern älterer Blätter, die häufig zugleich aufhellen (2) (gesundes Blatt siehe 3). Das Bor ist in der Pflanze nur wenig beweglich, so daß nach Erschöpfung des überhöhten Borangebotes und Ablagerung in den alten Blättern eine Schädigung jüngerer Blätter in der Regel nicht zu erwarten ist.

Calcium-Mangel

SCHADBILD

Unterhalb des Sproßvegetationspunktes bzw. des Blütenstandes kommt es als Folge einer Stengelweiche zum Abknicken der Sproßspitze. Der herabhängende Sproß verwelkt und stirbt unter schmutzig graubrauner Verfärbung allmählich ab (4). Die jüngsten Blätter hellen chlorotisch auf, werden flächenweise nekrotisch und sind von den Spitzen und Rändern mehr oder weniger löffelartig aufgebogen. An den Blattspitzen kommt es mitunter zu hakenförmigen Einkrümmungen mit oder ohne Adernverbräunungen. Die Wurzeln bleiben kurz, bräunen und verschleimen sich insbesondere in der Spitzenregion.

Phosphor-Mangel

SCHADBILD

Das Sproßwachstum ist gehemmt, die häufig nur kurzen und dünnen Blattstiele sowie die relativ kleinen Blätter sind zumindest in der Anfangsphase des Mangels dunkel- bis blaugrün. Starrtracht-Habitus. Ältere Blätter vertrocknen nach grünbrauner oder gelbrötlicher Verfärbung. Die Blüte ist gegenüber der gesunden Kontrolle (5a) auffällig klein (5b), nicht selten mißgestaltet, und die Blütenblätter hellen vorzeitig auf.

Eisen-Mangel

SCHADBILD

Die jüngeren noch nicht voll entwickelten
Blätter zeigen ebenso wie die jüngsten Blätter in den Interkostalfeldern gelbgrüne Aufhellungen, während die Blattnervatur wie ein
Netzwerk vorerst die grüne Farbe behält
(1a). Mit zunehmendem Mangel verstärkt
sich die Chlorose der Interkostalfelder, und
auch die Blattadern verlieren nach und nach
ihr Blattgrün. Im weiteren Verlauf erscheint
das sich entfaltende jüngste Blatt gelbweiß
bis fast weiß und läßt nur zum Blattgrund
noch grüne Ansätze im Adernverlauf erkennen (1b). Unter diesen schweren Eisen-Man-
gelbedingungen kann es zu Hemmungen des
Wachstums und vermindertem Blütenansatz
und Beeinträchtigung der Ausbildung der
Samen bzw. Nüßchen kommen.

Kupfer-Mangel

SCHADBILD

Im Gegensatz zu der ausreichend mit Kup-
fer versorgten Sonnenblumenpflanze (2a)
sind die jüngsten, meist aufgehellt erscheinenden kleineren Blätter mehr oder minder
stark nach innen gewölbt und aufgerollt. Sie
sind zunächst teils sproßaufwärts und teils
-abwärts orientiert (2b). Im weiteren Verlauf
der Entwicklung unter zunehmenden Kup-
fer-Mangelbedingungen biegen sich die vorwiegend abwärts gerichteten Blattstiele fast
spiralig um den Sproß (2c). Insbesondere
während der Mittagshitze zeigen die geschädigten Spitzenblätter eine Welketracht, die
die grundständigen Blätter nicht erkennen
lassen. Die generative Phase der Pflanzen ist
durch den Kupfer-Mangel in besonderem
Maße beeinträchtigt. Neben einem deformierten Knospenstadium (2d) wird die Blü-
tenkorbausbildung in vielfältiger Weise mißgestaltet (2e). Die Samenbildung ist weitgehend unterbunden bzw. die Samen sind
taub.

1b
1a
2b
2c
2a
2d
2e

Mangan-Mangel

SCHADBILD

An jüngeren bis mittleren aufgehellten Blättern kommt es zur Ausbildung von tüpfelförmigen oder netzartigen Interkostalchlorosen, die auf die aderfernen Spreitenteile beschränkt bleiben. Adern mit angrenzendem Saum bleiben jedoch grün (2 a–b). Im Zentrum der Chloroseflecken entstehen gelbweiße bis braune, sommersprossenartige Nekrosen, die zu größeren Flecken zusammenfließen können (2 c).

Herbizid-Schaden (2,4-D) an Sonnenblumenblättern

SCHADBILD

Durch Einwirkung von bestimmten wuchsstoffhaltigen Herbiziden infolge falscher Wirkstoffwahl sowie Dosierung bei der chemischen Unkrautbekämpfung, unsachgemäßer Gerätereinigung oder durch Abdrift von Herbizidspritzungen auf Nachbarkulturen treten an den Blättern und Trieben unterschiedliche Deformierungen auf. Durch Präparate auf 2,4-D-Basis kommt es zu Deformierungen der Blattspreite (siehe auch Tafel 3). Die Blattnerven treten deutlich hervor. Sie wirken äußerlich gesehen wie ein bleiches Netz. Die Blattränder sind deutlich gesägt und weisen „Nasenbildungen" auf. Es kann zu einer ausgesprochenen Schmalblättrigkeit, im extremen Falle bis zur völligen Reduktion der Blattspreite kommen. Die Interkostalfelder der Blätter sind blasig aufgetrieben (1 a–f). Die Stärke der Schädigung hängt von zahlreichen Umweltfaktoren sowie den Umständen der Kontamination der Pflanzen mit dem Wirkstoff ab. Bei der Diagnose sind auch mögliche Symptome an Unkräutern sowie an Nachbarkulturen zu beachten.

1b
1c
1f
1d
1a
1c
2a
2c
2b

Zwergkrankheit

SCHADBILD

Pflanze zeigt gedrungenen Wuchs. Gelblich-grüne Flecke, vielfach mosaikartig (1) und partielle Nekrosen der dichter als normal gestellten, bisweilen unregelmäßig verdrehten, im Bereich der Triebbasis vorzeitig absterbenden Blätter. Blütenkörbe und Samen sind unterentwickelt (Kümmerkörner).

ERREGER

Als Schadursache wird ein nicht näher bestimmtes Virus vermutet.

Sonnenblumenfleckung

SCHADBILD

Chlorotische oder gelbe Flecke im Adernbereich, Adernchlorose sowie verwaschene Adernbänderung der Blätter (2).

ERREGER

Gurkenmosaik-Virus (CMV U-Stamm) (siehe Rapskräuselmosaik, Tafel 14), Luzernemosaik-Virus, alfalfa mosaic virus (AlMV), virus mozaiki ljucerny.
Testpflanzen: CMV: *Chenopodium amaranticolor* (chlorotische, später nekrotische Lokalläsionen), AlMV: *Phaseolus vulgaris* (nekrotische Flecke, bei manchen Virusisolaten systemische Fleckung und Nekrose)
Serodiagnose: CMV und AlMV: Agargel-Doppeldiffusionstest.

Ringscheckung

SCHADBILD

Verwaschene konzentrische Scheckung oder undeutliche Ringmuster der Blätter (3).

ERREGER

Tabakmauche-Virus, tobacco rattle virus (TRV), virus pogremkovosti tabaka.
Testpflanze: *Nicotiana tabacum* (Flecke, ringförmige Lokalläsionen, Blattstiel- und Stengelnekrose).
Serodiagnose: ELISA im Speziallabor.

Blütenvergrünung (der Sonnenblume)

SCHADBILD

Röhrenblüten als gedrungene sproßähnliche Gebilde entwickelt, Zungenblüten deformiert, vergrünt oder fehlend (4a, b).

ERREGER

Mykoplasmen.
Testpflanze: *Catharanthus roseus* (Triebsucht, Aufhellung der Blattadern, Blütenvergrünung).

Saflormosaik
(ohne Abbildung)

SCHADBILD

Die verkleinerten, leicht einwärts gerollten Blätter sind mitunter verdreht, gelbgrün gefleckt und zeigen ein Mosaik, mitunter auch unregelmäßige, feine Ring- und Linienmuster.

ERREGER

Luzernemosaik-Virus (AlMV), Gurkenmosaik-Virus (CMV) oder Salatmosaik-Virus, lettuce mosaic virus (LMV), virus salata-latuka.
Testpflanze: *Chenopodium quinoa* (AlMV: Stauchung und systemische Scheckung, CMV: nekrotische Lokalläsionen, LMV: chlorotische Flecke, hellgrüne Scheckung)
Serodiagnose der Saflorviren: AlMV, CMV: Agargel-Doppeldiffusionstest, LMV: ELISA im Speziallabor.

Blütenvergrünung (des Saflors)
(ohne Abbildung)

SCHADBILD

Pflanze zeigt gedrungenen, besenartigen Wuchs, Blätter mit vergilbenden Interkostalfeldern rosettig angeordnet, Blüten vergrünt oder verkümmert.

ERREGER

Vermutlich Mykoplasmen.

37

Naßfäule der Sonnenblume
(*Erwinia carotovora* subsp. *carotovora*
[Jones] Dye)

SCHADBILD

An allen Teilen der Pflanze können typische Naßfäuleerscheinungen auftreten. Das Krankheitsbild beginnt meist mit der Ausbildung mehr oder weniger großer olivgrüner, später schwarzer Flecken an den Stengeln, ebenso an den Blättern. Diese Flecken können sich rasch ausweiten und bis 50 cm lange Abschnitte des Stengels einnehmen (a). Erkrankte Stengel knicken leicht ab (b). Die Epidermis ist feucht-schleimig, reißt später auf und blättert ab (c). Das Stengelmark betroffener Abschnitte verfärbt sich, wird schleimig und hat den charakteristischen Naßfäulegeruch (ähnlich wie zum Beispiel naßfaule Kartoffelpartien).

Typische Naßfäulen treten auch an Blüten und Fruchtständen auf (d). Aus diesen Pflanzenteilen können große Tropfen weißlichen Bakterienschleims (Exsudat) austreten.

Auch Wurzeln werden infiziert und können nekrotisieren bzw. absterben. In diesem Falle lassen sich erkrankte Pflanzen leicht aus dem Boden herausziehen.

ERREGER

Erwinia carotovora subsp. *carotovora* (Jones) Dye.

Der Erreger bildet auf festen Medien meist grauweiße bis cremefarbene, runde, glänzende Kolonien. Das Bakterium ist gramnegativ, peritrich begeißelt, 1,0 bis 2,5 µm lang und 0,5 bis 0,8 µm breit.

Nachweis und Diagnose: Auf beimpften Kartoffel- oder Möhrenscheiben bildet der Erreger nach 2 bis 3 Tagen typische Naßfäulen aus (siehe auch Band: „Diagnosemethoden" der vorliegenden Buchreihe „Diagnose von Krankheiten und Beschädigungen an Kulturpflanzen", S. 66).

Verticillium-Welke
(*Verticillium albo-atrum* Reinke et Berth., *Verticillium dahliae* Kleb.)

SCHADBILD

An den Blättern treten zunächst Vergilbungen, vor allem zwischen den Blattadern auf, aber auch fleckenweises Vergilben, gefolgt von Verbräunungen (1a). Die Blätter erscheinen wie marmoriert. Später werden die Blätter welk und vertrocknen fortschreitend am Stengel von unten nach oben. An den Stengeln treten in Längsrichtung sich ausdehnende, streifenweise Verbräunungen auf, die später einen schwarzen Farbton annehmen (1b). Schließlich verfärbt sich der gesamte Stengel braun bis braunschwarz. In den verbräunten Bereichen treten zahlreiche Mikrosklerotien auf, die äußerlich als kleine schwarze Pünktchen zu erkennen sind. Gefäße der Stengel sind, im Querschnitt erkennbar, verbräunt. Auch die Wurzel ist verbräunt und meist stark zerstört, Wurzel- und Stengelrinde runzelig und silbergrau.

ERREGER

– *Verticillium albo-atrum* Reinke et Berth. (siehe Tafel 61)
– *Verticillium dahliae* Kleb. (siehe Tafel 19)

Rhizopus spp.

SCHADBILD

Vor allem bei warmem Sommerwetter treten mit Beginn der Blüte am oberen Teil des Stengels im Bereich des Blütenansatzes sowie am Boden des Blütenkorbes mehr oder weniger große, ausgedehnte Verbräunungen auf (2a). Auf diesen befindet sich ein dunkler Pilzrasen mit massenhaft Sporenträgern und weißen und schwarzen, schon mit bloßem Auge erkennbaren Sporenköpfchen.

ERREGER

Verschiedene Arten der Pilzgattung *Rhizopus,* vor allem:
– *Rhizopus oryzae* Went et Geer.
Das Myzel ist anfangs weiß und wollig, wird dann aber graubraun bis grauschwarz. Die

Sporangiophoren (2b) werden bis zu 2800 µm lang und haben einen Durchmesser von 7 bis 20 µm. Sie sind glattwandig, unseptiert, einfach oder verzweigt. Die Sporangien sind rund (Durchmesser 30 bis 210 µm). Sie sind anfangs weiß, dann schwarz und mit vielen Sporen besetzt. Die Sporangienwand ist echinolat (einem Seeigel ähnlich). Die Columella ist halbrund bis rund. Wenn sie platzt, nimmt sie eine schirmähnliche Form an (2b). Ähnlich:
– *Rhizopus nigricans* Ehrbg., Syn. *Rhizopus stolonifer* (Ehrbg. ex Fr.) Vuill.
–*Rhizopus arrhizus* Fischer

Schwarzfleckenkrankheit
(*Phoma macdonaldii* Boerema)

SCHADBILD

Länglichovale, dunkelbraune bis schwarze Stengelflecken, beginnend an den Blattansätzen, die sich allmählich vergrößern, ineinanderfließen und mit zunehmender Reife des Stengels wieder blasser werden (3).
An Blattstielen schwärzliche, anfangs punkt- oder strichförmige Nekrosen (3). Bei Befall des Blütenkorbes Hüllblätter völlig oder nur im oberen Teil schwarz.

ERREGER

Phoma macdonaldii Boerema, Syn. möglicherweise *Phoma oleracea* Sacc.
Die Gattung *Phoma* ist gekennzeichnet durch dunkle, mehr oder weniger runde, ins Wirtsgewebe eingesenkte, hervorbrechende oder mit einem kurzen Schnabel die Epidermis durchstoßende Pyknidien mit Austrittsöffnung. Konidiophoren kurz oder unentwickelt, Konidien klein, 1zellig, hyalin, oval bis länglich. (Vergleiche hierzu Tafeln 17, 61)

162

1b
2b
1a
3
2a

Alternaria-Blattfleckenkrankheit
(*Alternaria* spp.)

SCHADBILD

An Blättern und Stengeln von Keimpflanzen sowie älteren Pflanzen runde, zonierte, hellbraune bis graue oder dunkelbraune bis schwarze Flecke von 0,5 bis 12 mm Durchmesser (an Sonnenblume 1a, an Saflor 1b, c). Sie fließen manchmal zusammen. Auf den Mittelrippen der Blätter auftretende Flecken sind länglich oder linealisch und eingesunken. Später treten auch an den Schalen der Samen schwarzbraune Flecke auf (an Saflor 1d).

ERREGER

Verschiedene Arten der Pilzgattung *Alternaria.*
Die Gattung *Alternaria* ist charakterisiert durch dunkle, einfache, kurze oder verlängerte Konidiophoren, die typische einfache oder in Ketten angeordnete Konidien hervorbringen. Konidien dunkel, mit charakteristischen Längs- und Quersepten, variabel geformt, keulenförmig bis ellipsoidisch oder oval, häufig in langen Ketten, seltener einzeln entstehend, an der Spitze mit einfachem oder verzweigtem Anhängsel.
Wichtigste Art:
– *Alternaria alternata* (Fr.) Kreisler, Syn. *Alternaria tenuis* Nees. (siehe Tafel 51, 63)
Schwächeparasit mit septiertem Myzel. Die Konidiophoren des Pilzes sind einfach, kurz oder verlängert. Sie bringen einfache oder verzweigte Konidienketten hervor. Die Konidien sind charakterisiert durch ihre dunkle Färbung und die Untergliederung in Längs- und Quersepten. Die Konidienform variiert von keulig über elliptisch bis ovoid (Tafel 51). Größe der Konidien: 8 bis 16 × 20 bis 65 µm. Diese kann in Abhängigkeit vom Substrat variieren (Schadbild an Saflor 1b).
– Weiterhin können auftreten:
Alternaria leucanthemi Nelen
Alternaria zinniae Pape.
Alternaria carthami Ch. (Schadbild an Saflor 1c).

Septoria-Blattfleckenkrankheit
(*Septoria helianthi* Ell. et Kell.)

SCHADBILD

Zunächst erscheinen auf den Keimblättern gelbliche bis braune Flecke bis zu 15 mm Durchmesser, später auch auf den Laubblättern. Auf der Blattoberseite zahlreiche gelbliche, später dunkelbraune, zum Teil von hellolivgrünem Hof umgebene Pyknidien. Mit der Pyknidienbildung tritt eine allmähliche Nekrotisierung und Schwärzung der Flecke ein (2a). Die Flecke sind durch Blattadern scharf begrenzt, dadurch erscheinen sie polygonal umrissen. Bei starkem Befall werden die Pflanzen durch Laubfall entblättert.

ERREGER

Septoria helianthi Ell. et Kell.
Pyknidien meist epiphyllisch, bedeckt, dann hervorbrechend, gelbbraun bis dunkelbraun, rund, Durchmesser 100 bis 150 µm, mit 40 bis 60 µm weiten Austrittsöffnungen (2b). Pyknidienwand 2 bis 4 Zellschichten dick, bestehend aus gelbbraunen Zellen mit verdickter Außenwand. Konidiophoren hyalin, keulenförmig bis birnenförmig, 4 bis 7 × 3 bis 4 µm, aus den Zellen der Pyknidieninnenauskleidung hervorgehend. Konidien hyalin, gestreckt oder leicht gekrümmt, basales Ende stumpf, an der Spitze abgerundet, 30 bis 85 × 2 bis 3 µm, mit 3 bis 5 Septen (2c).

40

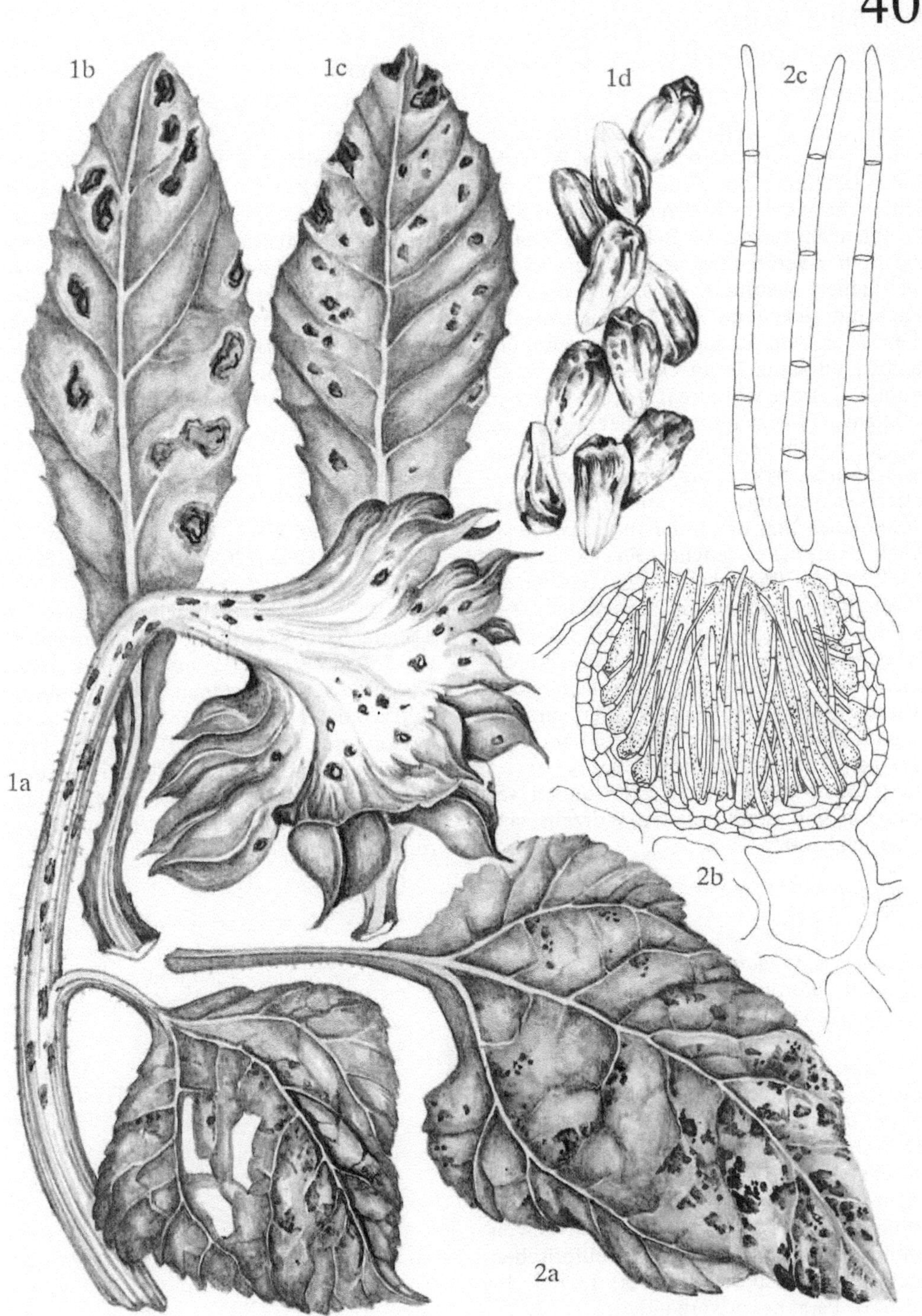

Stengelfäule (Stengelbrenner, Weißfäule, Sklerotienkrankheit)
(*Sclerotinia sclerotiorum* [Lib.] de Bary)

SCHADBILD

Keim- und Jungpflanzen verfärben sich braun, welken und sterben ab. Ihre Wurzeln sind verbräunt, verfaulen. Pflanzen lassen sich leicht aus dem Boden ziehen. Bei älteren Pflanzen welken die Blätter und Triebe. Die Blätter verbräunen und hängen schlaff am Stengel herunter. Pflanzen sind im Wachstum gehemmt. Am Stengel zunächst dicht über dem Boden (1a) stengelumfassende, hellbräunliche Flecke, scharf vom gesunden Gewebe abgegrenzt (1b). Auf den befallenen Pflanzenteilen weißes Myzel. Im Stengel weißliche, später graue, blaugraue bis schwarze, erbsen- bis bohnengroße Sklerotien (1c), mitunter auch außen am Stengel zu erkennen. Bei Befall der Blütenkörbe anfangs bräunliche, feuchte Flecke auf der Rückseite der Blütenkörbe (1d). Gewebezerstörung fortschreitend bis zum völligen Zerfall des Blütenkorbes (1e). Im Blütenkorbgewebe massenhaft Sklerotien, zum Teil verwachsen zu einem zusammenhängenden, gitterartigen Gebilde. Samen fallen vorzeitig aus. Sie sind zum Teil mit Myzel überzogen (1f), verbräunen und sind bitter.

Im Wurzelbereich älterer Pflanzen an verbräunten und abgestorbenen Wurzeln zahlreiche Sklerotien.

ERREGER
(siehe Tafel 50)

Sclerotinia sclerotiorum (Lib.) de Bary, Syn. *Sclerotinia libertiana* Fuckel, *Whetzelinia sclerotiorum* (Lib.) Korf et Dumont, *Peziza sclerotiorum* Lib.

Die Sklerotien dieser Becherpilze sind als Myzelzusammenballungen unregelmäßig geformt, rötlich oder braun, später schwarz, schwach runzelig, ungefähr 10 bis 30 mm Durchmesser. Hauptfruchtform aus den Sklerotien wachsend, Apothecien 4 bis 8 mm Durchmesser auf 2 bis 5 cm langen, zylindrischen Stielen, Asci mit elliptischen, 1zelligen Ascosporen (9 bis 13 × 4 bis 6,5 µm), Paraphysen vorhanden.

Grauschimmel
(*Botrytis cinerea* Pers.)

SCHADBILD

Im Frühherbst bei anhaltend feuchter Witterung treten an Stengeln und an der Rückseite der reifenden Blütenkörbe bräunlichfeuchte Flecken auf (2a, b). Später befindet sich auf diesen Flecken graues bis dunkelolivbraunes Myzel. Darin als grauer Staub sichtbare Konidienmassen und schwarze, krustenartige Sklerotien. Befallene Samen (2c) sind gegenüber unbefallenen (2d) braunfleckig, myzelüberzogen und fallen vorzeitig aus. Bei bestimmten Witterungsbedingungen ist auch Befall an Keimpflanzen möglich.

ERREGER
(siehe Tafel 62)

Botrytis cinerea Pers., Hauptfruchtform: *Sclerotinia fuckeliana* (Lib.), de Bary, Syn. *Botrytinia fuckeliana* (de Bary) Whetzel.

Der Pilz besitzt bäumchenförmige, verzweigte, basal bräunliche Konidienträger (50 bis 150 µm groß, 7,5 bis 12,5 µm Träger-Durchmesser), von denen an Sporenmutterzellen mit Sterigmen 1zellige, farblose (in Massen grau erscheinende) eiförmige bis ellipsoide Konidien (9 bis 15 × 6,5 bis 10 µm) abgeschnürt werden. Nicht selten Bildung schwarzer Sklerotien (Hauptfruchtform) mit runzeliger Oberfläche (2 bis 7 mm groß).

41
2b
2a
2c
2d
1f
1c
1c
1b
1a
1d

Falscher Mehltau
(Plasmopara halstedii [Farlow]
Berl. et de Toni)

SCHADBILD

An den unteren Blättern treten zunächst
hellgrüne Flecken (1a) auf. An der Unterseite weisen sie später ein dichtes grauweißes Myzel auf (1b). Der Befall schreitet nach
oben fort. Oberseits erscheinen die Blätter
gelbfleckig. Bei Blühbeginn sind die Symptome meist auch auf den obersten Blättern
zu finden (1c). Myzelüberzug auf Blattober-
und -unterseite. Das Stengelwachstum ist gehemmt. Dadurch entsteht ein gestauchter
Wuchs und eine zusammengedrängte Beblätterung. Bei feuchtem Wetter werden auf
der Blattunter- und Blattoberseite massenhaft Konidien gebildet. Die Blätter sind gekräuselt und bleiben klein. Die gesamte
Pflanze zeigt eine starre Wuchsform.

ERREGER

Plasmopara halstedii (Farlow) Berl. et de
Toni, Syn. *Plasmopara helianthii* Novot.
Konidiophoren aufrecht, 300 bis 700 µm
hoch, an der Basis 11 bis 15 µm breit, mit
zahlreichen, zwei- bis viermal geteilten und
horizontal abstehenden Verzweigungen
(1d), die in 3 bis 4 lange, dünne, sich zur
Spitze verjüngende, an der Spitze abge-
stumpfte Endzweige auslaufen. Konidien
rund oder oval, jung, ohne Papille, später mit
Papille, hyalin, 19 bis 30 × 15 bis 26 µm.
Myzel farblos, interzellulär, unseptiert. Hy-
phendicke 8 bis 16 µm.

Echter Mehltau
(Erysiphe cichoracearum DC. ex Merat)

SCHADBILD

Weißlicher Myzelüberzug auf Blattober- und
-unterseite (Sonnenblume 2a, Saflor 2b).
Stark befallene Blätter sterben ab. Die Reduktion der Assimilationsfläche bewirkt insgesamt eine Entwicklungshemmung der betroffenen Pflanzen. Nach der Blüte treten im
Myzelbelag anfangs gelbliche bis schwärzliche, später kastanien- bis dunkelbraune
Kleistothecien auf.

ERREGER

Erysiphe cichoracearum DC. ex Merat, Syn.
Erysiphe communis Fr., *Erysiphe scorzonerae*
Cast., *Erysiphe cichoracearum* DC. em. Salm.).
Myzel meist gut entwickelt. Konidien in langen Ketten, tonnenförmig bis rechteckig,
sehr variabel in der Größe (25 bis 45 × 14
bis 26 µm). Im Herbst Kleistothecien
(Schlauchfruchtkörper), in Gruppen oder
vereinzelt, kugelig (90 bis 135 µm Durchmesser). Mit erkennbaren Wandzellen. Anhängsel myzelartig (2c), hyalin bis dunkelbraun, 4mal so lang wie der Durchmesser
des Kleistotheciums. Asci 10 bis 25, oval bis
breitoval, selten rund, mehr oder weniger gestielt (60 bis 90 × 25 bis 50 µm) 2sporig
(2d).

42

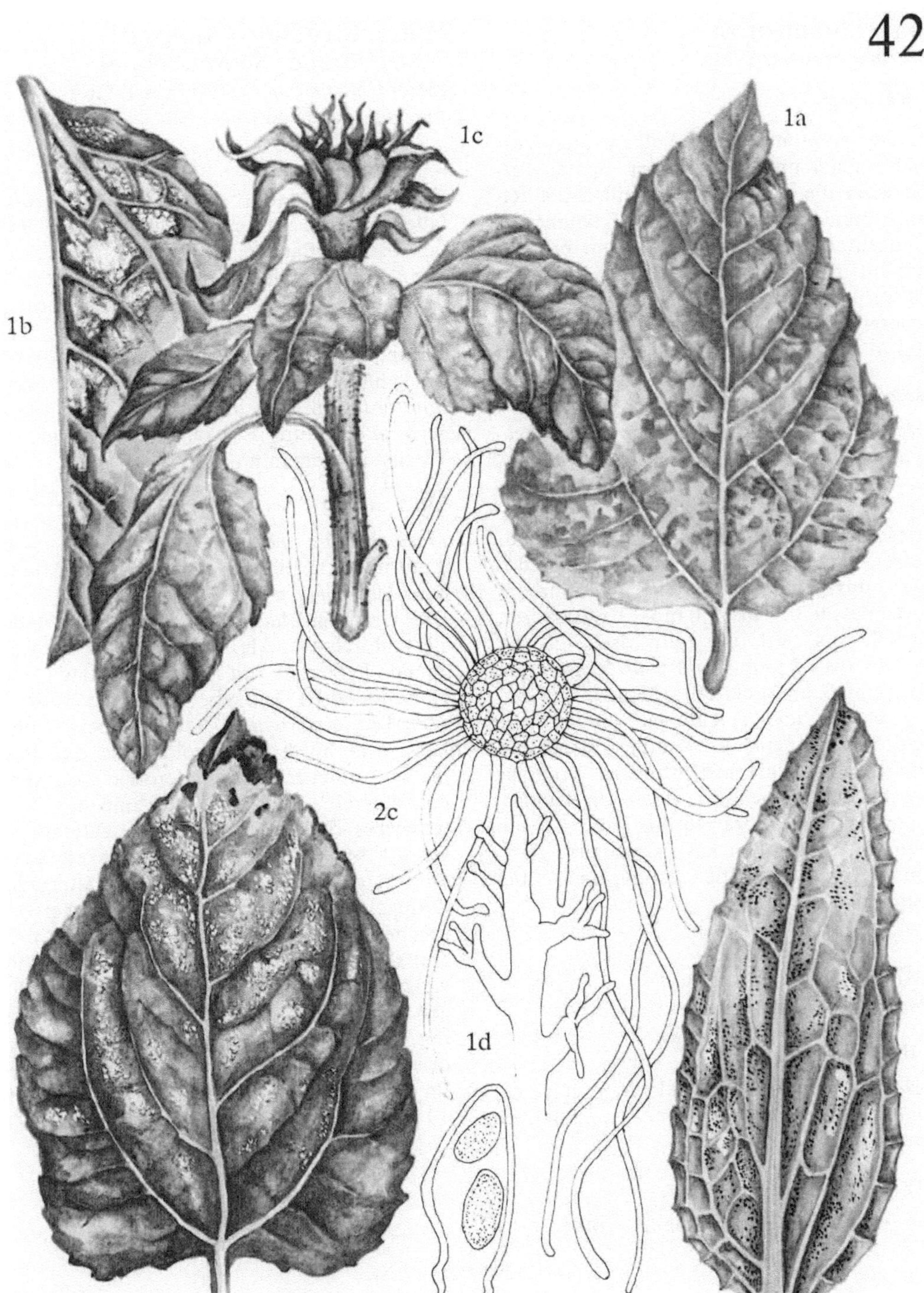

Sonnenblumenrost
(*Puccinia helianthi* Schw.)

SCHADBILD

Anfangssymptome sind Welken und Vertrocknen der untersten Blätter. Später werden auch die oberen Blätter einschließlich der Blütenkörbe betroffen. Auf befallenen Pflanzenteilen treten ab Ende Juni bis Anfang Juli rostfarbene Pusteln (Uredosporen) (1 a, b), im Herbst schwarze Pusteln (Teleutosporen) auf. Auf der Blattunterseite Äzidien in rundlichen oder länglichen Flecken.

ERREGER

Puccinia helianthi Schw., Syn. *Aecidium helianthi-mollis* Schw., *Puccinia heliopsidis* Schw., *Caeoma helianthi* Schw., *Puccinia helianthorum* Schw., *Puccinia xanthifoliae* Ell. et Ev. Äzidiosporen ellipsoid, 16 bis 26 µm Durchmesser, Wand hyalin, 1 µm dick (1 c). Uredolager unregelmäßig verteilt, zimtfarben, Durchmesser 0,5 bis 1,0 mm. Uredosporen ellipsoid bis oval, oft zylindrisch, 25 bis 32 × 19 bis 25 µm, Wand sehr feinstachlig (1 d), 1 bis 2 µm dick, oft an Spitze und Basis leicht verdickt. Teleutolager ähnlich den Uredolagern, aber dunkelbraun. Teleutosporen zylindrisch bis keulenförmig, am Septum leicht eingeschnürt, oben abgerundet, unten verjüngt (etwa 40 bis 60 × 18 bis 30 µm), Wand außen kastanienbraun, glatt, 1 bis 2,5 µm dick an den Seiten, oben 8 bis 12 µm (1 e).

Saflorrost
(*Puccinia carthami* [Hutzelmann] Corda)

SCHADBILD

Das Schadbild ist dem, welches durch den Sonnenblumenrost (*Puccinia helianthi* Schw.) verursacht wird, ähnlich (2).

ERREGER

Puccinia carthami (Hutzelmann) Corda.

Holzkohlenfäule (Aschiger Stengelbrand, Schwarzfäule)
(*Macrophomina phaseolina* [Tassi] Goid., *Macrophomina* spp.)

SCHADBILD

Keimpflanzen verfärben sich gelb bis braun, fallen um und sterben ab. Bei späterem Befall älterer Pflanzen ist das häufigste Symptom eine dunkle Trocken- oder Naßfäule des unteren Stengelteiles, die mit Zerstörung der Rinde einhergeht (3 a). Nach Rindenzerstörung treten an bzw. in allen Pflanzenteilen zahlreiche schwarze Sklerotien auf. Mitunter auf den Blattspreiten mehr oder weniger große, braune Flecke. Pflanzen sind im Wachstum gehemmt.

ERREGER

Macrophomina phaseolina (Tassi) Goid sowie nicht näher bestimmte *Macrophomina*-Arten, Syn. *Macrophoma* spp.
Die Gattung *Macrophomina* ist charakterisiert durch dunkle, kugelige, hervorbrechende Pyknidien mit Austrittsöffnung (3 b). Konidiophoren einfach, kurz oder verlängert, Konidien hyalin, 1zellig, über 15 µm lang, oval bis breitellipsoid. *Macrophomina phaseoli* bildet schwarze Sklerotien innerhalb der Wurzeln, Stengel, Blätter und des Blütenkorbes. Sklerotien glatt, hart, Durchmesser 0,1 bis 1 mm. Pyknidien dunkelbraun, einzeln oder auf Stengeln und Blättern in Gruppen, unter der Epidermis, später hervorbrechend, Durchmesser 100 bis 200 µm, mit apikalen Austrittsöffnungen, Pyknidienwand vielzellig mit stark pigmentierten dickwandigen Zellen an der Außenseite. Konidiophoren hyalin, kurz-birnenförmig bis zylindrisch, 5 bis 13 × 4 bis 6 µm. Konidien hyalin, ellipsoid bis eiförmig, 14 bis 30 × 5 bis 10 µm (3 c).

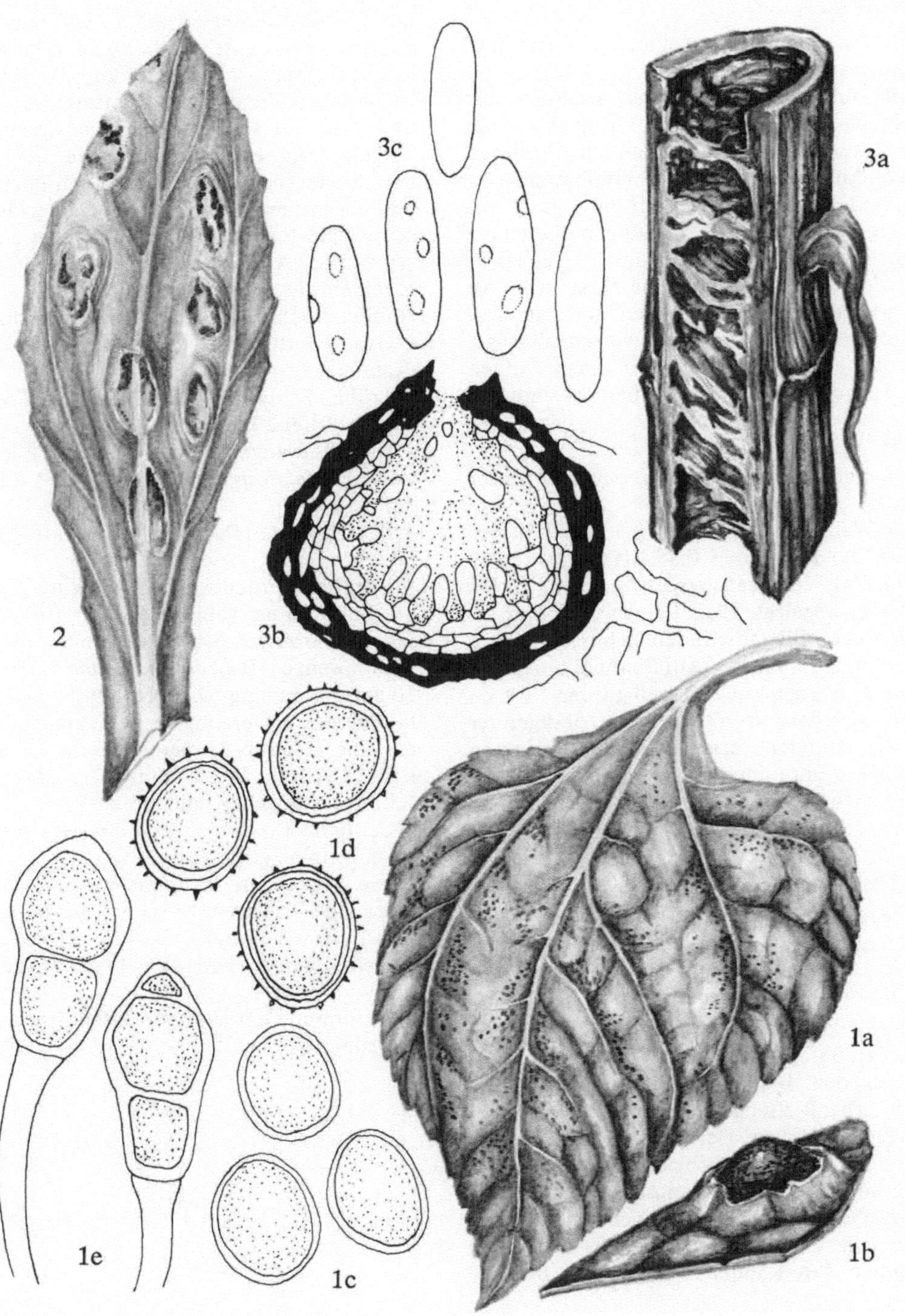
3c
3a
2
3b
1d
1e
1c
1a
1b

Gemeine Spinnmilbe
(*Tetranychus urticae* Koch)

SCHADBILD

An den Blättern verschiedenen Entwicklungsstadiums zeigen sich zunächst kleine helle, unregelmäßig geformte, weißliche bis gelblich-weiße Flecke (1a), die später an Umfang zunehmen. Schließlich verfärben sich die Blätter hellgrau, graubraun oder gelblich-braun und fallen mitunter auch vorzeitig ab. Sobald die betroffenen Blätter zu vertrocknen beginnen, zeigen sich vor allem an der Blattunterseite feine Gespinste. An den befallenen Pflanzenteilen sind zum Teil bereits mit bloßem Auge verschieden gefärbte, etwa 0,3 bis 0,5 mm lange Milben und deren Entwicklungsstadien erkennbar.

SCHÄDLING

Gemeine Spinnmilbe (*Tetranychus urticae* Koch).
Die Weibchen sind etwa 0,4 bis 0,57 mm (1b), die Männchen 0,35 bis 0,4 mm lang (1c). Pro Weibchen werden ungefähr 70 bis 80 Eier abgelegt. Eier, Larven (1d) und erwachsene Milben befinden sich nebeneinander auf den Pflanzen. Auf Sonnenblume und Saflor können neben gelbgrünen Tieren auch solche mit rötlicher bis orangeroter Farbe gefunden werden. Die Überwinterung erfolgt in Form intensiv rot gefärbter Winterweibchen in verschiedenen Verstecken.

Wiesenwanze
(Gemeine Wiesenwanze)
(*Exolygus pratensis* L.)

SCHADBILD

Ab Mai können auf den Blättern unregelmäßig große, gelblich-weiße Saugflecke zwischen den Blattadern beobachtet werden (2a). Die Blätter kräuseln sich oder zeigen Wellungen sowie Deformationen der Blattränder. Später verfärben sich die Blätter bräunlich. Von den Saugstellen ausgehend entstehen unregelmäßige Löcher und Risse, die mit Fraßschäden verwechselt werden können. Ihre Ränder verfärben sich braun.

SCHÄDLINGE

– Wiesenwanze (Gemeine Wiesenwanze) (*Exolygus pratensis* L.)
Die Färbung dieser etwa 5,6 bis 7 mm langen Wanzen-Art ist variabel blaß- oder gelblich-grün, braun bis braungrün. Der Körper ist glänzend, die gesamte Oberseite ist punktiert (2b) mit schwärzlichen, verwaschenen Makeln. Die erwachsenen Tiere überwintern. Sie erscheinen ab Mai auf den Pflanzen und legen ihre Eier in Triebe oder Blattadern. Die Entwicklung verläuft über 5 Larvenstadien. Ab Ende Juni bis Mitte Juli erscheinen die erwachsenen Tiere.
Ähnliche Schäden werden verursacht durch:
– Grüne Futterwanze (*Exolygus pabulinus* L.) (Tafel 55)
– Trübe Feldwanze (*Exolygus rugulipennis* Reut.) (Tafel 29)
– Kartoffelwanze (Zweipunktige Wiesenwanze) (*Calocoris norvegicus* Gmel.) (Tafel 55)
– Beerenwanze (*Dolycoris baccarum* [L.]) (Tafel 29)
– Nördliche Fruchtwanze (*Carpocoris fuscipinus* Boh.) (ohne Abbildung)
Diese Wanzenart ist etwas breiter als die Beerenwanze (*Dolycoris baccarum* [L.]) und 10 bis 15 mm lang. Die Körperfarbe ist ebenfalls braun bis braungelb bzw. graugelb bis rot. Die gesamte Körperoberfläche ist deutlich punktiert. Die Seitenwinkel des Halsschildes sind scharf und spitz.
– Südliche Fruchtwanze (*Carpocoris pudicus* [Poda]) (ohne Abbildung)
Diese Wanzenart ist etwas kleiner als die Nördliche Fruchtwanze (*Carpocoris fuscipinus* Boh.) (10 bis 12 mm), ähnlich gefärbt, aber mit stumpferen Seitenwinkeln des Halsschildes.
(Bestimmung der Wanzen-Arten durch Spezialisten).

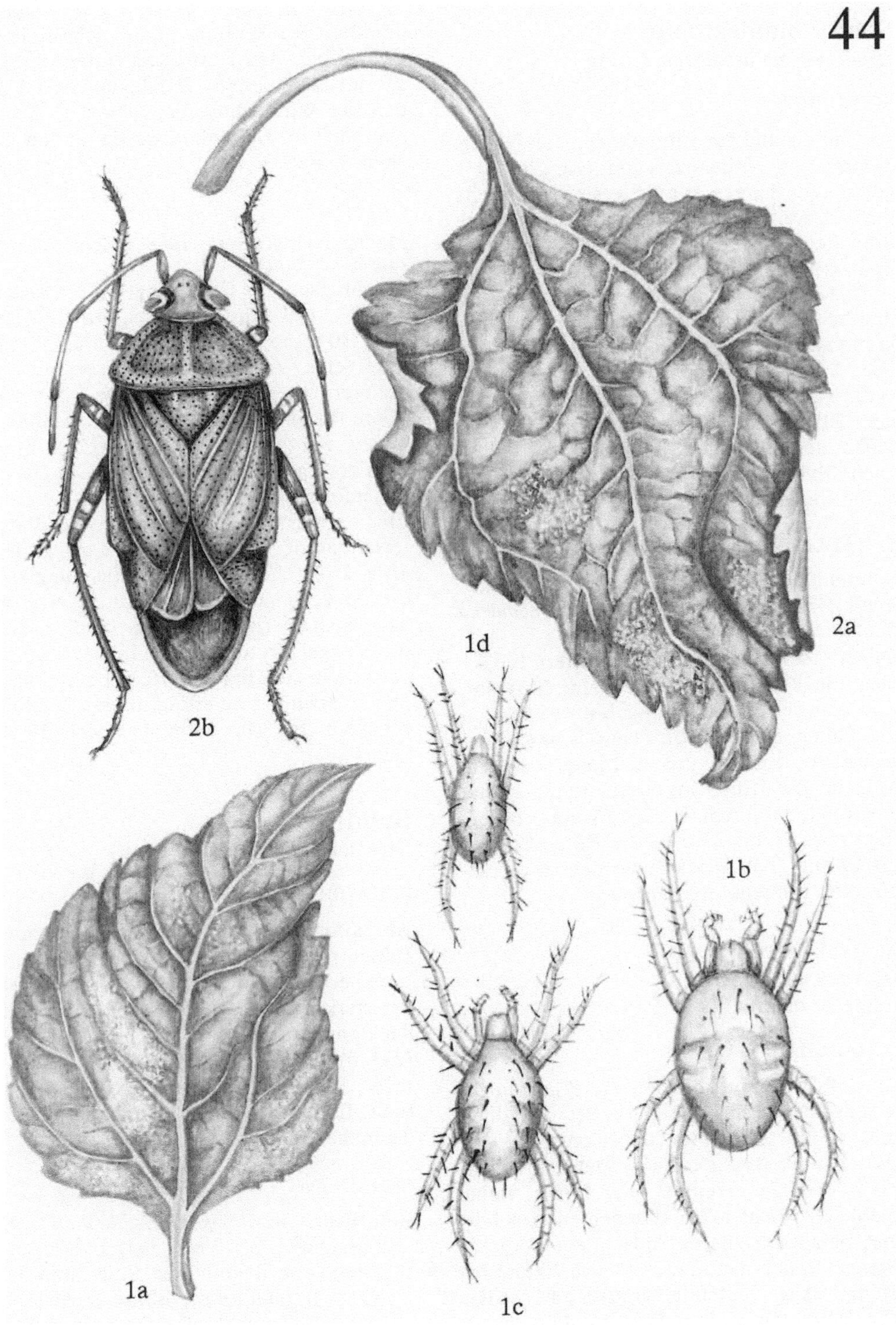
2b
1d
2a
1b
1a
1c

Sonnenblumenmotte
(*Homoeosoma nebulellum* [Hbn.])

SCHADBILD

An Blüten und im Blütenboden fressen bis 16 mm lang werdende, schmutzig grüne bis gelbbraune Larven (1a). Sie sind unterseits gelblich-weiß und besitzen auf der Oberseite drei hell- bis dunkelbraune Längslinien. Später werden die Nüßchen in der Milchreife befressen (1b). Zu dieser Zeit sind braune Fraßstellen im Blütenboden mit Exkrementen und Bohrmehl erkennbar (1c). Die Nüßchen können völlig zerstört sein (1d). Man erkennt dann auch äußerlich auf dem Blütenboden Verbräunungen und zwischen den einzelnen Blütchen bzw. Nüßchen Exkremente, Bohrmehl und dazwischen fressende Larven.

SCHÄDLING

Sonnenblumenmotte (*Homoeosoma nebulellum* [Hbn.], Syn. *Homoeosoma nebulella* Schiff.).
Die erwachsenen Larven überwintern im Boden und verpuppen sich hier im Frühjahr. Zur Zeit der Sonnenblumenblüte schlüpfen die Falter. Sie besitzen schmale, weißlichgraue Vorderflügel mit mehreren dunklen Makeln. Die Hinterflügel sind weißlich und am Rande fein behaart. Die Spannweite beträgt etwa 20 bis 25 mm, die Körperlänge 8 bis 12 mm (1e). Die Eier werden in die geöffneten Röhrenblüten abgelegt.

Maiszünsler
(*Ostrinia nubilalis* Hbn.)
(ohne Abbildung)

SCHADBILD

Etwa ab Ende Juli bleiben die Pflanzen im Wachstum zurück. Ihre Blätter vergilben und welken. Auch die Triebspitzen mit den Blüten welken. An den Stengeln sind Einbohrlöcher zu erkennen, aus denen Bohrmehl, vermischt mit Exkrementen von Larven heraustritt. Beim Aufschneiden dieser Stengel findet man in diesen etwa 25 mm bis 30 mm lang werdende, graubraune, später sich schmutzig grau verfärbende Larven mit

dunkler Rückenlinie und schwärzlichen Warzen auf den Körpersegmenten. Sie fressen im Stengelmark. Befallene Stengel können bei Wind abbrechen. Die Larven können auch im Blütenkorb sowie an den Nüßchen fressen.

SCHÄDLING

Maiszünsler (*Ostrinia nubilalis* Hbn., Syn. *Pyrausta nubilalis* Hbn.).
Die Flugzeit der Falter liegt in der Zeit von Juni bis Juli. Ihre Flügelspannweite beträgt etwa 30 mm. Die weiblichen Falter haben ockergelbe Vorderflügel mit zackigen, rotbraunen Querstreifen außen und innen, die Hinterflügel sind graubraun. Die Männchen haben zimtbraune Vorderflügel mit zwei zackigen, gelben Querstreifen. Die flachen, linsenförmigen und etwa 0,5 mm großen Eier werden dachziegelartig an die Blattunterseiten oder an die Stengel abgelegt. Nach etwa 2 Wochen schlüpfen die Junglarven, die zunächst an der Epidermis der Blätter bzw. Stengel fressen. Später dringen sie in die Stengel ein und fressen im Mark stengelabwärts in sich braun verfärbenden Gängen. Die Überwinterung erfolgt in den befallenen Stengeln. Im Mai verpuppen sich die Larven.

Bohrfliege
(*Acanthiophilus helianthi* Rossi)

SCHADBILD

An Saflor und Sonnenblume öffnen sich die Blüten nicht, sind im Wuchs gehemmt, vertrocknen schließlich und fallen ab. Bei weniger starker Schädigung wird die Samenentwicklung unterbunden. Im Inneren der Blüte (2a) fressen 5 bis 8 mm lange, walzenförmige, weißliche Fliegenlarven (2b), oder man findet schwarze, 6 bis 8 mm lange Tönnchenpuppen (2c).

SCHÄDLING

Bohrfliege (*Acanthiophilus helianthi* Rossi).
Die grauen, 5 bis 7 mm langen Fliegen erscheinen vor Beginn der Blüte und legen ihre Eier in oder an die Blütenknospe. Nach wenigen Tagen schlüpfen die Larven.

45

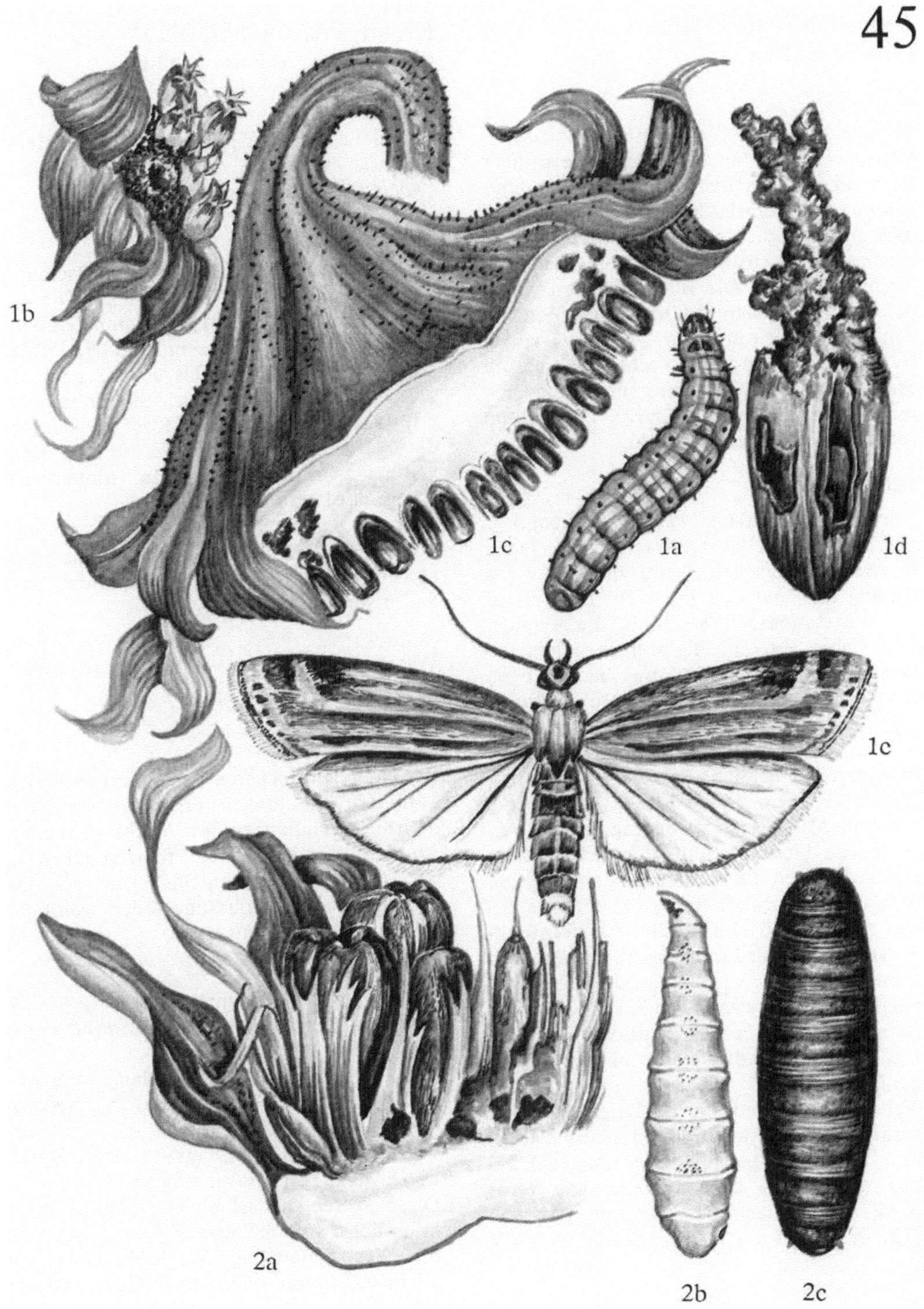

Schwarze Bohnenlaus
(*Aphis fabae* Scop.)

SCHADBILD

Etwa ab Ende Mai saugen an den Blattunterseiten, vor allem an den Herzblättern, aber auch an den Trieben sowie Knospen und Blüten schwarze Blattläuse zunächst in kleinen, später in dichten Kolonien. Die Blätter bleiben im Wachstum zurück, ebenfalls die jungen Pflanzen. Die Blätter werden wellig deformiert, kräuseln (1 a) und rollen sich von den Rändern her ein (1 b). Später zeigen sie Vergilbungen und werden schließlich braun. Stark befallene Blütenknospen öffnen sich nicht oder nur unvollständig. Die Blüten selbst können deformiert sein.

SCHÄDLING

Schwarze Bohnenlaus (*Aphis fabae* Scop.). Die wirtswechselnde, etwa 2,2 mm lange Blattlaus (2) erscheint etwa Ende Mai bis Anfang Juni auf den Pflanzen. Im Verlauf der Vegetationszeit wechselt die Populationsdichte. Zur Zeit des sommerlichen Befallsfluges (je nach Witterungsbedingungen etwa ab Ende Juni bis Anfang Juli) können die Tiere in dichten Kolonien angetroffen werden, wobei vor allem die Triebspitzen bzw. Knospenbereiche stark betroffen sind. In der Regel bricht die Massenvermehrung etwa ab Mitte August, bedingt durch verschiedene biotische und abiotische Faktoren, zusammen. Es werden auf den Pflanzen mehrere Larvenstadien ausgebildet, aus denen sich ungeflügelte Adulte (Jungfern) entwickeln, die wiederum parthenogenetisch Larven erzeugen. Vor Beginn des sommerlichen Befallsfluges zeigt das letzte Larvenstadium (Nymphe) bereits deutliche Flügelanlagen. Dieses Stadium entwickelt sich zur geflügelten Jungfer.
Neben ihrer Bedeutung als Direktschädling verdient die Schwarze Bohnenlaus Beachtung als Überträger pflanzenpathogener Viren (vor allem des Gurkenmosaik-Virus (CMV) und Luzernemosaik-Virus (ALMV) (Tafeln 14, 37)).

Kleine Pflaumenblattlaus
(*Brachycaudus helichrysi* [Kalt.])

SCHADBILD

Das Schadbild entspricht weitgehend dem, welches durch die Schwarze Bohnenlaus (*Aphis fabae* Scop.) verursacht wird.

SCHÄDLING

Die Winterwirte dieser wirtswechselnden Blattlaus sind Pflaume und Schlehe. Die ungeflügelten Adulten (Jungfern) sind gelblich-grün und etwa 1,5 bis 2 mm lang. Die Fühler sind bedeutend kürzer als der Körper. Die Körperform ist elliptisch. Siphonen und Cauda sind sehr kurz (3 a). Kopf und Thorax der Geflügelten sind schwarz, der Hinterleib gelblich-grün bis dunkelgrün, hinten mit einem dunklen Fleck (3 b).
Mitunter kann in gleicher Weise die verwandte Art: Große Pflaumenblattlaus (*Brachycaudus cardui* L.) an Sonnenblume und Saflor schädigen.

Wurzelläuse
(Verschiedene Aphiden-Arten)

SCHADBILD

Besonders auf lockeren und steinigen Böden kümmern die jungen Pflanzen bzw. sind meist Einzelpflanzen im Wuchs gehemmt. An den Wurzeln dieser Pflanzen leben in der oberen Bodenschicht etwa 1,9 bis 2,4 mm lange, hellbraune oder weißlich-bräunliche Wurzelläuse (4 a).

SCHÄDLINGE

Wurzelläuse, vor allem:
– Weiße Bohnenwurzellaus (*Smynthurodes betae* Westw.)
Die Tiere sind 1,9 bis 1,3 mm lang, weißlich- bis gelblich-braun gefärbt und mit weißem Wachsstaub bepudert.
– Wurzellaus (Salaterdlaus) (*Trama troglodytes* Heyden, Syn. *Trama radicum* Gour.)
Diese Wurzellaus ist bleich-ockerfarbig bis bräunlich-grünlich, etwa 2,4 mm lang und mit Wachsfäden oder Wachskörnchen, vor allem im hinteren Körperabschnitt, bedeckt (4 b).

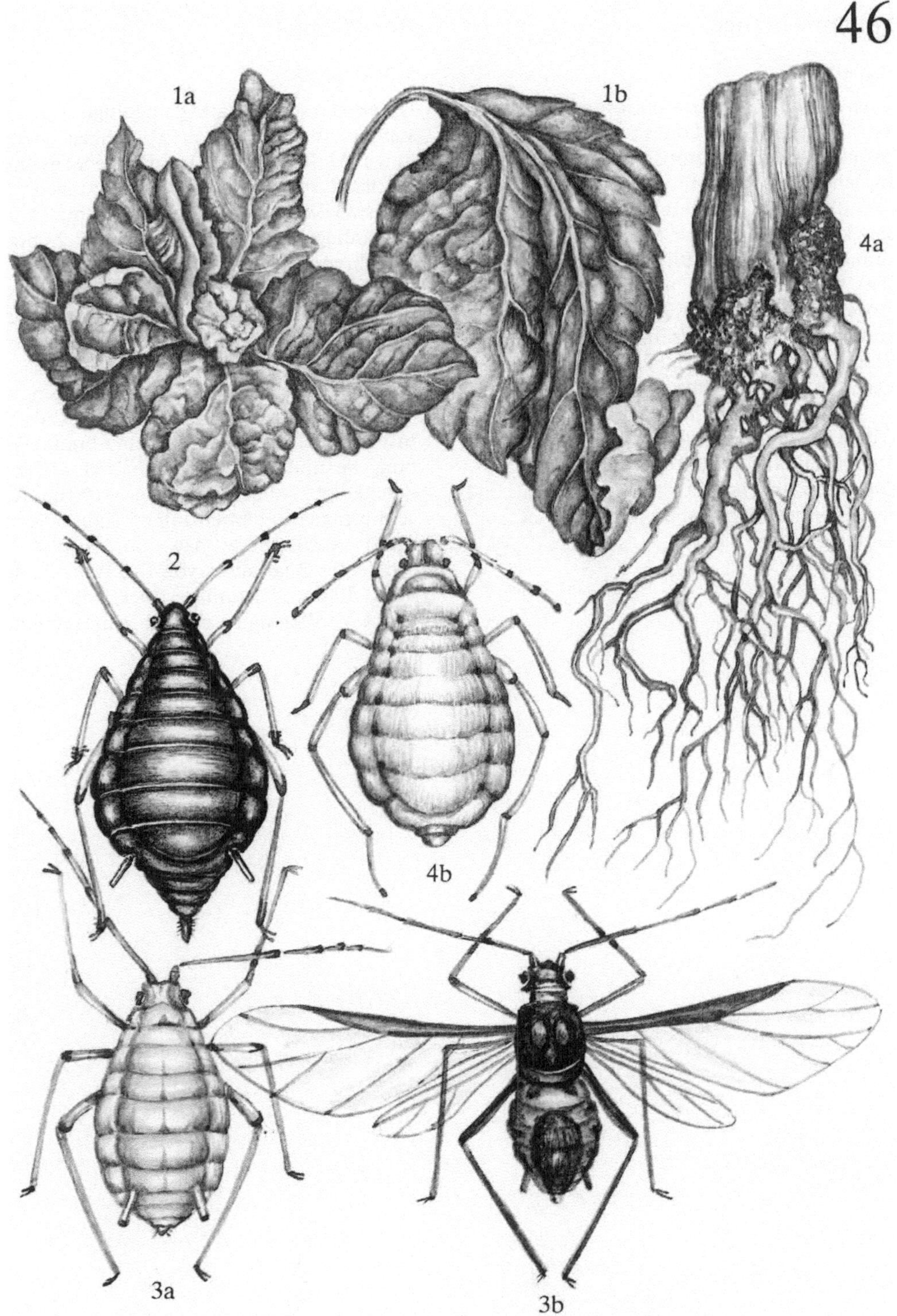

Calcium-Mangel

SCHADBILD

Nach blaßgrüner Verfärbung der Blattspreiten jüngster Blätter kommt es in den Interkostalfeldern zu chlorotischen Aufhellungen an den aufgerollten und nach unten gebogenen Blättern. Unterhalb der Terminalknospen kann es als Folge einer Stengelweiche zum Umknicken des Blütenstandes kommen (1 a), der dann ebenso wie die chlorotischen jüngsten Blätter unter Bildung von dunkelbraunen Nekrosen vorzeitig abstirbt (1 b−c). Vielfach werden die Schäden von violetten Verfärbungen des kranken Gewebes begleitet. Falls nicht bereits die Blüte durch den Calcium-Mangel zerstört wurde, unterbleibt die Ausbildung bzw. Reife der Kapseln.
Die Wurzeln sind nur kurz, bräunen und verschleimen sich insbesondere in der Spitzenregion.

Bor-Mangel

SCHADBILD

Unter starken Bormangelbedingungen (besonders bei Trockenheit) zeigen bereits junge Mohnpflanzen in dem sogenannten Blattstadium hellgelbe Verfärbungen der jüngsten Blätter. Der Vegetationspunkt und die anliegenden Blätter färben sich braun oder braunschwarz und sterben vorzeitig ab (2 a−b). Kommt es zur Entwicklung eines knospen- bzw. kapseltragenden Stengels, dann ist dieser unter zunehmender bräunlicher Nekrotisierung in vielfältiger Weise spiralig verdreht oder seitlich eingebogen und stirbt häufig ab. Die unter dieser Schadstelle inserierten Blätter nehmen eine braune Färbung an und verdorren. Durch Bor-Mangel geschädigte, aber nicht abgestorbene Kapseln bringen in den einzelnen Kapselfächern meist verkümmerte bzw. nur Samen von schlechter Qualität hervor. Die Wurzeln sind kurz, dick und kaum gestreckt mit nekrotischen Verdickungen an den Wurzelspitzen.

47

Mohnmosaik

SCHADBILD

Wuchshemmung, schmutzig gelbliches Mosaik entlang der Blattnervatur, auch Flekkung (1). Hellgrüne Längsstreifung der Stengel.

ERREGER

Rübenmosaik-Virus, beet mosaic virus (BMV), virus mozaiki svekli.
Testpflanze: *Chenopodium amaranticolor* (systemische, nekrotische Fleckung, Triebstauchung).
Serodiagnose: ELISA im Speziallabor oder Ditalan-Doppeldiffusionstest mit partiell abgebautem Virus.

Mohnchlorose

SCHADBILD

Verwaschene, grünlich-gelbe Bänderung der Blattadern mit Übergang zur Chlorose größerer Blattbezirke (2a, b). Kapseln unterentwickelt (2c), gescheckt und pockenartig genarbt (2d).

ERREGER

Bohnengelbmosaik-Virus, bean yellow mosaic virus (BYMV), virus zeltoj mozaiki fasoli.
Testpflanze: *Phaseolus vulgaris* (chlorotische Flecke, Gelbmosaik, stammabhängig Nekrose der Blattadern und Triebspitze).
Serodiagnose: ELISA im Speziallabor oder Ditalan-Doppeldiffusionstest mit partiell abgebautem Virus.

Mohnscheckung
(ohne Abbildung)

SCHADBILD

Blätter der unterentwickelten Pflanzen gescheckt.

ERREGER

Wasserrübenmosaik-Virus (TuMV) (siehe Rapsscheckung, Tafel 14).
Testpflanze: *Chenopodium amaranticolor* (chlo-
Testpflanze: *Chenopodium amaranticolor* (chlorotische, später nekrotische Lokalläsionen).
Serodiagnose: ELISA im Speziallabor oder Ditalan-Doppeldiffusionstest mit partiell abgebautem Virus.

Mohnvergilbung

SCHADBILD

Mangelhafter Wuchs, vergilbende Blätter werden bereits vor dem natürlichen Abreifen nekrotisch (3a, b), Anzahl und Größe der Kapseln verringert.

ERREGER

Nekrotisches Rübenvergilbungs-Virus, beet yellows virus (BYV), virus zeltuchi svekly.
Testpflanze: *Chenopodium capitatum* (Adernaufhellung der verdrehten, abwärts gekrümmten Blätter, Chlorose der Interkostalfelder, Rötung und vorzeitiges Absterben älterer Blätter).
Serodiagnose: ELISA im Speziallabor oder Ditalan-Doppeldiffusionstest mit partiell abgebautem Virus.

2d
3b
2c
3a
1
2a
2b

Stengelbakteriose
(*Erwinia carotovora* subsp. *carotovora*
[Jones] Dye)

SCHADBILD

Die Krankheit kann bereits an sehr jungen
Pflanzen im Rosettenstadium auftreten. Dabei verfärben sich Blätter und Stengel violett, erschlaffen und gehen in eine Weichfäule über (1 a). Die gesamte Pflanze wird rasch
von einer Naßfäule erfaßt. Später vertrocknen die Pflanzen, so daß lediglich braune,
vertrocknete, am Boden aufliegende Blattre-
ste übrig bleiben. Bei Befall in späteren Entwicklungsstadien der Wirtspflanze (Knospenausbildung und später) beginnt das
Krankheitsbild mit einer Spitzenwelke, wobei am oberen Stengelteil meist ein längli-
cher, weicher, dunkler Fleck auffällt. An dieser Stelle, von der die Infektion ihren Aus-
gang genommen hat, bricht der Stengel
leicht um. Aus der Bruchstelle tritt häufig
grauweißer Bakterienschleim aus.
Nicht selten sind lediglich schlaff herabhängende Blätter, die später vertrocknen, als
äußerliches Symptom der Krankheit erkennbar. Im Stengel-Längsschnitt ist in diesen
Fällen oft eine schwarzviolette Verfärbung
des Stengelmarks erkennbar (1 b). Häufig
findet man auch weißen Bakterienschleim
an den Stengelinnenwänden. Im Stengel
schreitet die Infektion wurzel- und sproß-
wärts fort. Das Stengelmark verwandelt sich
dabei in einen schleimigen Brei.

ERREGER

Erwinia carotovora subsp. *carotovora* (Jones)
Dye.
Der Erreger bildet auf festen Medien meist
grauweiße bis cremefarbene, runde, glänzende Kolonien. Das Bakterium ist gramnegativ, peritrich begeißelt, 1,0 bis 2,5 µm lang
und 0,5 bis 0,8 µm breit.
Nachweis und Diagnose: Auf beimpften Kar-
toffel- oder Möhrenscheiben bildet der Erreger nach 2 bis 3 Tagen typische Naßfäulen
aus (siehe auch Band „Diagnosemethoden"
der vorliegenden Buchreihe „Diagnose von
Krankheiten und Beschädigungen an Kulturpflanzen", S. 66).

Bakterielle Blattfleckenkrankheit
(*Xanthomonas papavericola*
[Bryan et McWhorten] Dowson)

SCHADBILD

Auf den Laubblättern bilden sich zunächst
bleiche, rundliche Flecken, die sich ausdehnen und schließlich von den Blattadern begrenzt werden (2 a, b). Anfangs zeigen diese
Flecke eine helle Randzone. Später vertrocknen die ursprünglich nässenden Flecke. In
der weiteren Entwicklung können die Flecke
zu großflächigen Nekrosen zusammenfließen, die nahezu die gesamte Blattspreite einnehmen (2 c). Bei starkem Befall sterben
schließlich die betroffenen Blätter ab.
Die Flecke erscheinen meist transparent. Bei
starker Vergrößerung sind zwischen den
Blattepidermen unter Umständen gelbe
Tropfen von Bakterienschleim erkennbar.
Auch nach pilzlichen Infektionen (*Peronospora arborescens* und *Pleospora papaveris*)
entstehen ähnliche Blattflecken, die jedoch
dunkel verfärbt sind und Pilzmyzel erkennen lassen.
Die Bakterielle Blattfleckenkrankheit des
Mohns befällt nur die Laubblätter. An anderen Pflanzenteilen wurden bisher keine Symptome beobachtet.

ERREGER

Xanthomonas papavericola (Bryan et
McWhorten) Dowson.
Der Erreger bildet auf Agarmedium gewöhnlich gelbgefärbte Kolonien aus. Die Bakte-
rienzellen sind gramnegativ, polar begeißelt
und haben Abmessungen zwischen 0,2 bis
0,8 µm und 0,4 bis 1,0 µm.

1a
2c
2b
2a
1b

Wurzelbrand
(Blattbrand, Parasitäre Blattdürre,
Helminthosporiose
(*Pleospora papaveracea* [de Not.] Sacc.)

SCHADBILD

Bestände laufen nicht oder ungleichmäßig
auf. Zum Teil sind die Keimpflanzen noch
vor Erreichen der Bodenoberfläche im Boden abgestorben. An auflaufenden bzw. jungen Pflanzen sind die Wurzeln verbräunt,
z. T. eingeschnürt (1a, b). Die Pflanzen fallen um und sterben ab. An älteren Pflanzen
zeigen sich an den Ansatzstellen der Blätter
dunkle Verfärbungen, die Hauptadern sind
schwarz verfärbt. Betroffene Blätter sterben
von unten nach der Spitze zu ab, vertrocknen (parasitäre Blattdürre) (1c). Mitunter
sterben auch die gesamten Pflanzen ab. Sofern Kapseln ausgebildet werden, sind diese
deformiert (1d), braun verfärbt und bleiben
klein. Wachstumshemmungen. Beeinträchtigung der Samenausbildung. Zwischen den
Samen mitunter Pilzmyzel.

ERREGER

Pleospora papaveracea (de Not.) Sacc.
(Hauptfruchtform), *Dendryphion penicillatum*
(Corda) Fr. (Nebenfruchtform), Syn. *Cucurbi-
taria papaveracea* de Not., *Sphaeria papaveris*
Tul., *Pleospora bardanae* Niessl., *Pleospora
pellita* (Fr.) Rabenh. var. *bardanae* (Niessl.)
Wehm., *Pleospora calvescens* (Fries) Tul., *Bra-
chycladium penicillatum* Corda, *Helminthosporium papaveris* Saw., *Dendryphion papaveris*
(Saw.) Saw.
Die Pseudothezien sind anfangs in das
Pflanzengewebe eingesenkt, dann an die
Oberfläche gelangend, einzeln oder in kleinen Gruppen, rund bis zusammengedrückt
rund, 300 bis 400 × 250 bis 300 µm, mit vor-
gestülpter Öffnung. Pseudothezienwand zu-
sammengesetzt aus pseudoparenchymati-
schen, isodiametrischen Zellen. Asci zylindrisch, bitunikat, kurzgestielt, 4- bis 8sporig,
100 bis 130 × 8 bis 12 µm. Ascosporen elliptisch, gelb bis hellbraun, einreihig im Ascus,
3septig (1e), mit gewöhnlich einem vertika-
len Septum in den beiden zentralen Zellen
oder in einer von ihnen, am Septum einge-

schnürt, 20 bis 25 × 6 bis 9 µm. Pseudopara-
physen fadenförmig, hyalin, verzweigt. Koni-
dienbildende Kolonien ausgebreitet,
schwarz, haarig. Stromata auf Stengeln, gebildet aus Gruppen weniger großer, dunkelbrauner Zellen. Konidiophoren variabel, oft
in Büscheln, goldbraun oder strohfarben, bis
zu 600 µm lang, zur Spitze dünner werdend,
septiert, verzweigt. Konidiogene Zellen poly-
edrisch, terminal, oder interkalar auf Verzweigungen. Konidien einzeln oder in Ketten, zylindrisch, an den Enden abgerundet,
oder keulenförmig, blaßoliv, 3 bis 8 (meist 3)
Septen, 17 bis 28 (60) × 5 bis 9 µm (1f).

Sklerotienkrankheit (Krebs)
(*Sclerotinia sclerotiorum* [Lib.] de Bary)

SCHADBILD

An den Stengeln entstehen zunächst hellgrüne, gelbliche oder hellbraune Flecke im
Bereich der Blattansatzstellen. Sie breiten
sich später streifig-konzentrisch aus, ebenso
an den Stengeln unterhalb der Kapseln (2a,
b). Das befallene Pflanzengewebe (2c an
Blättern) stirbt unter Grau- bis Braunverfärbung ab. Pflanzenstengel und die Kapseln
können abbrechen. An den Befallsstellen,
aber auch im Inneren der Stengel, befinden
sich die Sklerotien des Erregers, die eine
Größe von 10 bis über 30 mm erreichen können. Wurzeln verbräunt und abgestorben.
Auch im Wurzelbereich Sklerotien.

ERREGER

Sclerotinia sclerotiorum (Lib.) de Bary, Syn.
Sclerotinia libertiana Fuckel, *Whetzelinia sclerotiorum* (Lib.) Korf et Dumont, *Peziza sclerotiorum* Lib.
Die Sklerotien dieses Becherpilzes sind als
Myzelzusammenballungen unregelmäßig geformt, rötlich oder braun, später schwarz,
schwach runzelig, ungefähr 10 bis 30 mm im
Durchmesser. Hauptfruchtform aus den
Sklerotien wachsend, Apothecien 4 bis
8 mm Durchmesser auf 2 bis 5 cm langen,
zylindrischen Stielen (2d), Asci mit elliptischen 1zelligen Ascosporen (9 bis 13 × 4 bis
6,5 µm), Paraphysen vorhanden (2e).

1e
2d
2c
2e
1a
1b
1f
1c
1d
2b
2a

Grauschimmel
(*Botrytis cinerea* Pers.)

SCHADBILD

Keimpflanzen oder junge Pflanzen verfärben sich graubraun und können mitunter völlig absterben. Es entstehen Fehlstellen in den Beständen. Bei Überleben der Pflanzen tritt Kümmerwuchs ein. In späteren Wachstumsstadien treten an Blättern, Trieben, Knospen und Kapseln graue, graubraune bis dunkelolivbraune. mit stark stäubendem Myzel überzogene Flecke auf. Befallene Blätter vergilben und sterben ab (1a). Befallene Stengelabschnitte verbräunen, werden morsch. An den Befallsstellen brechen die Stengel leicht um. Die betroffenen Stengel weisen helle, gelbgrüne Streifen im Rindengewebe oberhalb der Befallsstelle auf, welche bis zu den sich nur einseitig entwickelnden und deformiert erscheinenden Kapseln hinaufreichen (1b). Im Knospenstadium können ähnliche Verfärbungen und Absterbeerscheinungen nach Befall der Kelchblätter auftreten (1c).

ERREGER
(siehe Tafel 62)

Botrytis cinerea Pers., Hauptfruchtform *Sclerotinia fuckeliana* (Lib.) de Bary, Syn. *Botryotinia fuckeliana* (de Bary) Whetzel.
Der Pilz besitzt bäumchenförmige, verzweigte, basal bräunliche Konidienträger (50 bis 150 µm groß, 7,5 bis 12,5 µm Träger-Durchmesser), von denen an Sporenmutterzellen mit Sterigmen 1zellige, farblose (in Massen grau erscheinende) eiförmige bis ellipsoide Konidien (9 bis 15 × 6,5 bis 10 µm) abgeschnürt werden. Nicht selten Bildung schwarzer Sklerotien (Hauptfruchtform) mit runzeliger Oberfläche (2 bis 7 mm groß).

Schwarzfäule
(*Stemphylium botryosum* Wallr.)

SCHADBILD

An noch grünen, vor allem geschwächten oder beschädigten Blättern (2a), Kapseln (2b) und Stengeln (2c) größere zusammenhängende oder kleinere verstreute Flecke

mit dunklem, olivschwarzem Myzelüberzug. Infektion der Blätter meist sekundär durch herabfallende und anhaftende, erkrankte Staub- und Kronblätter. An Blättern und Kapseln zonierte schwarzbraune Flecken.

ERREGER
(siehe auch Tafel 68)

Stemphylium botryosum Wallr. (Konidienform von *Pleospora herbarum* (Pers.) Rabh.).
Zur Morphologie gibt es unterschiedliche Maßangaben. Diese sind im nachfolgenden Text in Klammer gesetzt.
Die Form der Konidien ist variabel. Ihre Färbung ist dunkelbraun bis olivbraun, sie sind oval bis eckig, die Wand ist stachelig bewarzt. Die Größe beträgt 24 bis 39 × 19 bis 31 µm (2d) (andere Angabe: 14 bis 50 × 12 bis 27 µm). Sie besitzen 3 transversale und 1 bis 3 longitudinale Septen. Die Konidienträger sind relativ kurz (10 bis 80 × 3 bis 7 µm), olivbraun mit Quersepten (2d). Die Pseudothecien befinden sich im Pflanzengewebe (2e) (schwarz, kugelig, 200 bis 500 µm). Die Asci sind bitunicat, zylindrisch, 90 bis 150 (250) × 20 (24) bis 50 (35) µm groß (2f), die Ascosporen hell bis dunkel gelbbraun, ellipsoid, 7septiert und 26 bis 50 (35) × 10 (12) bis 20 (16) µm groß (2g).

Blattfleckenkrankheit
(*Alternaria* spp.) (ohne Abbildung)

SCHADBILD

Auf den Blättern, Stengeln und Kapseln treten trockene, braune bis schwarze Flecke auf.

ERREGER
(siehe Tafeln 40, 63)

Verschiedene Arten der Pilzgattung *Alternaria,* vor allem *Alternaria alternata* (Fr.) Kreissler, Syn. *Alternaria tenuis* Ness.
Die Konidien sind charakterisiert durch ihre dunkle Färbung und die Untergliederung in Längs- und Quersepten. Die Konidienform variiert von keulig über elliptisch bis ovoid. Größe der Konidien 8 bis 16 × 20 bis 65 µm.

51

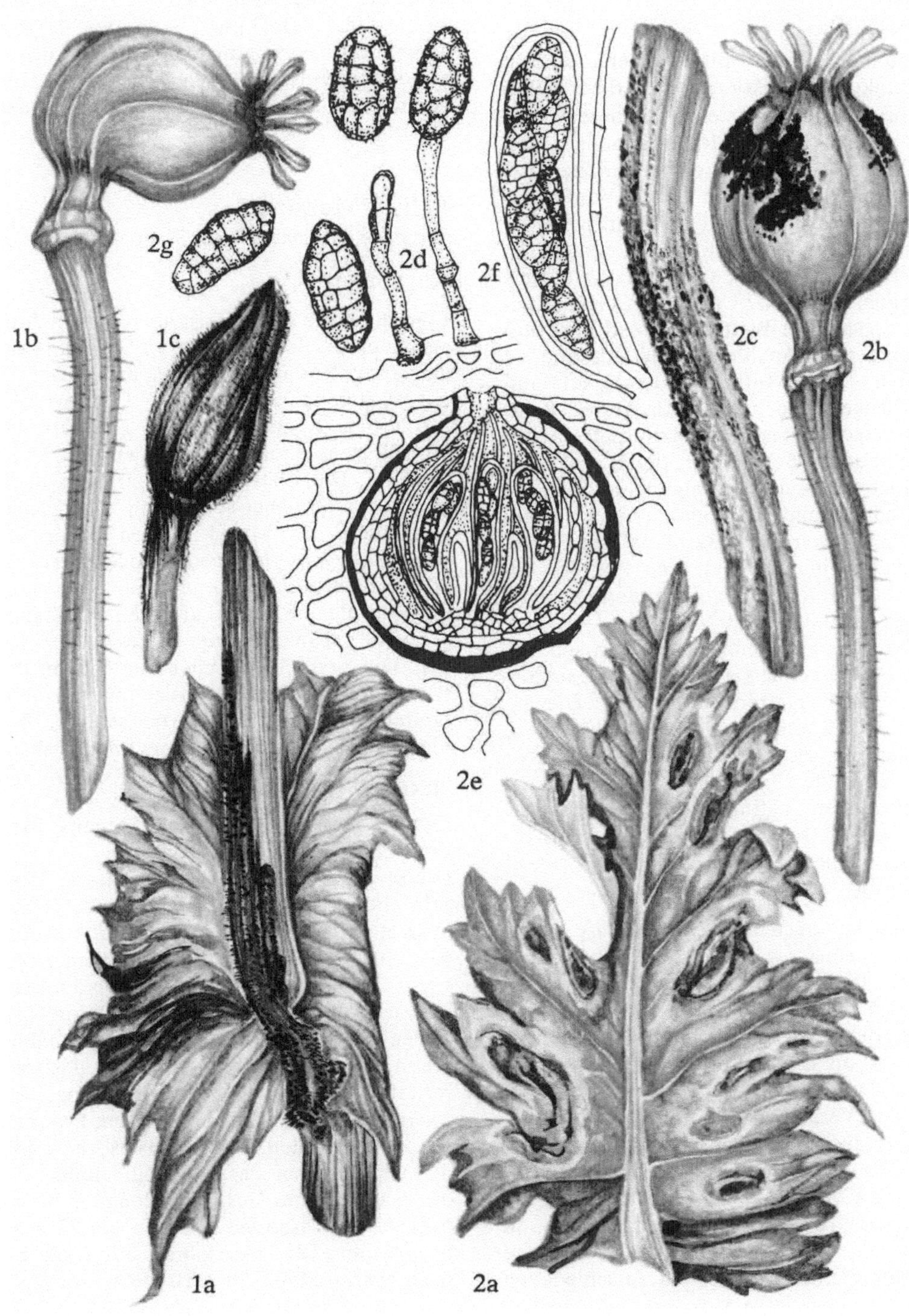

Falscher Mehltau
(*Peronospora arborescens* [Berk.] Casp.)

SCHADBILD

Symptome variieren mit Pflanzenalter zum Zeitpunkt der Infektion. Bei starkem Befall von Jungpflanzen entstehen Kümmerwuchs, Blatt- und Stengeldeformationen und schließlich Absterben der Pflanzen. Bei Überleben der Pflanzen treten Verdickungen, Gelbfleckigkeit und blasenartige Kräuselungen der Blätter auf. An der Blattunterseite befindet sich ein schmutzig-weißer bis grauvioletter, dichter Überzug aus Konidienträgern (1a). Die Blattränder sind nach unten eingerollt. An älteren Blättern und an Kapseln (1a, b) tritt Braunfleckigkeit auf. Die Flecken sind meist eckig, durch Blattadern scharf begrenzt, an Blattunterseite mit Myzelüberzug. Bei starkem Befall sind auch die Streckung und Verzweigung des Stengels vermindert, kaum Knospenbildung. Letztere erreichen selten die Blüte. Befallene Sproßspitzen von jüngeren Pflanzen sind oft umgewandelt in verdichtetes, kopfartiges, myzelüberzogenes Gebilde.

An deformierten Stengeln befinden sich deformierte Kapseln; sie sind klein, bauchig, Narben sind ansitzend, oft violett. Die Samen dieser Kapseln sind meist verkümmert, oft nur als rostfarbener Staub erkennbar (1c), myzeldurchwachsen. In erkrankten Pflanzenteilen befinden sich massenhaft Oosporen. Verseuchte Samen dienen als Infektionsquelle.

ERREGER

Peronospora arborescens (Berk.) Casp., Syn. *Botrytis arborescens* Berk.

Myzel interzellulär mit gestielten und verzweigten, später kurzen und abgerundeten Haustorien. Konidiophoren 300 bis 800 × 10 bis 12 µm, Stiel 200 bis 600 µm, 5- bis 8mal undeutlich dichotom verzweigt, Enden der Verzweigungen 6 bis 10 × 2 µm, spitz zulaufend und etwas stumpf endend, zwischen den Enden häufig ein rechter Winkel (1d). Konidien 18 bis 26 × 12 bis 20 µm, elliptisch bis fast rund, hyalin oder – in Massen – blaßbraun. Die Variationsbreite der Konidienmaße wird von verschiedenen Autoren unterschiedlich angegeben, zum Teil werden zwei Konidienklassen beschrieben, die erste mißt 18,7 × 16,3 µm, die zweite 23,3 × 16,3 µm. Oosporen 42 bis 48 µm, dunkelrotbraun, mit einer Außenwand von ungleichmäßiger Dicke, 4 bis 10 µm, mit unregelmäßigen Riefen an der Oberfläche.

Echter Mehltau
(*Erysiphe polygoni* DC. ex Saint-Amans)

SCHADBILD

Etwa ab Mitte Juni, meist aber erst im Juli, erscheint auf den Blättern, an Stengeln und an Kapseln vor allem bei warmer und trockener Witterung ein weißer bis grauweißer, mehlartiger Myzelbelag (2a). Die betroffenen Pflanzenteile erscheinen wie mit Mehl bestäubt. Die Blätter bleiben anfangs noch grün, vergilben aber später und vertrocknen allmählich. Im Myzel werden unter bestimmten Witterungsbedingungen Fruchtkörper (Kleistothecien) gebildet. Man kann sie mit bloßem Auge als kleine, anfangs gelbliche, später braune Pünktchen erkennen. Die Krankheitserscheinung tritt im Bestand zunächst nur an Einzelpflanzen auf, breitet sich aber durch die massenhafte Konidienproduktion des Erregers schnell aus.

ERREGER

Erysiphe polygoni DC. ex Saint-Amans, Syn. *Erysiphe polygoni* D. C.

Das Myzel ist weiß, dicht, auf Blättern, Stengeln und an Kapseln. Konidien einzeln oder in Ketten, zylindrisch oder oval, 30 bis 45 × 10 bis 20 µm (2b). Kleistothecien verstreut, rund, anfangs gelb, dann bräunlichschwarz, Durchmesser 90 bis 150 µm (2c). Zellen der Kleistothecien unregelmäßig, braun. Anhängsel zahlreich, an der Basis inseriert, braun, einfach oder manchmal verzweigt, untereinander und mit dem hyalinen Myzel verflochten, 1- bis 2mal so lang wie der Durchmesser des Kleistotheciums, um dieses ein dichtes Gespinst bildend. 3 bis 12 ovale, 2- bis 4sporige Asci, 50 bis 75 × 26 bis 40 µm (2d). Ascosporen elliptisch bis oval, hyalin, 20 bis 30 × 10 bis 12 µm (2e).

2c
1c
2d
1d
2b
2e
2a
1b
1a

52

Moosknopfkäfer
(*Atomaria linearis* Steph.)

SCHADBILD

Ungleichmäßig über den Bestand, meist in der Nähe der Feldränder, laufen die jungen Saaten nicht auf. Bei aufgelaufenen Keim- bzw. Jungpflanzen werden im April bis Mai in der Nähe des Wurzelhalses mehr oder weniger tiefe Löcher gefressen (1a). Die Keim- oder Jungpflanzen brechen um oder gehen ein. Im späteren Wachstumsstadium der Pflanzen ist geringfügiger Schabe- oder Lochfraß an den Blättern zu finden.

SCHÄDLING

Moosknopfkäfer (*Atomaria linearis* Steph.). Im Bereich der geschädigten Pflanzen leben in unmittelbarer Nähe der Pflanzen im Boden kleine, schlanke und flache Käfer mit einer Länge von etwa 1 bis 1,75 mm. Sie sind gelbbraun bis dunkelbraun und grau behaart (1b). Nach ihrer Überwinterung an Feldrändern, unter Gras und anderen Pflanzen, in der obersten Bodenschicht, aber auch auf Feldern wandern sie zu den jungen Saaten. Bei trockenem Wetter erfolgt der Fraß meist unterirdisch, bei feuchtkühler Witterung auch Blattfraß. Die Eier werden ab Ende April in den Boden in der Nähe der Pflanzen abgelegt. Von Juni an sind die gelblichen, etwa 2,5 bis 3 mm langen Larven zu finden, die an den Wurzelhaaren fressen, aber auch die Pfahlwurzel angreifen. Verpuppung bis zu 90 cm tief im Boden.

Luzernerüßler (Liebstöckelrüßler)
(*Otiorhynchus ligustici* [L.])

SCHADBILD

Nach dem Auflaufen werden Keimblätter sowie später die Blätter von Jungpflanzen vom Rande her buchtenförmig befressen (2a). Auch Herzblätter können zerstört werden.

SCHÄDLING

Luzernerüßler (Liebstöckelrüßler) (*Otiorhynchus ligustici* [L.]).
Der Käfer ist 10 bis 12 mm lang, maximal 14 mm, schwarz und gleichmäßig mit hellen,

metallisch glänzenden Haaren oder ovalen Schuppen bedeckt. Die Flügeldecken sind stark gewölbt, eiförmig, mit dichter und feiner Granulierung (2b). Die Käfer sind flugunfähig. Sie erscheinen im April auf den Feldern und beginnen im Mai bei Temperaturen über 13 °C mit der Eiablage in den Boden in der Nähe der Pflanzen. Die gelblichweißen, etwa 10 bis 13 mm langen, beinlosen Larven besitzen eine braune Kopfkapsel und befressen die Wurzeln. Bei starkem Befall können hierdurch die jungen Pflanzen welken und absterben. Die Larven überwintern bis zu 70 cm tief im Boden und verpuppen sich im Juni bis Juli.

Spitzsteißiger Rübenrüßler
(*Tanymecus palliatus* [F.])

SCHADBILD

Das Schadbild entspricht dem, welches durch den Luzernerüßler (*Otiorhynchus ligustici* [L.]) verursacht wird.

SCHÄDLING

Spitzsteißiger Rübenrüßler (Klettenrüßler, Esparsettenrüßler) (*Tanymecus palliatus* [F.]). Der 8 bis 11 mm lange Käfer ist langgestreckt, schwarz, dicht braun behaart, grau oder weißlich beschuppt, mit starken Punktstreifen auf den Flügeldecken (3).

Schwarzer Rübenrüßler
(*Psalidium maxillosum* [F.])

SCHADBILD

Das Schadbild entspricht dem, welches durch den Luzernerüßler (*Otiorhynchus ligustici* [L.]) verursacht wird.

SCHÄDLING

Schwarzer Rübenrüßler (*Psalidium maxillosum* [F.]).
Der schwarze Käfer ist etwa 7,5 bis 9 mm lang. Er besitzt rotbraune Fühler und einen grob punktierten Halsschild. Die Flügeldecken sind ebenfalls punktiert, wobei die Punkte in Längsreihen angeordnet sind. Die Zwischenräume sind körnig (4).

53

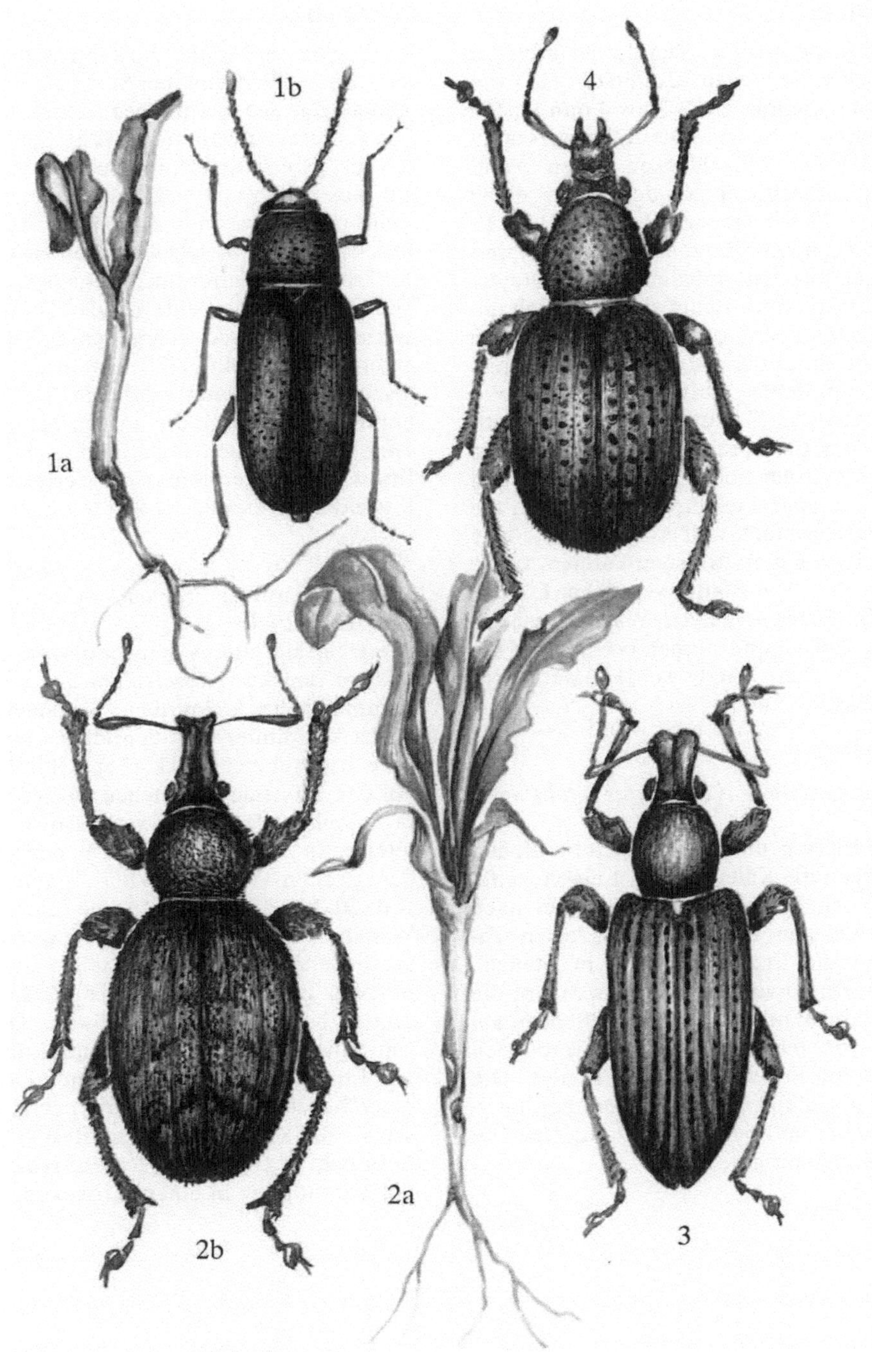

Mohnwurzelrüßler

(Stenocarus fuliginosus [Marsh.])

SCHADBILD

Etwa ab Mitte April werden die Keimblätter sowie später die jungen Laubblätter (1a) von schwarzen, breitovalen, 2,7 bis 4 mm langen Rüsselkäfern befressen. Die Käfer weisen an der Basis der Flügeldecken einen samtschwarzen Fleck und an der Spitze einen kleinen weißen Schuppenfleck auf (1b). Es können auch die Herzblätter zerstört werden. Kahlfraß ist möglich. In späterem Wachstumsstadium findet sich nur noch unbedeutender Loch- oder Randfraß an den Laubblättern. In der ersten Maihälfte minieren gelblich-weiße, 2 bis 3 mm lange, beinlose Larven (1c) für kurze Zeit in den Blattstielen oder Blattspreiten. Später werden in den Pfahlwurzeln tiefe Fraßlöcher (1d) und 2 bis 3 cm lange Fraßgänge beobachtet, die durch diese gelblich-weißen Larven, die eine Länge bis zu 6 mm erreichen können, verursacht werden. Die Blätter vergilben. Die betroffenen Pflanzen zeigen Wachstumshemmungen, welken und sterben bei starkem Befall ab. Durch Wind werden sie leicht abgeknickt.

SCHÄDLING

Mohnwurzelrüßler (*Stenocarus fuliginosus* [Marsh.]).
Nach Verlassen der Winterlager im Boden verursachen die Käfer zunächst einen Reifefraß an den Jungpflanzen. Sie legen nach etwa 4 Wochen Fraßzeit ihre Eier in Taschen in die Blattunterseiten, in Stengel. Nach einem kurzen Minierfraß wandern die Larven zum Wurzelbereich der Pflanzen ab. Nach 4- bis 6wöchiger Fraßzeit verpuppen sie sich im Boden in einem Kokon. Die Jungkäfer schlüpfen noch im Sommer, überwintern aber im Boden. Es tritt nur eine Generation im Jahr auf.

Mohnkapselrüßler

(Ceutorhynchus macula-alba [Herbst])

SCHADBILD

Bei Beginn der Mohnblüte kann an den Blättern, Blattstielen und den Stengeln ein unregelmäßiger Schabefraß beobachtet werden. Die Fraßstellen verbräunen (2a). Später weisen die grünen Kapseln mehrere Bohrlöcher auf, aus denen erst weißlicher, aber schnell sich braunschwarz bis schwarz verfärbender Milchsaft austritt. Die betroffenen Kapseln verfärben sich unregelmäßig gelbgrün (2b). Die Flecke können eine Größe bis zu 3 mm erreichen. Beim Aufschneiden der Kapseln erkennt man darin gelblich-weiße, beinlose, bis etwa 7 mm lang werdende Larven mit brauner Kopfkapsel, die an den Samen fressen. Durch Eindringen von pilzlichen Krankheitserregern durch die Verletzung der Kapselwand verpilzt der Kapselinhalt.

SCHÄDLING

Mohnkapselrüßler (*Ceutorhynchus macula-alba* [Herbst])
Die Oberseite dieses mattschwarzen, 2,7 bis 4,5 mm langen Rüsselkäfers ist grauweiß schuppig behaart. Auf den Flügeldecken befindet sich hinter dem Schildchen ein dicht weiß beschuppter Fleck (2c). Die Härchen auf den Flügeldecken stehen auf jeder Seite in 8 Reihen. Die Käfer verlassen ihre Winterlager in einem Kokon im Boden etwa in der zweiten Maihälfte. Bei Temperaturen von 20 bis 25 °C werden die Eier in die Wände der jungen Mohnkapseln gelegt. Den ausfließenden Milchsaft verteilen die Käfer um das Bohrloch herum. Er verfärbt sich schnell braunschwarz bis schwarz. Die Larven entwickeln sich in der Kapsel und fressen die Samen. Es können bis zu 8 Larven in einer Kapsel leben. Zur Verpuppung verlassen sie die Kapsel durch ein selbst gebohrtes Bohrloch und fallen zu Boden. Hier erfolgt die Verpuppung in einem Erdkokon.

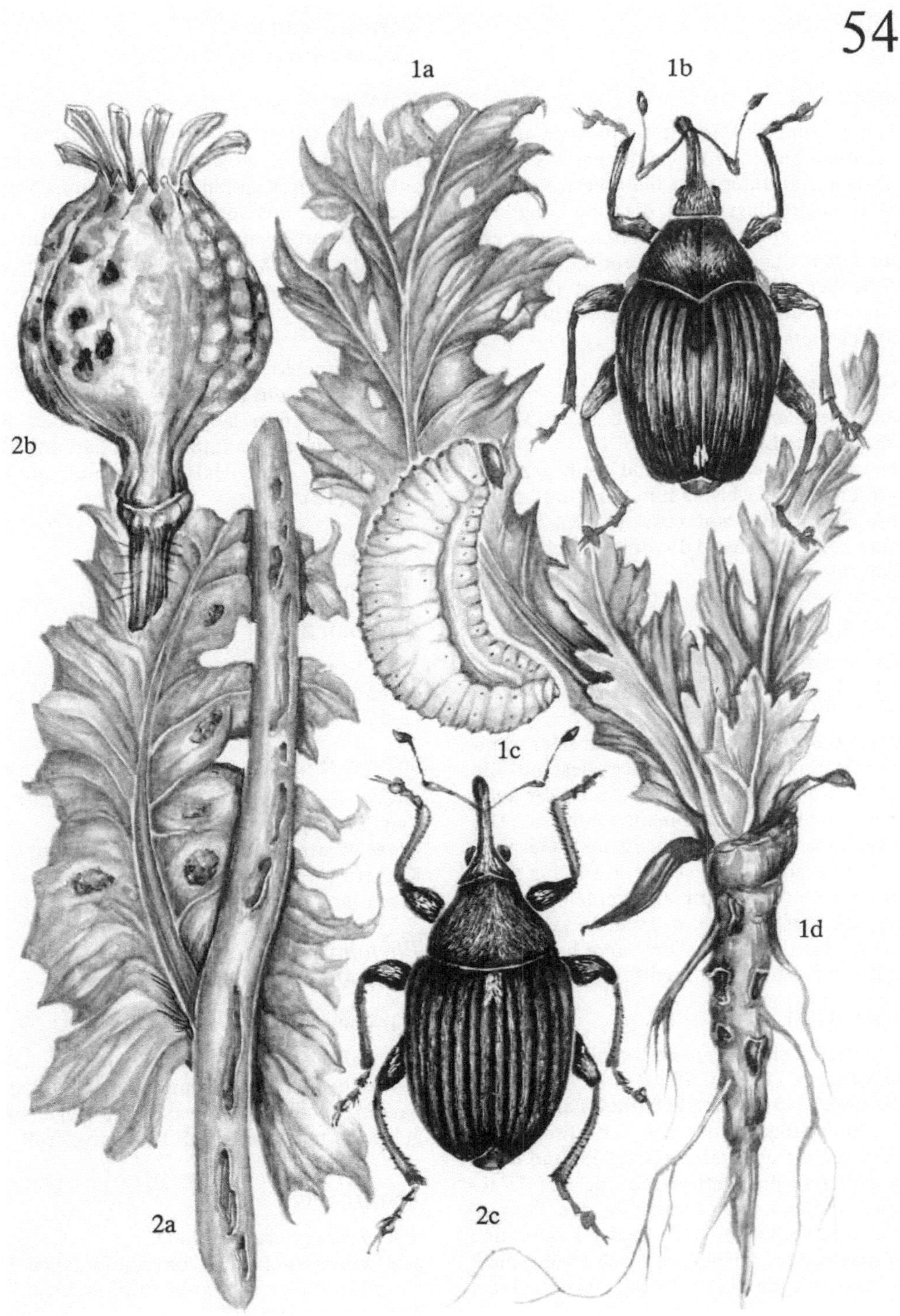
1a
1b
1c
1d
2a
2b
2c

Kohleule
(*Barathra brassicae* L.)

SCHADBILD

Etwa ab Juni werden die Blätter von unterschiedlich braun, grün, grünlichgrau bis rötlich (1 a), mitunter grau bis schwarz gefärbten Schmetterlingslarven, die eine Länge bis zu 40 mm erreichen, befressen. Nach anfänglichem Loch- oder Randfraß werden schließlich die Blätter skelettiert (1 b). An den noch grünen Kapseln sind Einbohrlöcher (1 c) erkennbar.

SCHÄDLING

Kohleule (*Barathra brassicae* L., Syn. *Mamestra brassicae* L.).
Der graubraune, dunkel und weiß gezeichnete Falter ist 19 bis 23 mm lang und besitzt eine Spannweite von etwa 45 mm. Er legt seine gerieften Eier (1 d) vornehmlich an die Blattunterseiten ab.

Schattenwickler
(*Cnephasia wahlbomiana* L.)

SCHADBILD

Etwa ab Mitte Mai sind bei mehr oder weniger zahlreichen Pflanzen im Bestand die Spreiten der Blattspitzen (2), mitunter auch die Herzblätter zusammengesponnen. Die Blattspitzen sind verdreht. In dem Gespinst frißt eine graugrüne, später grüne bis blaßgrüne und etwa 13 mm lang werdende Larve, die auf der Rückseite mehrere schwarze Punktreihen aufweist. Die Larve befrißt das Blattgewebe bzw. die Triebspitze.

SCHÄDLING

Schattenwickler (*Cnephasia wahlbomiana* L.), (siehe auch Tafel 65, 70).
Die grau bis bräunlich gefärbten Falter besitzen eine Flügelspannweite von etwa 16 bis 23 mm. Sie fliegen ab Anfang Mai und legen ihre Eier an die Blattspitzen oder die Triebspitzen. Die Larven fressen in den Gespinsten und verpuppen sich in der Regel auch in diesen bzw. im Boden. Nach etwa 2 bis 3 Wochen fliegen die Falter der zweiten Generation.

194

Kartoffelwanze
(*Calocoris norvegicus* [Gmel.])

SCHADBILD

Etwa ab Mitte Mai treten an Blattadern, Blattspreiten, Trieben, Knospen und später auch an den Kapseln kleine braune Saugflecke auf, aus denen ein schnell sich schwarz verfärbender Milchsaft austritt. Es kommt zu Verkrümmungen der Blätter an den Blattadern sowie der Triebe (3 a).

SCHÄDLING

Kartoffelwanze (Zweipunktige Wiesenwanze) (*Calocoris norvegicus* [Gmel.]).
Die 6 bis 8 mm lange Wanze variiert bei dunkelgrünem Grundton in der Färbung. Sie besitzt auf dem Halsschild zwei dunkle Punkte (3 b).

Grüne Futterwanze
(*Exolygus pabulinus* L.)

SCHADBILD

Das Schadbild entspricht dem, welches durch die Kartoffelwanze (*Calocoris norvegicus* [Gmel.]) verursacht wird.

SCHÄDLING

Grüne Futterwanze (*Exolygus pabulinus* L., Syn. *Lygus pabulinus* L.).
Diese Wanze ähnelt der Kartoffelwanze in Körperform und Lebensweise. Sie ist etwa 6 mm lang, grün bis braungrün gefärbt (4).

Phytomyza geniculata Macq.
(ohne Abbildung)

SCHADBILD

Auf der Blattoberseite sind schmale, helle, geschlängelte, gangförmige Minen erkennbar, in denen eine etwa 2 mm lange, hellgelbe bis hellgrünliche Fliegenlarve frißt.

SCHÄDLING

Phytomyza geniculata Macq.
Die schwärzliche, 2,8 bis 4 mm lange Minierfliege fliegt im Mai bis Juni und legt ihre Eier an die Blätter.

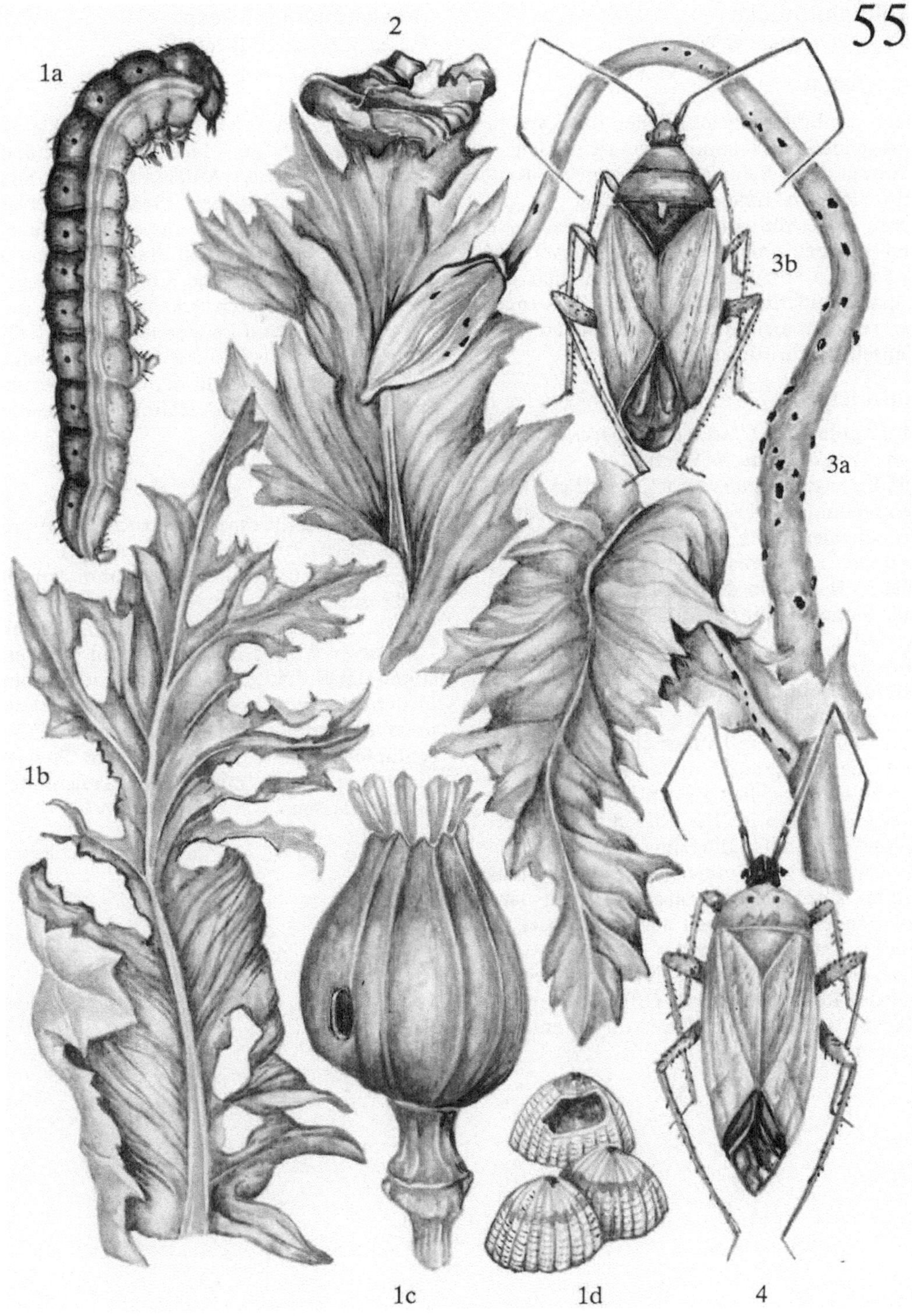
1a
2
3b
3a
1b
1c
1d
4

Mohngallmücke
(*Dasyneura papaveris* Winn.)

SCHADBILD

Nach der Blüte entwickeln sich die Kapseln unregelmäßig, es kommt zu geringfügigen Krümmungen. Beim Aufschneiden der Kapseln sind im Inneren zahlreiche, 1,7 bis 2 mm lange, rötlich-gelbe bis orangefarbene und spindelförmige Gallmückenlarven zu finden (1a, b). Später verfärben sich die Kapseln äußerlich leicht gelblich, im Inneren verschimmeln sie und sterben ab. Der Kapselinhalt wird zerstört.

SCHÄDLING

Mohngallmücke (*Dasyneura papaveris* Winn., Syn. *Perrisia papaveris* Winn.).
Die braunschwarzen, etwa 1,2 bis 2 mm langen Gallmücken besitzen 15- bis 16gliedrige Fühler. Sie fliegen zur Zeit der Mohnblüte und der Kapselausbildung. Sie legen ihre Eier in Haufen in die Kapseln ab. Während die Mohngallmücke früher als Sekundärschädling angesehen wurde, welcher nur solche Kapseln befallen soll, die durch den Mohnkapselrüßler (*Ceutorhynchus maculaalba* [Herbst]) bereits mit Eiern belegt wurden, haben neuere Untersuchungen gezeigt, daß die Gallmücke nicht unbedingt auf diese Eiablagestellen zur Ablage der eigenen Eier angewiesen ist. Die Larven leben in der Kapsel und greifen die Samen an, welche absterben oder verkümmern. Die Verpuppung erfolgt sowohl in der Kapsel als auch nach Auswandern der Larven aus der Kapsel im Boden. Das Verlassen der Kapseln ist nur nach leichtem Abheben des Kapseldeckels bei der Reife oder durch Öffnungen in der Kapsel, welche durch Verletzungen entstanden sind, möglich.

Mohnstengelgallwespe
(*Phanacis papaveris* [Kieff.])

SCHADBILD

Zunächst finden sich an den Stengeln kleine Einstichstellen, an denen sich schnell schwarz verfärbender Milchsaft austritt. Die Einstichstellen verpilzen. Später vergilben die Kapseln und werden notreif. Die Stengel verfärben sich braunviolett. Beim Aufschneiden der Stengel (2a) sind 3 bis 4 mm lange, weißlich-gelbe Larven erkennbar (2b), die zwischen Mark und Leitgewebe auf- und abwärtslaufende, etwa 3 bis 4 cm lange Gänge fressen, die äußerlich an der Stengeloberfläche an braunvioletten Verfärbungen erkennbar sind.

SCHÄDLING

Mohnstengelgallwespe (*Phanacis papaveris* [Kieff.], Syn. *Timaspis papaveris* Kieff.).
Die schwarzen, etwa 3 bis 3,5 mm langen Gallwespen fliegen ab Mai bis in den Juli hinein. Sie legen ihre Eier in die Stengel. Die Larven fressen in den Stengeln und zerstören dabei die Leitgefäße. Sie überwintern in den Stengeln in einem Kokon. Die Verpuppung erfolgt im Frühjahr. Im Mai schlüpfen die Wespen, die den Stengel durch ein etwa 1 mm großes, kreisrundes Loch verlassen.

Mohnkapselgallwespe
(*Aylax papaveris* [Perris])

SCHADBILD

Große Teile oder die ganze Kapsel sind stark angeschwollen und deformiert, leicht gelblich verfärbt. Die Scheidewände in der Kapsel sind auf kurze Leisten reduziert oder fehlen. Das Kapselinnere ist in ein weiches, randwärts mehr oder weniger eingeklüftetes Gewebe mit zahlreichen, hartwandigen Gallenkammern umgebildet (3).

SCHÄDLING

Mohnkapselgallwespe (*Aylax papaveris* [Perris]).
Die etwa 2 bis 2,5 mm langen Gallwespen besitzen einen schwarzbraunen bis schwarzen Hinterleib und schwarzbraune Antennen. Sie fliegen zur Zeit der Mohnblüte bzw. Kapselausbildung. Die Eier werden in die Kapseln gelegt, in denen die Larven leben und in denen sie sich auch verpuppen. Hier erfolgt die Überwinterung. Im Frühjahr verlassen die Wespen die Gallen. Es tritt nur eine Generation im Jahr auf.

Mohnkapselgallwespe
(*Aylax minor* Hartig)

SCHADBILD

An den Kapseln ist zunächst äußerlich keine Veränderung wahrnehmbar, obwohl bereits Befall vorliegt. Später werden die Kapseln hart, ihre Oberfläche wird leicht bucklig. Sie vergilben vorzeitig. Beim Aufschneiden finden sich an den Scheidewänden in der Kapsel meist zahlreiche ovale, bis 2 mm große, hartwandige kugelige Gallen, die aus den Samenanlagen hervorgehen (4). Sie sind hirsekorngroß und an den Scheidewänden angewachsen.

SCHÄDLING

Mohnkapselgallwespe (*Aylax minor* Hartig).
Der Hinterleib dieser 1,5 bis 2 mm langen Gallwespe ist gelbrot bis kastanienbraun, dorsal schwarzbraun, die Antennnen sind braun, beim Weibchen das erste und zum Teil auch das zweite Fühlerglied gelbrot.
Die Lebensweise entspricht etwa der von *Aylax papaveris* Perris.

Vögel, verschiedene Arten

SCHADBILD

Die fast reifen oder reifen Mohnkapseln sind mehr oder weniger ausgedehnt und unregelmäßig angehackt und beschädigt. Die Beschädigungen finden sich teils im unteren (5a) teils im oberen Bereich der Kapsel. Mitunter sind die Kapseln in der gesamten Länge aufgerissen oder weisen große seitliche Löcher auf (5b). Es werden auch die gesamten Stengel bzw. die Kapseln abgebrochen und liegen auf dem Boden.

SCHÄDLINGE

Vögel, verschiedene Arten.
Bei beginnender Reife der Kapseln werden die Mohnpflanzen durch verschiedene Vogelarten geschädigt, die in der beschriebenen Weise die Kapseln beschädigen, um an die Samen heranzukommen. In Frage kommen unter anderen: Stare und Saatkrähen sowie andere Krähen-Arten (Abbrechen der Stengel und der Kapseln, Zerstörung der Kapselwände (5b)), Meisen-Arten (Beschädigung der Kapseln im unteren Bereich (5a)), Stieglitze (Kapseln werden in ihrer gesamten Länge aufgehackt, Hänflinge (Zerstörung der Kapseln im Spitzenbereich), ferner Stare und Sperlinge.

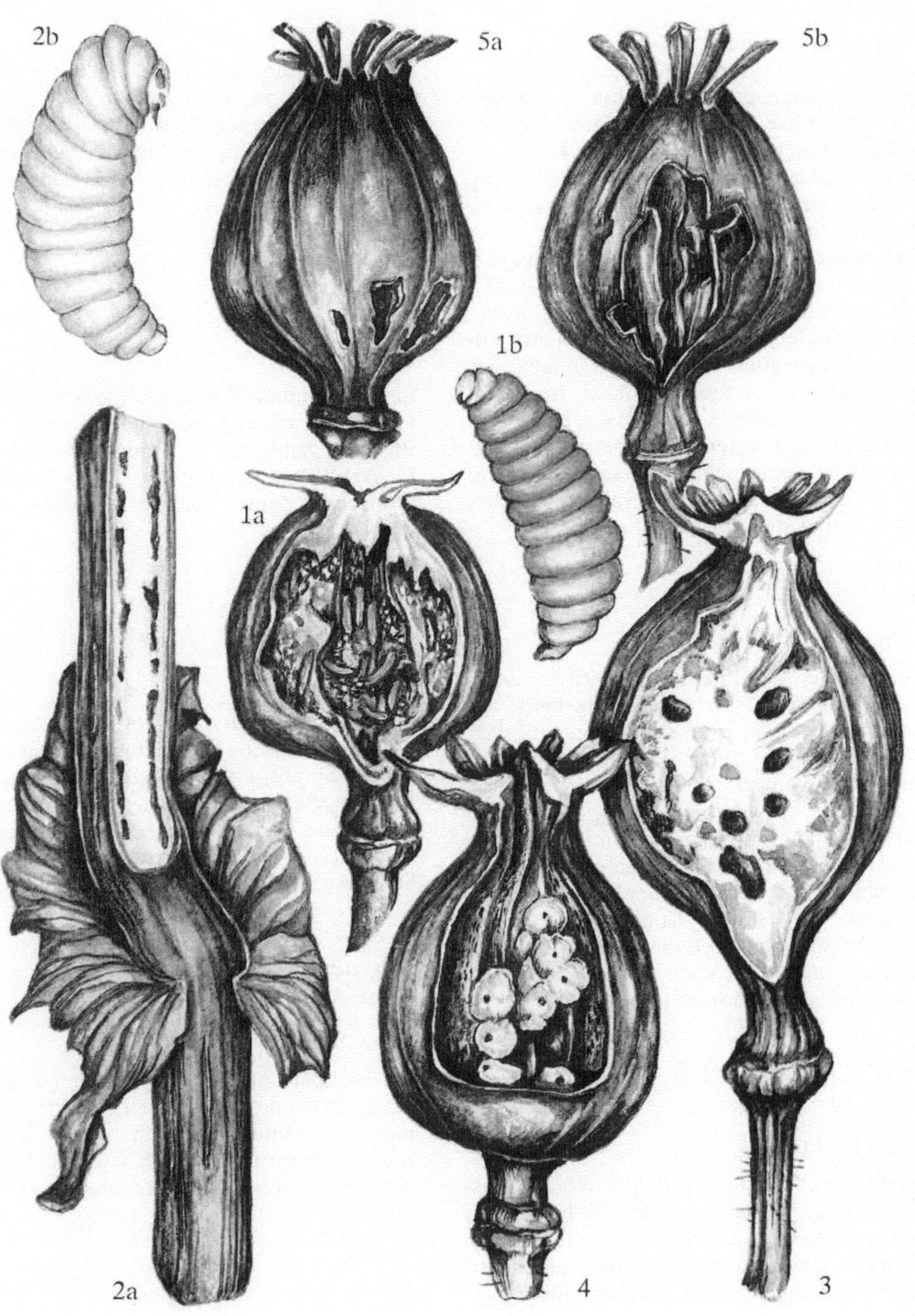
2b
5a
5b
1b
1a
2a
4
3

Bor-Mangel

SCHADBILD

Gegenüber gesunden Pflanzen (1a, b) gestauchtes Wachstum der jüngeren Internodien mit kleineren Blättern, die im Bereich der Sproßspitze chlorotisch verfärbt sind. Bei mäßiger Verzweigung der Stengel kommt es häufig nur zu einer schwachen Entwicklung der Blütenstände mit überwiegend kleinen oder verkümmerten Samenkapseln.
Die Samenentwicklung ist stark reduziert. Unter stärkeren Mangelbedingungen verfärben sich die obersten Blätter gelblich, wobei die versteiften Spitzenblätter zunächst um den absterbenden Vegetationspunkt zum Teil quirlig angeordnet sind (2a). Im weiteren Verlauf nehmen die inzwischen mehr und mehr nach unten gebogenen, geschädigten Blätter eine schmutzig-gelbe Färbung mit nachfolgenden braunen Spitzennekrosen an (2b) und sterben allmählich ab.

Kupfer-Mangel

SCHADBILD

Bei deutlich vermindertem Längenwachstum stellen die Sproßspitze sowie die meist unvollkommen oder nur schwach entwickelten Verzweigungen unter Verfärbungen über Gelb bis Weißgelb ihr Wachstum vorzeitig ein. Die chlorotischen Blätter erscheinen wellig mit aufwärts gebogenen Blattspitzen und stengelumfassender Tendenz (3a). Samenbildung deutlich vermindert oder unterbunden (3b), starker Kupfer-Mangel führt zum frühzeitigen Absterben der kupferintensiven Leinpflanzen nach Braunfärbung und anschließender Vertrocknung (3c).

Stickstoff-Mangel
(ohne Abbildung)

SCHADBILD

Stengel steif aufwärts gerichtet, Wachstumshemmung, Blätter insgesamt hellgrün, von unten beginnend, nach gelbbrauner Verfärbung vorzeitig absterbend, bei reduzierter Verzweigung verminderte Blütenbildung.

Phosphor-Mangel
(ohne Abbildung)

SCHADBILD

Sproßwachstum gehemmt, Stengel relativ kurz und dünn, Blätter klein, aufrechtstehend von blaugrüner Farbe, Starrtracht, geringe Verzweigung, Blütenansatz vermindert, ältere Blätter sterben unter gelbbrauner Verfärbung ab.

Kalium-Mangel
(ohne Abbildung)

SCHADBILD

Bei gehemmtem Wachstum bleibt der Sproß kurz, Verzweigung vermindert, an älteren Blättern gelbliche, in Braun übergehende Flecken, Blätter krümmen sich mit ihren nekrotischen Zonen nach unten oder oben, Welketracht.

Calcium-Mangel
(ohne Abbildung)

SCHADBILD

An jüngsten Blättern chlorotische Aufhellungen, die in dunkelbraune Nekrosen übergehen. Sproßspitzen knicken unterhalb der Sproßvegetationspunkte um und sterben ab, ebenso die Verzweigungen, oder sie bleiben in der Entwicklung gehemmt, Bildung von Samenkapseln unterbleibt.

Magnesium-Mangel
(ohne Abbildung)

SCHADBILD

In der Blattmitte älterer Blätter gelbgrüne bis gelbe Chlorosen, die sich nach der Spitze ausdehnen und nekrotisch werden, zunehmende Verformung der Blätter durch Eindrehen oder Einrollen mit vorzeitigem Blattfall.

57

Leinvergilbung

SCHADBILD

Besenwuchsartige Triebentwicklung, Vergilben der oberen Stengelpartien (1 a), lanzettlich schmale Kelchblätter bis 18 mm lang, verkümmerte, deformierte Blüte vergrünt (1 b), Verformung der Stengel und Kapseln. Pflanze erscheint hellgrün gegenüber der gesunden Pflanze (2).

ERREGER

Mykoplasmen.
Testpflanze: *Catharanthus roseus* (Triebsucht, Aufhellung der Blattadern, Blütenvergrünung).

Kräuselkrankheit

SCHADBILD

Die Stengel der verzwergten Pflanzen sind verdreht, Aufhellung der gekräuselten Blätter, auch Kronblätter gekräuselt, bleiben mitunter im Knospenstadium stecken (3 a, b).

ERREGER

Als Schadursache wird ein Virus vermutet.

Gelbfleckung

SCHADBILD

Schwache gelbliche Adernbänderung und Gelbfleckung der Blätter (4), abhängig vom Infektionszeitpunkt und vom Virusstamm Degeneration der Kapseln möglich.

ERREGER

Luzernemosaik-Virus (ALMV) (siehe Sonnenblumenfleckung, Tafel 37).
Testpflanze: *Phaseolus vulgaris* (nekrotische Flecke, bei manchen Virusisolaten systemische Fleckung und Nekrose).
Serodiagnose: Agargel-Doppeldiffusionstest.

Leinmosaik

SCHADBILD

Früh infizierte Pflanzen bleiben im Wachstum zurück, leichte Mosaikfleckung, verwaschene Aufhellung auf den Blättern, Symptommaskierung möglich, Kräuselung der Blätter (5).

ERREGER

Gurkenmosaik-Virus (CMV) (siehe Rapskräuselmosaik, Tafel 14), Arabismosaik-Virus, arabis mosaic virus (AMV), virus mozaiki rezuchi.
Testpflanze: *Chenopodium quinoa* (CMV: nekrotische Lokalläsionen, AMV: chlorotische Flecke und Scheckung der Blätter, Trieb gestaucht).
Serodiagnose: CMV, AMV: Agargel-Doppeldiffusionstest.

Ringscheckung
(ohne Abbildung)

SCHADBILD

Mit allgemeiner Beeinträchtigung des Wachstums sind Verkleinerungen sowie weißliche Ring- und Streifenmuster der zum Teil gekräuselten Blätter verbunden, Verunstaltung einzelner Blüten.

ERREGER

Tomatenschwarzring-Virus, tomato black ring virus (TBRV), virus černoj kolsevoj pjatnistosti tomata.
Testpflanze: *Chenopodium amaranticolor* (chlorotische bis nekrotische Flecke, chlorotische Scheckung oder Spitzennekrose).
Serodiagnose: Agargel-Doppeldiffusionstest.

58

Wurzelfäule
(*Thielaviopsis basicola* [Berk. et Br.]
Ferr., *Thielavia basicola* [Berk. et Br.] Zopf)

SCHADBILD

Die jungen Pflanzen zeigen Schwärzung, Absterben und Verrotten der unterirdischen Pflanzenteile bis zum Hypokotyl (1a). Bei höheren Temperaturen welken die befallenen Pflanzen auffallend schnell, vergilben und sterben ab (1b).

ERREGER

– *Thielaviopsis basicola* (Berk. et Br.) Ferr., Syn. *Torula basicola* Berk. et Br., *Milowia nivea* Massee.
Für diesen Pilz finden sich in der einschlägigen Bestimmungsliteratur unterschiedliche Beschreibungen (vergleiche hierzu Spezialliteratur im Literaturnachweis).
Die Makrokonidien (Chlamydosporen) sind braun, rechteckig, (2 bis 7 × 10 bis 17 µm), an den Spitzen etwas abgerundet, von hyalinen Basalzellen in kurzen Ketten (Länge 40 bis 50 µm) gebildet, bei Reife auseinanderbrechend, dann fast schwarz (1c). Mikrokonidien (Endokonidien) (6 × 4 µm) entstehen innerhalb von Endokonidiophoren. Sie sind zylindrisch, werden von einer endogenen Mutterzelle in gerader Reihe kettenförmig abgeschnürt, sind hyalin, an den Enden abgestumpft und werden nacheinander durch die Spitze freigesetzt (1d).
Zusammen mit *Thielaviopsis basicola* (Berk. et Br.) Ferr. kann an geschädigten Pflanzen auftreten:
– *Thielavia basicola* (Berk. et Br.) Zopf
Der sehr ähnliche Pilz *Thielavia basicola* wächst nur in Verbindung mit *Thielaviopsis basicola*. Er bildet ebenfalls Endokonidien.

Flachswelke (Flachsmüdigkeit)
(*Fusarium oxysporum* Schlecht.
f. sp. *lini* [Bolley] Snyd. et Hans.)

SCHADBILD
(siehe auch Tafel 5, 67)

Die Bestände laufen mangelhaft oder unregelmäßig auf. Es entstehen Fehlstellen in

den Beständen. Keimende Samen verbräunen im Boden, der Keimling stirbt mitunter noch vor Erreichen der Bodenoberfläche ab. Bereits aufgelaufene Pflanzen fallen vor allem auf ungünstigen Standorten bzw. bei ungünstiger Witterung unter Gewebeerweichung und zunehmender Bräunung bis Schwärzung des Wurzelhalses und der hypokotylen Stengelteile um (2a).
Umgefallene Keimpflanzen gehen mit auffälligen Einschnürungen des verbräunten Wurzelhalses bzw. der hypokotylen Stengelteile ein und vertrocknen. Ältere Pflanzen können über Wurzelinfektionen oder Infektionen über Verletzungen zum Vergilben der Blätter und Welken gebracht werden (Wachstumshemmung). Auffällig ist die Vergilbung vor allem im Spitzenbereich der Pflanzen (2b). Oft ist die Welke herdweise im Bestand zu finden. Bei Längs- und Querschnitten durch die Triebe betroffener Pflanzen ist eine Verbräunung der Gefäße zu erkennen (Tracheomykose). Für die Diagnose ist wichtig, daß sich bei feuchter Haltung geschädigter Leintriebe ein weißes, watteartiges Pilzgeflecht entwickelt.

ERREGER

Fusarium oxysporum Schlecht. f. sp. *lini* (Bolley) Snyd. et Hans.
Der Erreger ist auf Lein spezialisiert. Keim- und Jungpflanzen werden durch den Erreger von infizierten Samen aus befallen, ältere Pflanzen über Wurzelinfektionen mit diesem bodenbürtigen Pilz bzw. Infektionen über Verletzungen. Sein Myzel ist weiß bis pfirsichfarben, oft mit violetten Farbtönen. Bildung von Makro- und Mikrokonidien. Makrokonidien spindelsichelförmig, 3 bis 5 Septen (Größe bei 3 Septen: 35 bis 40 × 3,7 bis 5 µm) bei 5 Septen: 30 bis 50 × 3 bis 5 µm) (2c), mit Fußzelle. Größe der Mikrokonidien 6 bis 15 × 2,5 bis 5 µm, reichlich, 1- oder 2zellig) (2d) auf kurzen Phialiden entstehend, hyalin, oval. Auch Bildung von Chlamydosporen. Sie sind rund, 1- oder 2zellig, meist rauhwandig, Durchmesser 8 bis 10 µm, terminal an kurzen Seitenästen oder interkalar (2e).

59

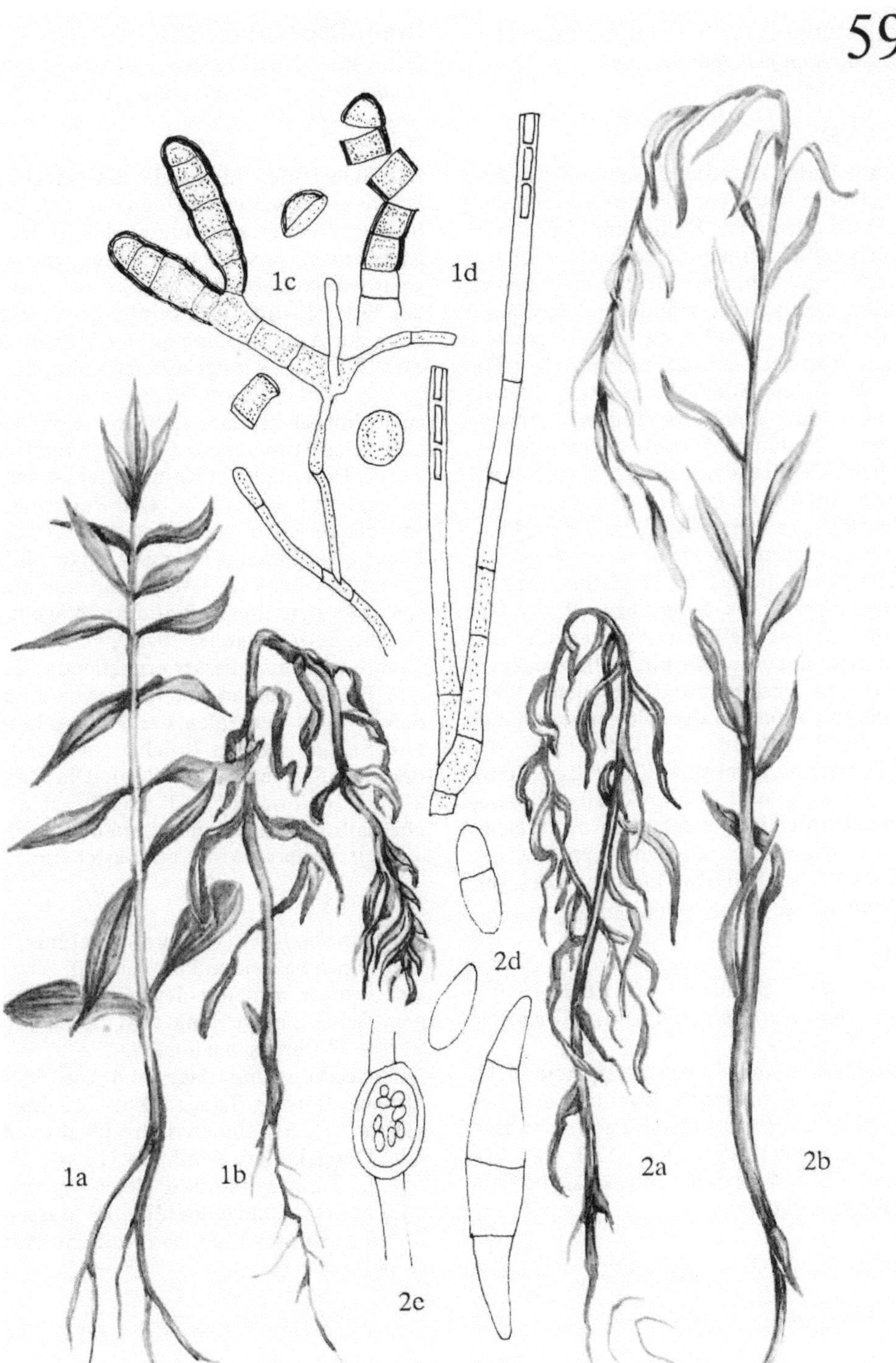

Flachsstengelbruch (Flachsbräune)
(*Aureobasidium pullulans* var. *lini*
[Laff.] Cooke)

SCHADBILD

Bestände laufen mitunter lückenhaft auf. An Keimblättern treten vor allem in Verbindung mit Fraßstellen von Erdflöhen (Tafel 64) grünlich-graue, allmählich größer werdende, schwach eingesunkene Flecke auf, deren Zentrum sich schnell bräunt und vertrocknet. Bei starker Schädigung erfolgt ein vorzeitiges Abstoßen der Keimblätter. Im Bereich der Keimblätter häufig Stengelbefall mit fortschreitender Verbräunung, zunehmender Einschnürung und Vermorschung befallener Stengelabschnitte. Dadurch ist leichtes Abknicken bei Wind möglich. An älteren Blättern ebenfalls oft in Verbindung mit Verletzungen, vor allem durch Erdflöhe (Tafel 64), rundliche oder längliche Flecken (Durchmesser 4 bis 5 mm bzw. 9 × 4 bis 5 mm), anfangs hellbraun, später dunkelbraun und eingesunken, mit hellerem Zentrum (1 a, b). Absterben stark befallener Blätter. Die Infektion von den Blättern kann auf den Stengel übergreifen (1 c). Durch Zusammenfließen von Flecken häufig völlige Stengelverbräunung und Vermorschung. Blütenstände oft mit Bräuneflecken an den Kelchblättern, später auch an den Kapseln (1 d). Vielfach sterben befallene Pflanzen noch vor der Blüte ab.

ERREGER

Aureobasidium pullulans var. *lini* (Laff.) Cooke, Syn. *Polyspora lini* Laff., *Kabatiella lini* (Laff.) Karak.
Die Konidiophoren sind kurz, leicht verdickt (1 e) oder unterentwickelt. Konidien oval bis länglich, leicht gekrümmt oder gestreckt, Enden abgerundet (9,6 bis 12,8 × 1 bis 5,8 μm). Chlamydosporen interkalar, in Ketten, dickwandig (1f).

Brennfleckenkrankheit (Flachsanthraknose)
(*Colletotrichum lini* [Westerd.] Tochinai)

SCHADBILD

Bestände laufen nicht oder nur lückig auf. Entweder ist bei den keimenden Samen die Keimwurzelbildung unterblieben oder die Keimwurzel weist leicht eingesunkene, orangefarbene Streifen oder Flecke auf. Ein Teil der Wurzel wird fadenförmig. Es kann aber auch zur Anschwellung an der Wurzel kommen. Vereinzelt aufgelaufene Keimpflanzen zeigen auf den Keimblättern anfangs glasige, später rötlich-braune, zum Teil auch weißliche, scharf umrandete Flecke (Brennflecke, 2 a, b). Unterhalb der Keimblätter ist das Hypokotyl rötlich verfärbt. Die Keimpflanzen verwelken, fallen um und sterben ab (2 c, d). Nicht abgestorbene Pflanzen zeigen infolge Sekundärinfektion Wachstumshemmung, später an den älteren Blättern, Stengeln und Blüten rötlichbraune, ovale, etwa 1 bis 10 mm im Durchmesser erreichende Flecke. Die Blätter sterben ab, fallen vorzeitig, so daß es zum Verkahlen der Pflanze kommt. Die Stengel werden brüchig und sind mit braunen Flecken besetzt (2 e). Die Kapseln können deformiert und vergilbt sein und ebenfalls rötlich-braune Streifen oder Flecke aufweisen, deren Mitte grau erscheint.

ERREGER

Colletotrichum lini (Westerd.) Tochinai, Syn. *Colletotrichum linicola* Peth. et Laff.
Der Erreger wird mit dem Saatgut übertragen. Seine Entwicklung wird durch feuchtwarme Witterung begünstigt.
Die Acervuli sind flach und von 3 bis 4 dunklen Borsten (Länge 70 bis 110 μm) umgeben (2 f). Sie finden sich auf abgestorbenen Stengelteilen. Konidien (15 bis 23 × 3 bis 3,5 μm), zylindrisch, leicht gekrümmt oder gestreckt, einzellig (2 g), bei Massenproduktion Absonderung als rosa Schleimtröpfchen.

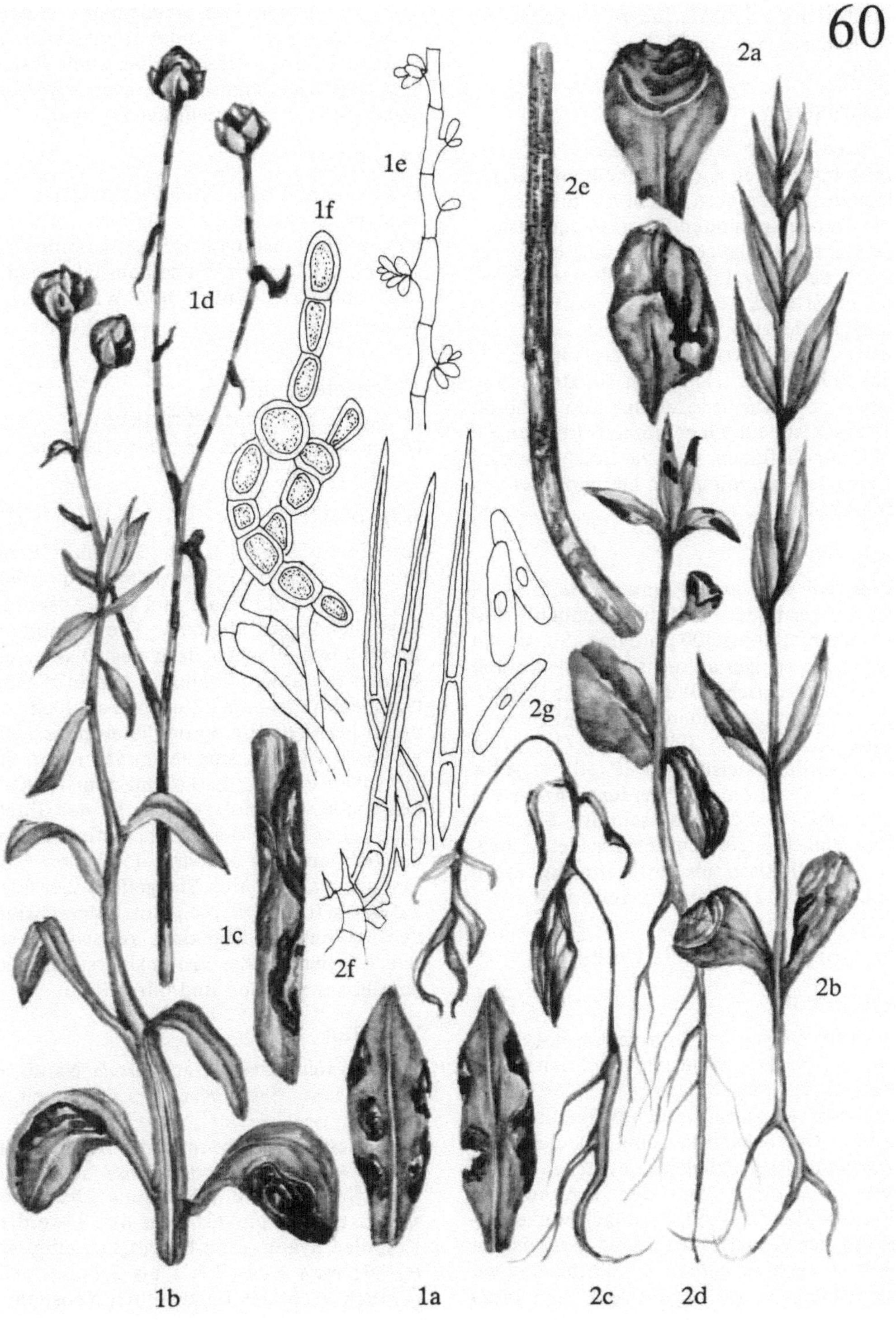

60
1e
1f
1d
2a
2c
1c
2f
2g
1b
1a
2c
2d
2b

Verticilliose (*Verticillium*-Welke)

(*Verticillium albo-atrum* Reinke et
Berth.)

SCHADBILD

Pflanzen vergilben und welken (1a). Die
Stengel verfärben sich dunkelblaugrau bis
bleigrau. Sie knicken leicht ab und liegen
zwischen den gesunden Pflanzen des Bestandes. Derartige Pflanzen lassen sich leicht aus
dem Boden ziehen. Die Wurzel ist verbräunt
und meist stark zerstört (1b). Wurzel- und
Stengelrinde sind runzelig und silbergrau,
mit Luft durchsetzt. Die Rinde läßt sich bis
zum Blütenstand leicht vom Holzteil lösen.
Gefäße des Stengels verbräunt. Die Stabilität
der Faser ist deutlich gemindert. Im Stengelhohlraum befinden sich zahlreiche dunkle
Mikrosklerotien mit einem Durchmesser von
etwa 20 µm.

ERREGER

Verticillium albo-atrum Reinke et Berth.
Der Erreger bildet in Kultur reichlich Konidiophoren (100 bis 300 µm lang). Sie stehen
mehr oder weniger aufrecht, sind hyalin und
in charakteristischer Weise wirtelig (Wirtelpilz) verzweigt. An jedem Wirtel entspringen
2 bis 5 Nebenäste (Phialiden) (1c). Ihre
Größe variiert (meist 20 bis 30 (50) × 1,4 bis
3,2 µm). Die Konidien werden einzeln am
Ende der Phialiden abgeschnürt. Sie sind
meist einzellig, gelegentlich zweizellig, hyalin und elliptisch bis unregelmäßig zylindrisch (5 bis 12 × 2,5 bis 3 µm).

Physiologische Flachswelke

SCHADBILD

Meist bei Beginn des Knospenansatzes, mitunter auch schon früher, welken Pflanzen im
Bestand (2), vielfach nesterweise. Die Blätter
vergilben, Knospen werden vorzeitig abgeworfen. Das Schadbild kann mit dem, welches durch verschiedene pilzliche Krankheitserreger, vor allem den Erregern der
Wurzelfäule (Tafel 69), der Flachswelke (Tafel 59), der Verticilliose (Tafel 61) verursacht
wird, verwechselt werden. Gefährdet sind vor
allem Pflanzen auf ungünstigen Standorten

bzw. bei für den Lein ungünstigen Wachstumsbedingungen. Mitunter erholen sich betroffene Pflanzen, können aber auch absterben. Pilzliche Krankheitserreger bzw. Bodenschädlinge sind nicht nachweisbar.

URSACHEN

Das Schadbild wird durch verschiedene physiologische Faktoren, einzeln oder im Komplex wirkend, bedingt. In Frage kommen vor
allem Störungen im Wasserhaushalt, ungünstige Standort-, Kultur- und Witterungsbedingungen.

Flachsstengeldürre
(Fußfäule, *Phoma*-Krankheit)

(*Phoma exigua* Desm. var. *linicola* [Naum.
et Vass.] Maas)

SCHADBILD

An Keimpflanzen treten zunächst kreisrunde Flecke auf den Keimblättern auf. Später kommt es zur Fäule und zum Absterben
stark befallener Pflanzen. Die Symptome
sind 3 bis 4 Wochen nach der Aussaat besonders auffällig. Sie äußern sich in Wachstumshemmung, allmählichem Vergilben von
unten her, Krümmung der Triebspitze nach
unten. Die Blätter sind leicht verbräunt, fallen schon bald ab. Es kommt zum Ablösen
der Rinde vom Holzzylinder an den Infektionsstellen. Auf der Rinde befinden sich
dunkelbraune bis schwarze Pyknidien (3a),
besonders am unteren Stengelteil, aber auch
auf Kapseln und Samen. Im fortgeschrittenen Stadium der Krankheit (oft schon mehrere Wochen vor der Ernte) sind stark befallene Pflanzen braun und dürr (3b, c).

ERREGER

Phoma exigua Desm. var. *linicola* Naum. et
Vass.) Maas., Syn. *Phoma linicola* March. et
Verpl.
Der Erreger ist auch unter der Bezeichnung
Ascochyta linicola Naum. et Vass. bekannt.
Die Pyknidien sind kugelförmig, Durchmesser 75 bis 200 µm (3d). In den Pyknidien
Konidien hyalin, rund bis länglich elliptisch
(Größe etwa 5 bis 7 × 2 bis 2,6 µm), gelegentlich leicht gekrümmt durch Knospung.

61

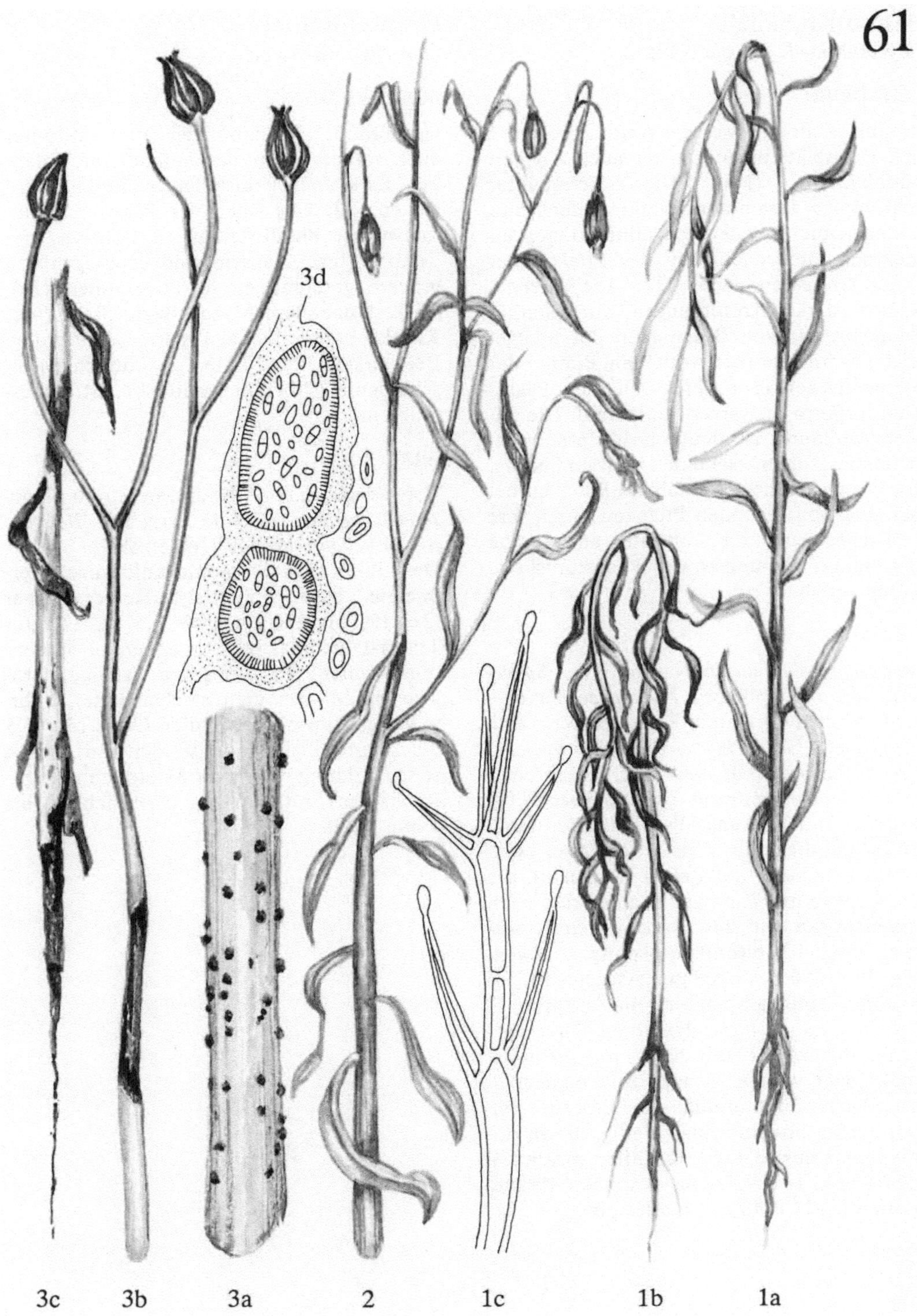

Pasmo-Krankheit
(*Mycosphaerella linicola* Naum.)

SCHADBILD

Braune, mehr oder weniger runde Flecke auf den Keimblättern und später auch auf den Laubblättern (1a). Die Keimblätter schrumpfen zusammen, „verkrampfen" und faulen. Durch lokale Stengelinfektionen an mehreren Stellen entsteht der Effekt einer Braun-Grünstreifigkeit (1b). Die Stengel weisen starke Krümmungen auf. Starker Stengelbefall kann Brüchigkeit der Stengel und Lagern bewirken. Auf den Blatt- oder Stengelflecken (1c) treten reichlich Pyknidien in Form schwarzer Punkte auf. Die Samenausbildung ist deutlich beeinträchtigt. Befallene Samen erscheinen matt und glasig. Im Bestand stehende befallene Pflanzen heben sich von gesunden Pflanzen durch ihre grünscheckige Farbe, mitunter auch graue bis braune Färbung sowie Wachstumshemmung gut ab.

ERREGER

Mycosphaerella linicola Naum., Syn. *Sphaerella linorum* Wollenw., *Mycosphaerella linorum* (Wollenw.) Garcia-Rada, *Septoria linicola* (Speg.) Gar., *Phlyctaena linicola* Speg. Pseudothecien (1d) verstreut, eingesenkt, mehr oder weniger rund, Durchmesser 75 bis 120 µm, mit Öffnung. Pseudothezienwand, bis 13 µm dick, aus 3 bis 5 Schichten pseudoparenchymatischer Zellen bestehend, die nach außen dickwandiger und dunkler, nach innen hyalin und dünnwandiger sind. Asci (1e) büschelig, bitunikat, 8sporig, dickwandig, 30 bis 50 × 8 bis 9 µm. Ascosporen (1f) hyalin, 1septig, am Septum eingeschnürt, 13 bis 17 × 2,5 bis 4 µm. Pyknidien (1g) eingesenkt, bis zu 120 µm breit, mit Öffnung, mehr oder weniger rund, Basis manchmal abgeflacht, dünnwandig. Konidiogene Zellen hyalin, birnenförmig, 1zellig, die Pyknidienhöhle auskleidend. Konidien hyalin, fadenförmig, 1- bis 3septig, gestreckt oder gekrümmt, 17 bis 40 × 1,5 bis 3 µm.

Grauschimmel
(*Botrytis cinerea* Pers.)

SCHADBILD

Graubraune Verfärbungen und mitunter auch völliges Absterben auflaufender Pflanzen. Es können Fehlstellen im Bestand entstehen. Bei Überleben der Pflanzen Kümmerwuchs. Befallsstellen an Blättern und Trieben sowie Kapseln sind überzogen von grauem, graubraunem bis olivbraunem (2a), stark stäubendem Myzel. Begünstigung der Krankheit durch feuchtwarme Witterung. Bei starkem Befall treten gewöhnlich Faserschädigung (2b) und erhebliche Ertragsausfälle ein.

ERREGER

Botrytis cinerea Pers., Hauptfruchtform *Sclerotinia fuckeliana* (Lib.) de Bary, Syn. *Botryotinia fuckeliana* (de Bary) Whetzel. Der Pilz besitzt bäumchenförmige, verzweigte, basal bräunliche Konidienträger (2c) (50 bis 150 µm groß, 7,5 bis 12,5 µm Träger-Durchmesser), von denen an Sporenmutterzellen mit Sterigmen 1zellige, farblose (in Massen grau erscheinende), eiförmige bis ellipsoide Konidien (9 bis 15 × 6,5 bis 10 µm) abgeschnürt werden (2d). Nicht selten Bildung schwarzer Sklerotien (Hauptfruchtform) mit runzliger Oberfläche (2 bis 7 mm groß).

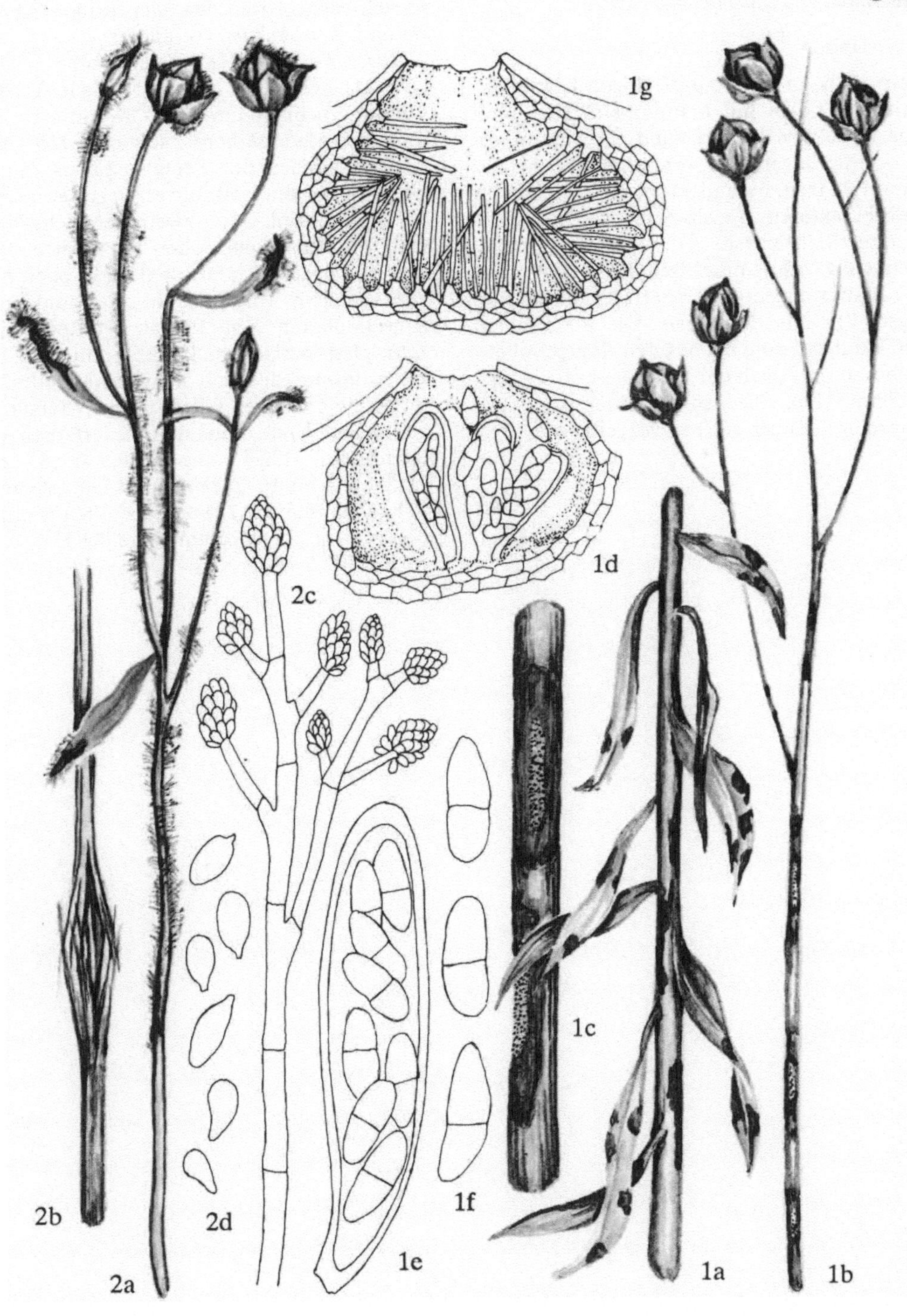
1g
1d
2c
1c
1f
1e
2b
2a
2d
1a
1b

Blattfleckenkrankheit

(*Alternaria* spp., *Stemphylium* spp.)

SCHADBILD

Keimpflanzen mit braunfleckigen Keimblättern (1 a) fallen mit brauner Naßfäule um. Das Hypokotyl ist verlängert. Es kommt zu Verkrümmungen und Verdrehungen. An älteren Pflanzen, besonders solchen, die durch Umweltfaktoren geschwächt sind, treten braune Blattflecken auf. Sie sind meist rechteckig, oft symmetrisch zur Mittelrippe des Blattes angeordnet, oder Flecken an der Blattspitze oder Blattbasis. Die Flecken an der Blattbasis sind oft auf den Stengel oberhalb und unterhalb der Blattansatzstelle ausgedehnt (1 b). Flecken mitunter auch an Kapseln. Pflanzen sterben vorzeitig ab (1 c).

ERREGER

Verschiedene Arten der Pilzgattung *Alternaria* und *Stemphylium,* vor allem:
– *Alternaria linicola* Groves et Skolko
Hyphen hyalin bis dunkeloliv-lederfarben, septiert, 3 bis 6 μm dick. Konidiophoren dunkeloliv-lederfarben, septiert (10 bis 30 μm zwischen den Septen), 15 bis 75 μm lang, 6 bis 8 μm weit, unverzweigt, aufrecht, oft gekniet, mit einer, zwei oder mehr Narben, einzelnstehend oder in kleinen Büscheln, gelegentlich terminal an Hyphen mit allmählichem Übergang in die dunkleren Konidiophoren. Konidien in der Regel einzeln, glatt, verlängert, konisch, ellipsoid bis keulenförmig, deutlich septiert, sich allmählich in einen langen fadenförmigen Schnabel verjüngend (1 d), dunkeloliv-lederfarben bis lederbraun (22,5 bis 130,5 × 7,5 bis 28,5 μm, 4 bis 16 Quer-, 0 bis 4 Längssepten) Schnabel 16,5 bis 231 × 3 bis 4,5 μm mit 0 bis 3 Quersepten. Gesamtlänge der Konidien 39 bis 292,5 μm.

– *Alternaria lini* Dey (ohne Abbildung)
Unterscheidet sich von *Alternaria linicola* durch die Neigung der Konidien zur Kettenbildung und ihre Größe (10 bis 40 × 5 bis 10 µm).
– *Alternaria alternata* (Fr.) Kreissler, Syn. *Alternaria tenuis* Ness.
Schwächeparasit mit septiertem Myzel. Die Konidiophoren des Pilzes sind einfach, kurz oder verlängert. Sie bringen einfache oder verzweigte Konidienketten hervor. Die Konidien sind charakterisiert durch ihre dunkle Färbung und die Untergliederung in Längs- und Quersepten. Die Konidienform variiert von keulig über elliptisch bis ovoid (1 e). Größe der Konidien 8 bis 16 × 20 bis 65 µm. Diese kann in Abhängigkeit vom Substrat variieren.
– *Stemphylium botryosum* Wallr. (Konidienform von *Pleospora herbarum* (Pers.) Rabh. (siehe auch Tafel 51)
– *Stemphylium radicinum* (M., Dr. et E.) Neerg., Syn. *Alternaria radicina* M., Dr. et E.
Die Form der Konidien ist variabel. Sie kann sowohl dem *Stemphylium*-Typ (mauerförmig geteilt, kompakt) (1 f), als auch dem *Alternaria*-Typ (gestreckt, keulenförmig) (1 d) entsprechen. Die Konidien von *Stemphylium botryosum* Wallr. sind dunkelbraun bis olivbraun, oval und stachelig, Größe 24 bis 39 × 19 bis 31 µm (1 g). Sie besitzen 3 transversale und 1 bis 3 longitudinale Septen. Besonders befallen werden geschwächte Pflanzen. Es gilt allerdings als umstritten, ob *Stemphylium botryosum* die imperfekte Form von *Pleospora herbarum* ist.

Echter Mehltau
(*Oidium lini* Bond.)

SCHADBILD

Etwa ab Juni tritt auf den Blättern ein zarter, weißlicher Belag auf der Blattober- und -unterseite auf. Die Blätter erscheinen wie mit Mehl bestäubt (2 a, b). Der Belag ist sporulierend.

ERREGER

Oidium lini Bond., (Hauptfruchtform *Erysiphe* sp.).
Konidien in kurzen Ketten, länglich ellipsoidisch bis zylindrisch, 25 bis 40 × 12 bis 18 µm (2 c). Die Hauptfruchtform (*Erysiphe* sp.) ist bisher in Europa noch nicht gefunden worden (kein Peritheziennachweis des Erregers). Zur Zeit gibt es noch widersprüchliche Meinungen über die konkrete *Erysiphe*-Art. Sie wird gelegentlich als *Erysiphe cichoracearum* DC. ex Merat angegeben.

Flachsrost
(*Melampsora lini* [Ehrenb.] Desm.)

SCHADBILD

Charakteristisch sind hell- bis orangegelbe Flecke (3a) oder Pusteln (Sori), die zu Beginn der Vegetationsperiode Pyknidien und Äzidiolager auf Blättern und Stengeln enthalten. Später treten rötlich-gelbe Uredolager auf Blättern (3b), Stengeln und Kapseln auf. Braune bis schwarze, von der Epidermis bedeckte Teleutolager befinden sich vor allem auf den Stengeln. Die Fasern werden brüchig und zeigen dunkle, teerspritzerartige Verfärbungen.

ERREGER

Melampsora lini (Ehrenb.) Desm., Syn. *Melampsora lini* (Ehrenb.) Desm. var. *linipera* Körn., *Melampsora lini* (Schum.) Lév.
Die Pyknidien liegen in Gruppen zu 5 bis 10 eng beieinander. Äzidiolager auf Blattunterseite zusammen mit Pyknidien, diese oft in konzentrischer Anordnung umringend, in frischem Zustand gelborange, sonst bräunlich. Äzidiosporen ellipsoid, Durchmesser 15 bis 25 μm, Wand hyalin, warzig, 2 bis 2,5 μm dick. Uredolager gestielt, unregelmäßig verstreut, in frischem Zustand orange, stäubend, Durchmesser 0,1 bis 1 mm. Paraphysen untermischt mit Uredosporen, kopfförmig, bis zu 80 μm lang, Durchmesser des Kopfes 20 bis 30 μm, hyalin. Uredosporen ellipsoid bis oval, 15 bis 25 × 14 bis 22 μm, Wand hyalin, feinstachlig, 1,5 bis 2 μm dick. Teleutolager amphigen und gestielt, rund oder in Stielrichtung verlängert, oft zusammenfließend und große Flächen bedeckend, subepidermal, schwarz. Teleutosporen zylindrisch, 45 bis 80 × 8 bis 12 μm, Wand gelblich, außen bis kastanienbraun.

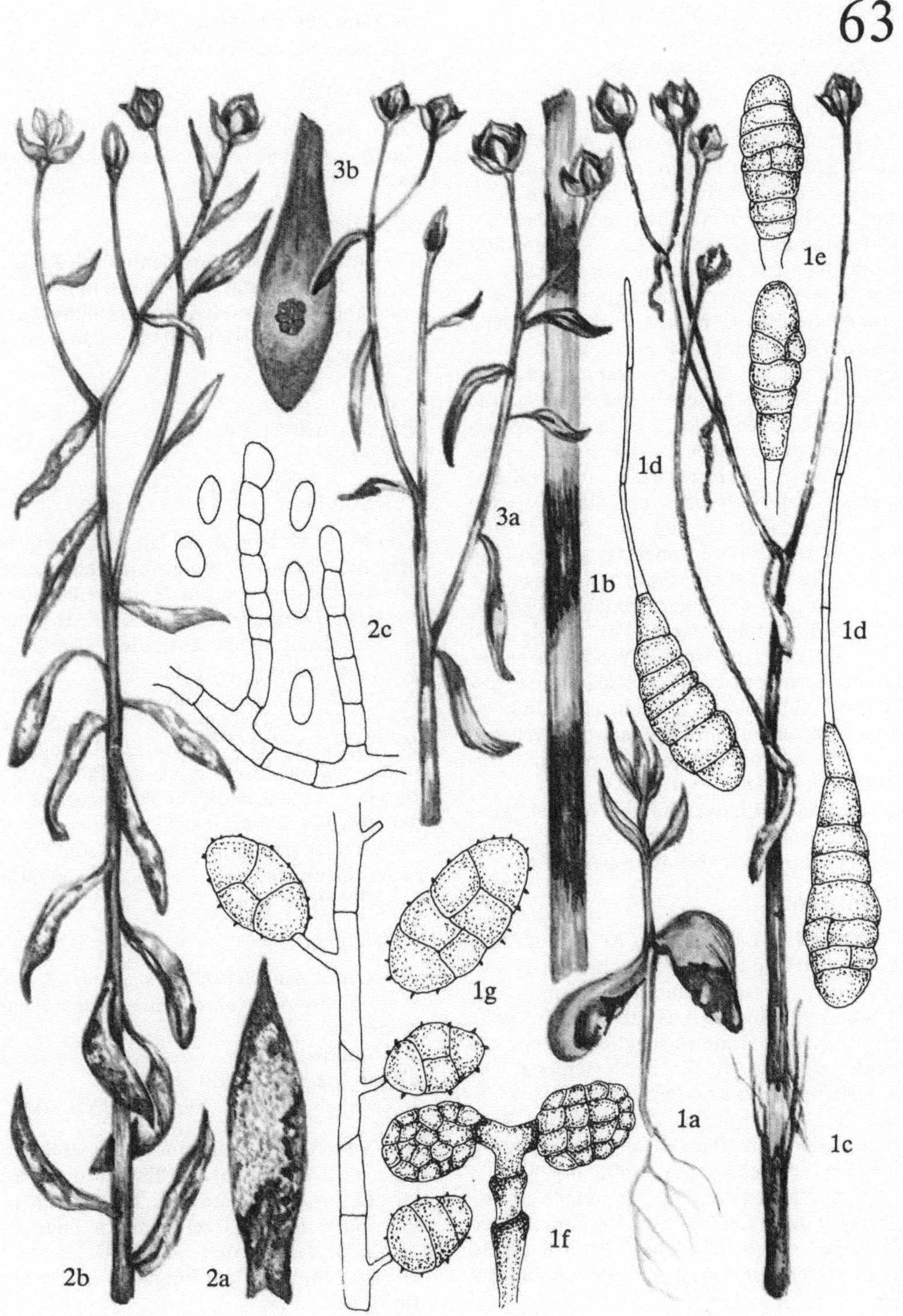
1a
1b
1c
1d
1d
1e
1f
1g
2a
2b
2c
3a
3b

Dunkelgrüner Leinerdfloh (Wolfsmilch-Erdfloh)
(*Aphthona euphorbiae* [Schrk.])

SCHADBILD

Im Keimblattstadium werden die Pflanzen von 1,5 bis 2 mm langen, dunkel metallisch grünlichen oder bläulichen, zum Teil auch bronzefarbenen oder schwarzen Käfern mit Sprungvermögen befressen. Es entsteht Rand- und Lochfraß sowie auf der Spreite der Keimblätter ein Schabefraß (1 a). Besonders bei trockenem Wetter kann es innerhalb weniger Tage zu Kahlfraß kommen. Auch die schossenden Pflanzen werden an Blättern und Trieben befressen. Dabei stellen die Fraßverletzungen gleichzeitig Infektionsherde für den Erreger des Flachsstengelbruches (*Aureobasidium pullulans* var. *lini* [Laff.] Cooke) (Tafel 60) dar. Vor allem werden durch Jungkäfer ab Juli die Stengel und Kapseln angegriffen, wobei das grüne Pflanzengewebe bis auf die verholzten Stengelpartien mehr oder weniger ausgedehnt abgenagt wird (helle Verfärbungen) (1 b). Häufig wird auch der Vegetationspunkt der schossenden Pflanzen zerstört. Dies führt später zur Ausbildung zahlreicher Seitentriebe und zu Stauchungen der Sproßspitze, womit erhebliche Verminderungen der Faserqualität verbunden sind (1 c).

Durch Fraß der Larven an den Wurzeln können im Juni bis Juli die Pflanzen welken und bei starkem Befall absterben.

SCHÄDLING

Dunkelgrüner Leinerdfloh (Wolfsmilch-Erdfloh) (*Aphthona euphorbiae* [Schrk.], 1 d). Die Beine dieser Käferart sind mit Ausnahme der schwarzen Hinterschenkel gelbrot. Das erste Hintertarsenglied ist nur ein Drittel so lang wie die Hinterschiene. Die Käfer erscheinen im März bis April.

Die Eier werden in den Boden an den Wurzelhals der Leinpflanzen abgelegt. Nach 3 Wochen erscheinen die weißlich-gelben, 4 bis 5 mm langen Larven (1 e), welche an den Wurzelspitzen fressen. Die Verpuppung erfolgt nach 4 bis 6 Wochen. Etwa 8 bis 10 Tage später erscheinen im Juli die Jungkäfer.

Schwarzer Flachserdfloh
(*Longitarsus parvulus* [Payk.])

SCHADBILD

Das Schadbild entspricht dem, welches durch *Aphthona euphorbiae* (Schrk.) verursacht wird.

SCHÄDLING

Der pechschwarze oder pechbraune Käfer ist 1,0 bis 1,8 mm lang (1 f). Die Beine sind mit Ausnahme der dunklen Hinterschenkel gelb. Das 1. Glied der Hintertarsen ist so lang wie die halbe Schiene.

Blasenfuß-Arten
(*Thrips* spp.)

SCHADBILD

Von Mitte Mai an bis in den Juli hinein zeigen die Pflanzen Wachstumshemmungen. Die Blätter (2 a) weisen feine weiße Flecke sowie Verkrümmungen auf, die Triebspitzen sind verdreht (2 b), (gesunde Pflanze 2 c). Knospen welken und fallen ab. Mitunter stirbt der Vegetationspunkt ab (2 d), und es kommt (ähnlich wie bei Erdflohschaden, Tafel 64) zu stärkerer Seitentriebbildung. Mitunter vergilben und welken die Pflanzen. Im Bereich der geschädigten Pflanzenteile saugen 0,6 bis 2 mm lange, schlanke, braunschwarze, kurzbeinige Insekten mit befransten Flügeln bzw. deren weißgelb gefärbte, ungeflügelte Larven.

SCHÄDLINGE

– Flachsblasenfuß (*Thrips linarius* Uzel) (2 e),
– Frühjahrs-Ackerblasenfuß (*Thrips angusticeps* Uzel),
– Rosenblasenfüße (*Thrips physapus* L., *Thrips fuscipennis* Hal.),
– Zwiebelblasenfuß (*Thrips tabaci* Lind.).

Ab Mitte Mai verlassen die erwachsenen Tiere ihre Winterlager im Boden und fliegen zu den jungen Leinsaaten. Die Larven (2 f) von *Thrips linarius* Uzel wandern Ende Juni bis Mitte Juli in den Boden. Die noch im Herbst schlüpfenden Jungtiere überwintern im Boden.

64

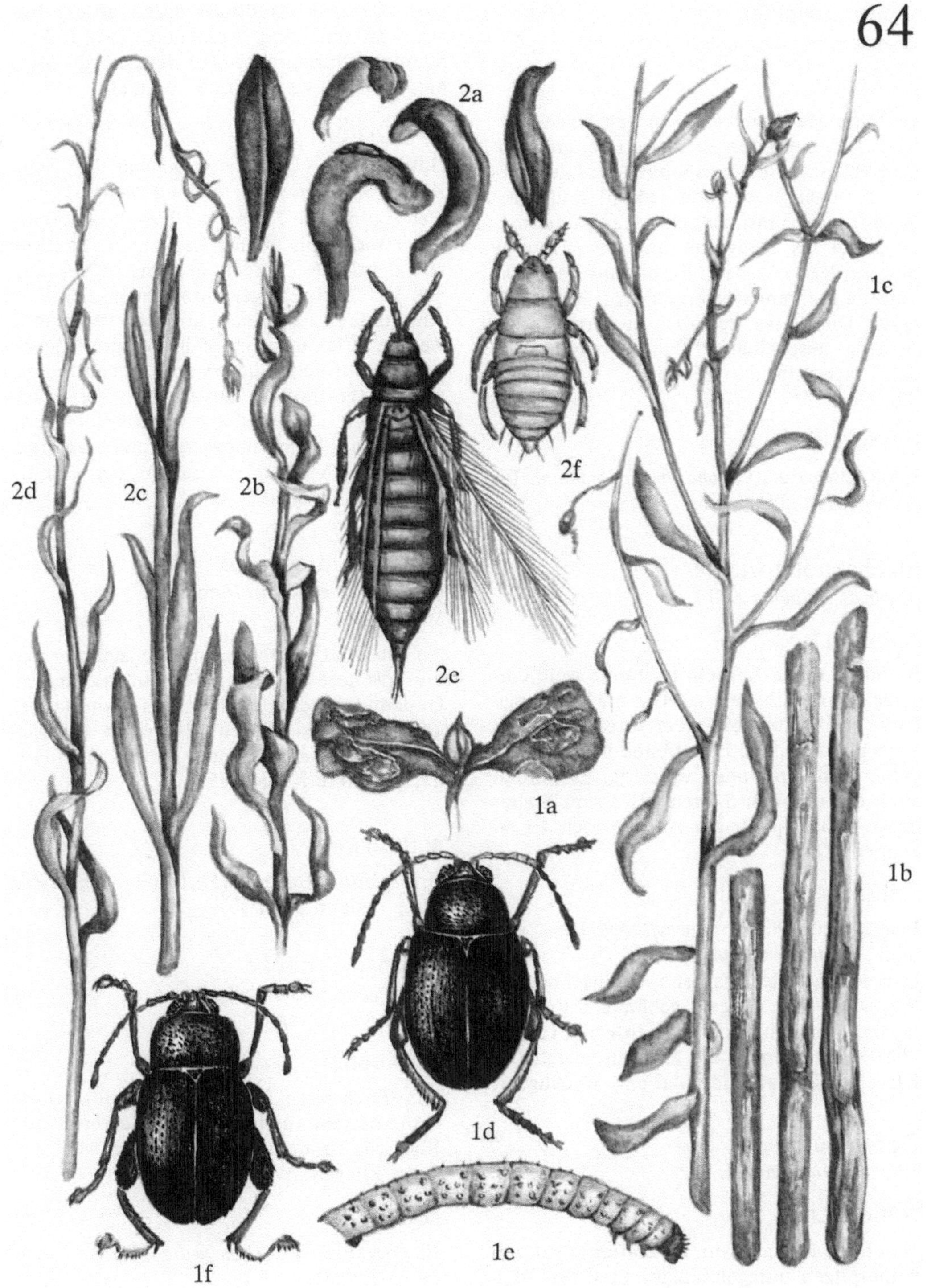

Schattenwickler
(*Cnephasia wahlbomiana* L.)

SCHADBILD

Ab Mitte Mai findet man in den Beständen vereinzelt, mitunter aber auch in größerer Zahl Pflanzen mit versponnenen Triebspitzen, die nach einer Seite gedreht sind (1 a). In diesem Gespinst frißt eine graugrüne, später grüne bis blaßgrüne und etwa 13 mm lang werdende Larve (1 d), die auf der Rückenseite mehrere schwarze Punktreihen aufweist. Die Larve zerstört die Triebspitze. Derartig geschädigte Pflanzen verzweigen sich unterhalb der zerstörten Triebspitze (1 b, c).

SCHÄDLING

Schattenwickler (*Cnephasia wahlbomiana* L.) (siehe Tafel 55).

Flachsknotenwickler
(*Cochylis epilinana* Zell.)

SCHADBILD

In den unreifen Kapseln frißt eine weißlichgelbe, spärlich behaarte, etwa 6,5 mm lange Larve mit schwarzbraunem Kopf und Nakkenschild (2 a). Die betroffenen Kapseln vergilben und verbräunen vorzeitig. Es werden auch die unreifen Samen befressen. Später ist an den Kapseln ein Ausbohrloch zu erkennen (2 b).

SCHÄDLING

Flachsknotenwickler (*Cochylis epilinana* Zell., Syn. *Phaolina epilinana* Zell.).
Der schwach lehmfarbene Kleinschmetterling ist auf den Flügeln gebändert. Er fliegt in den Monaten Mai sowie Juli bis August. Die Eier werden an die Kapseln gelegt. Die Larven fressen ab Ende Mai bzw. im August.

Gammaeule
(*Phytometra gamma* L.)

SCHADBILD

Von Ende Mai an kann an Blättern (3 a) und Triebspitzen unregelmäßiger Fraß (an Blättern zunächst Randfraß) durch grüne, bis etwa 40 mm lang werdende, zwölffüßige Schmetterlingslarven (3 b) festgestellt werden. Es kann zu Kahlfraß kommen.

SCHÄDLING

Gammaeule (*Phytometra gamma* L., Syn. *Autographa gamma* L., *Plusia gamma* L.).
Der graubraune Falter, der eine Spannweite von etwa 35 bis 40 mm besitzt, ist durch je ein deutliches weißes Gamma-Makel auf den Vorderflügeln gekennzeichnet (3 c).
Ähnliche Schadbilder können verursacht werden durch die etwa 35 bis 50 mm langen, grünen, auf dem Rücken und an den Seiten gelblich gestreiften Larven der Erbseneule (*Polia pisi* L.) und die etwa ebensolangen, grün-bräunlichen, oberseits dunkleren und seitlich gelbgestreiften Larven der Gemüseeule (*Polia oleracea* [L.]).

Erbsenminierfliege
(*Phytomyza atricornis* Meig.)
SCHADBILD

An den Blättern treten einfache, sich nur wenig erweiternde Gangminen auf (4). In den Gangminen befinden sich etwa 3 mm lange, gelblich-weiße Fliegenlarven und bräunliche, 2,5 mm lange Puppen, sowie voneinander getrennte Kotkörnchen.

SCHÄDLING

Erbsenminierfliege (*Phytomyza atricornis* Meig.) (siehe Tafel 30)

Flachsgallmücke
(*Dasyneura sampaina* Tavar.)
(ohne Abbildung)

SCHADBILD

Die Triebspitze ist kugelig vergallt. Diese Galle besteht aus verkürzten und verdickten Blättern. In der Galle lebt eine weißlichgelbe Fliegenlarve.

SCHÄDLING

Flachsgallmücke (*Dasyneura [Perrisia] sampaina* Tavar.).

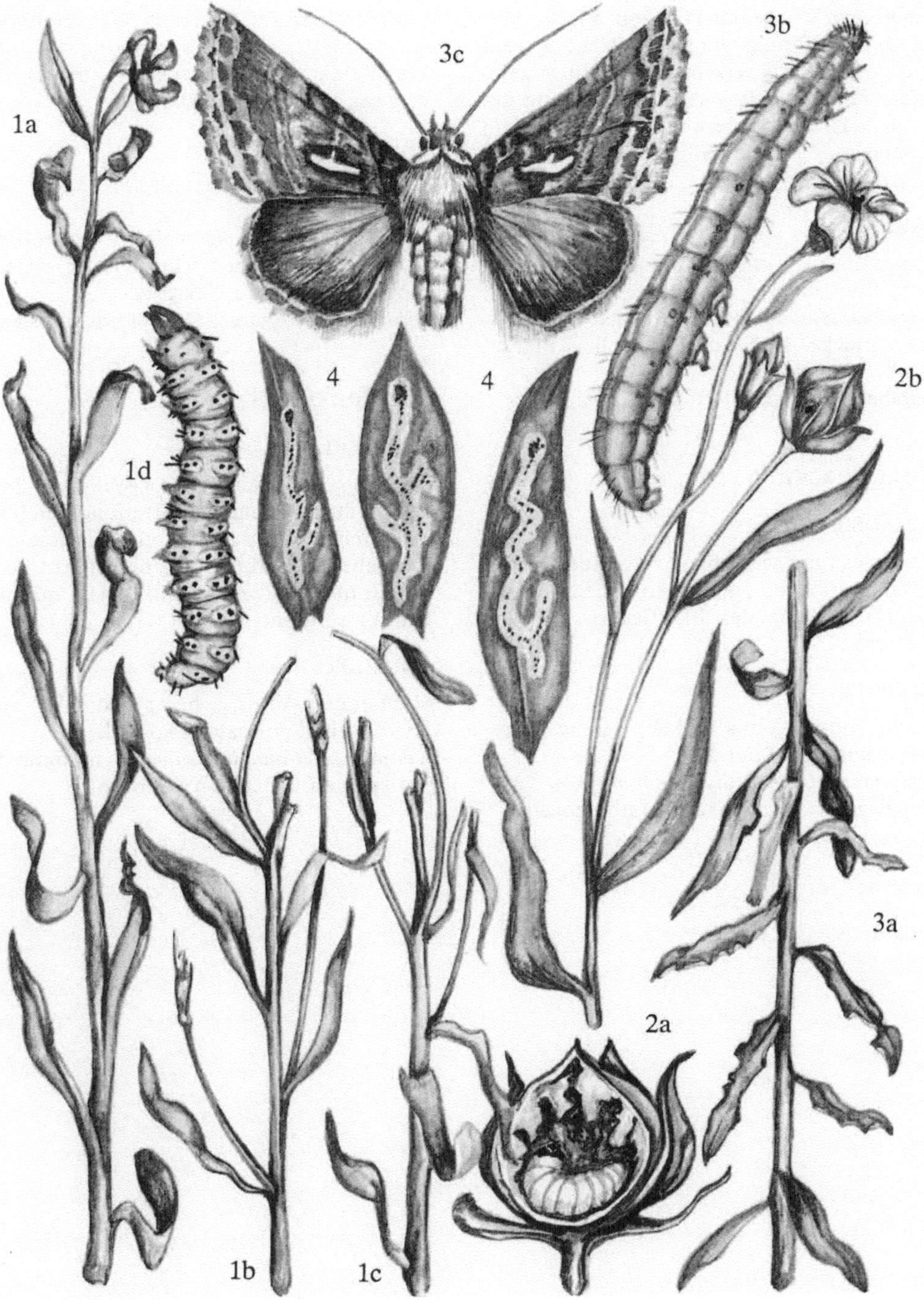

Blattfleckung

SCHADBILD

Schwacher Wuchs der Pflanzen, Blätter mitunter sichelförmig verdreht, leicht gewellt und an der Basis verschmälert, diffuse gelbgrüne Fleckung bis partielle Scheckung der Blätter (1), Seitenadern zu Streifenmustern gebändert, unregelmäßige Zähnung der Blattränder.

ERREGER

Arabismosaik-Virus (AMV) (siehe Leinmosaik, Tafel 58).
Testpflanze: *Chenopodium quinoa* (chlorotische Flecke und Scheckung der Blätter, Trieb gestaucht).
Serodiagnose: Agargel-Doppeldiffusionstest.

Hanfscheckung

SCHADBILD

Wuchsleistung geringfügig vermindert, Blattspreite verkleinert, aufgebeult, hellgrün gescheckt, Spitzen der Blattfiedern seitwärts verdreht (2).

ERREGER

Gurkenmosaik-Virus (CMV) (siehe Rapskräuselmosaik, Tafel 14).
Testpflanze: *Chenopodium amaranticolor.*
Serodiagnose: Agargel-Doppeldiffusionstest.

Gelbstreifung

SCHADBILD

Längenwachstum reduziert, Gelbstreifigkeit älterer Blätter infolge Vergilbung der Interkostalfelder (3). Gelbfleckung, auch Adernnetzung bei jüngeren Blättern.

ERREGER

Luzernemosaik-Virus (AlMV) (siehe Sonnenblumenfleckung, Tafel 37).
Testpflanze: *Phaseolus vulgaris* (nekrotische Flecke, bei manchen Virusisolaten systemische Fleckung und Nekrose).
Serodiagnose: Agargel-Doppeldiffusionstest.

Streifenkrankheit

SCHADBILD

Pflanzen im Wuchs zurückgeblieben, blaßgrüne, durchscheinende Streifung der Interkostalfelder (4a), nekrotische Fleckung bis weitgehende Verbräunung der Blätter, Blattränder und -spitzen eingerollt (4b), mitunter spiralig verdreht.

ERREGER

Hanfstreifen-Virus, hemp streak virus (HSV), virus polosatosti konopli
Testpflanze: *Cannabis sativa* (Symptome wie bei spontan infizierten Pflanzen).

4b
1
4a
3
2

Fusariose
(*Fusarium* spp.)

SCHADBILD

Die Bestände laufen schlecht auf, Keimpflanzen braun verfärbt (1a), fallen um. Etwa ab Mitte Juni treten im Bestand welkende Pflanzen auf, deren Blätter vergilben (1b). An den Wurzeln und im Bereich des Wurzelhalses verfärbt sich das Gewebe braun bis rosa-braun. Es fault und stirbt ab. Die Verbräunung greift auch auf die unteren Stengelpartien über. Auf den verfärbten Gewebeteilen entsteht ein filziger, weißlicher bis pfirsichfarbener Pilzbelag. Stark geschädigte Pflanzen sterben ab, mitunter Gefäße des Stengels verbräunt, bei geringerem Schädigungsgrad kümmern die Pflanzen und sind im Wuchs gehemmt.

ERREGER

Verschiedene Arten der Pilzgattung *Fusarium*, vor allem:
– *Fusarium oxysporum* Schlecht. ex Fr. emend. Snyd. (siehe Tafel 59),
– *Fusarium solani* (Mart.) Sacc.
Das Myzel dieser Pilzart ist spärlich, flockig, grauweiß, später bläulich bis bläulichbraun. Die Mikrokonidien sind hyalin, zylindrisch keilförmig, meist einzellig, manchmal zweizellig, 9 bis 16 × 2 bis 4 µm. Makrokonidien auf verzweigten, gut entwickelten Phialiden, zylindrisch bis sichelförmig, oft zur Spitze etwas dicker, mit deutlich erkennbarer Fußzelle, 40 bis 100 × 5 bis 7,5 µm.

Botryosphaeria marconii (Cav.) Charles et Jenk.

SCHADBILD

Langovale, aschgraue, bis 10 mm lange, zum Teil zusammenfließende Flecken im unteren Stengelbereich. Auf ihnen befinden sich dunkle Pyknidien (2a). Die Blätter befallener Triebe werden braun und fallen später ab. Die Faserqualität bleibt unbeeinträchtigt, da die Gewebezerstörung am Stengel auf die Rindenschicht beschränkt bleibt.

ERREGER

Botryosphaeria marconii (Cav.) Charles et Jenk. (Nebenfruchtform *Dendrophoma marconii* Cav.).
Die Pyknidien sind rund, Durchmesser 130 bis 150 µm (2b), mit Austrittsöffnung. Konidiophoren verlängert, verzweigt, Konidien hyalin, 1zellig, länglich bis ellipsoid (4,5 bis 6,5 × 1,5 bis 2 µm) (2c).

Scharfrandige Blattfleckenkrankheit
(*Didymella* spp.)

SCHADBILD

Auf den Blättern treten weißliche Flecken mit meist bräunlichem, scharf abgesetztem Rand auf. Durch Zusammenfließen erreichen die Flecken eine Länge bis zu 15 mm. Das Gewebe im Zentrum der Flecken wird brüchig und fällt oft heraus. Die Blattflächen weisen dann Löcher auf. Befallene Pflanzen sind im Wuchs gehemmt.

ERREGER

Über die Artzugehörigkeit des Erregers finden sich unterschiedliche Angaben. Für das beschriebene Schadbild wird verantwortlich gemacht:
Didymella arcuata Röder (Nebenfruchtform *Ascochyta cannabis* Lasch.) bzw. *Didymella cannabis* (Wint.) v. Arx.
Morphologische Angaben zu *Didymella cannabis:* Pyknidien schwarz, einzeln, untergetaucht oder hervorbrechend, rund oder abgeflacht, mit Austrittsöffnung (3a), Konidiophoren einfach. Konidien hyalin, 2zellig, oval bis länglich (3b).

67

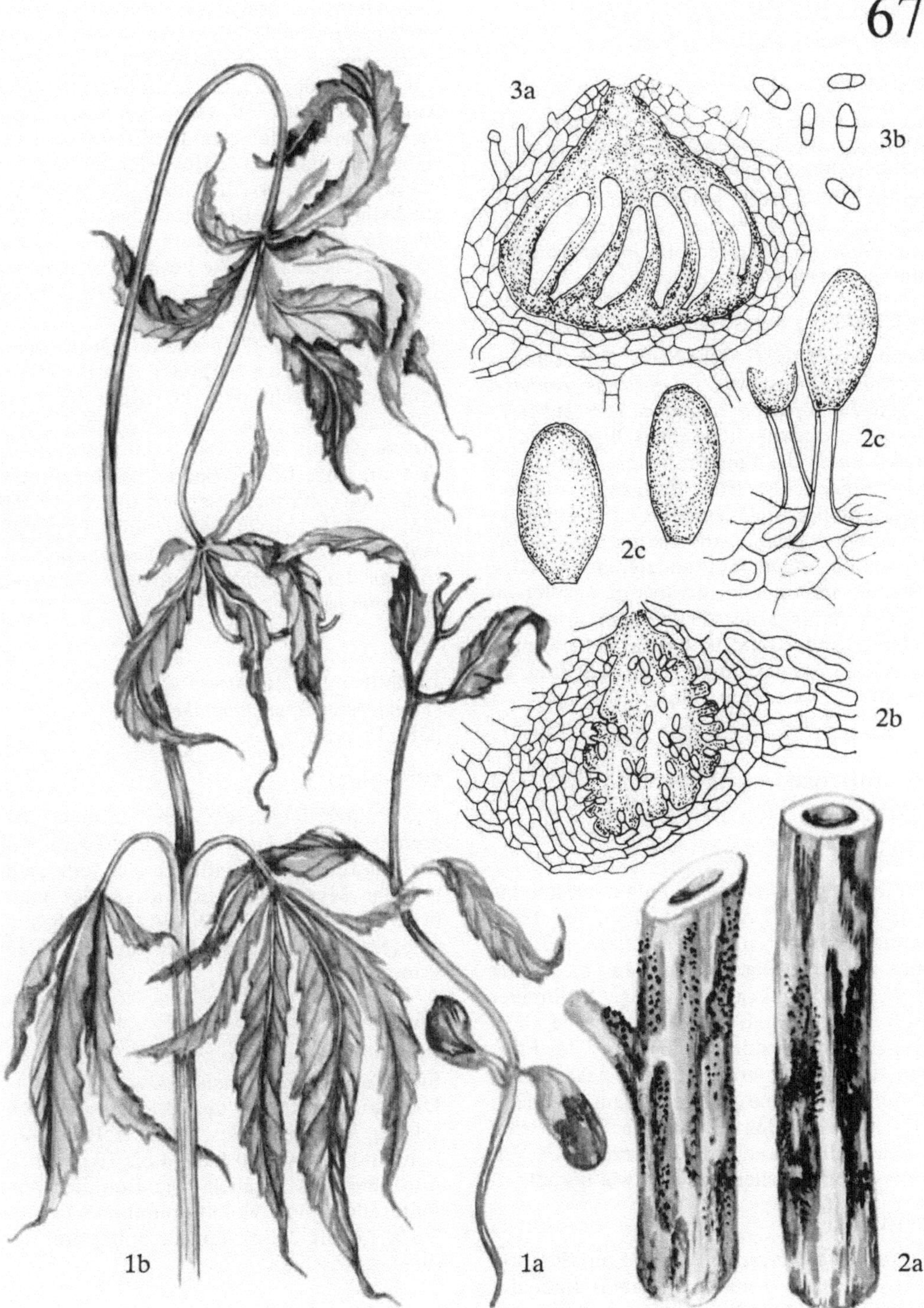

Septoria-Blattfleckenkrankheit
(*Septoria cannabis* [Lasch] Sacc.)

SCHADBILD

An den unteren Blättern treten runde oder ellipsoide bis polygonale, anfangs braune, später weißliche oder ockergelbe Flecke mit deutlichem dunkelbraunem Rand auf (1 a). Befallene Blätter werden gekräuselt, welken und fallen ab, wodurch ein großer Teil des unteren Stengels blattlos wird.

ERREGER

Septoria cannabis (Lasch) Sacc., Syn. *Septoria cannabina* Westend., *Ascochyta cannabis* Lasch, *Leptosphaeria cannabina* Ferr. et Mass. Pyknidien gewöhnlich epiphyllisch, eingesenkt, durch die Epidermis hervorbrechend, mit runden Austrittsöffnungen, dunkelbraun, rund, Durchmesser bis zu 95 μm. Pyknidienwand pseudoparenchymatisch, 2- bis 3schichtig. Konidienproduzierende Zellen rund bis ampullenförmig, hyalin, aus der innersten Schicht der Pyknidienauskleidung entspringend. Konidien hyalin, fadenförmig, gestreckt oder gekrümmt, 1 bis 4 Septen, 20 bis 45 × 1,5 bis 2 μm (1 b).

Braunfleckenkrankheit
(*Stemphylium botryosum* Wallr.)

SCHADBILD

Bei feuchter Witterung treten graubraune bis dunkelbraune Flecken auf allen, bei Trockenheit nur auf unteren Blättern auf. Sie sind unregelmäßig geformt (2 a, b), häufig von Blattadern begrenzt, einige Millimeter groß, unscharf vom gesunden Gewebe abgegrenzt. Der abgestorbene Mittelteil der Flecken bricht oft heraus, eine nekrotische, braune Randzone verbleibt am gesunden Gewebe. Auf den Flecken befinden sich massenhaft schwarzbraune Konidien des Erregers. Befallsstellen dadurch wie berußt.

ERREGER

Stemphylium botryosum Wallr. (Konidienform von *Pleospora herbarum* (Pers.) Rabenh.) (siehe Tafeln 51, 63).

Als Synonyma finden sich mitunter: *Stemphylium cannabinum* (Bachtin et Gunter) sowie *Macrosporium cannabinum* Bachtin et Gunter. Zur Morphologie gibt es unterschiedliche Angaben (diese sind nachfolgend in Klammern gesetzt). Die Form der Konidien ist variabel. Ihre Färbung ist dunkelbraun bis olivbraun, sie sind oval bis eckig, die Wand ist stachelig bewarzt. Die Größe beträgt 24 bis 39 × 19 bis 31 μm (andere Angabe 14 bis 50 × 12 bis 27 μm). Sie besitzen 3 transversale und 1 bis 3 longitudinale Septen. Die Konidienträger sind relativ kurz (10 bis 80 × 3 bis 7 μm), olivbraun mit Quersepten. Die Pseudothecien befinden sich im Pflanzengewebe (schwarz, kugelig, 200 bis 500 μm). Die Asci sind bitunikat, zylindrisch, 90 bis 150 (250) × 20 (24) bis 50 (35) μm groß, die Ascosporen hell bis dunkel gelbbraun, ellipsoid, 7septiert und 26 bis 50 (35) × 10 (12) bis 20 (16) μm groß. Es gilt allerdings als umstritten, ob *Stemphylium botryosum* die imperfekte Form von *Pleospora herbarum* ist.

Falscher Mehltau
(*Pseudoperonospora cannabina* [Otth.] Curzi)

SCHADBILD

Die Blätter zeigen gelbliche, unscharf begrenzte Flecke zwischen den Blattadern. Auf der Blattunterseite befindet sich ein gelbbrauner Myzelbelag. Er wird später graubraun bis violett (3). Die Blattflecken sind gelegentlich auch bräunlich mit gelblichem Rand.

ERREGER

Pseudoperonospora cannabina (Otth.) Curzi, Syn. *Peronospora cannabina* Otth. Die Konidienträger des Erregers sind büschelig, anfangs farblos, später violett-bräunlich (100 bis 240 μm lang, 8 bis 10 μm dick) und oberwärts gegabelt. Die Konidien sind elliptisch und violett-bräunlich (3 bis 3,6 × 1,6 bis 2 μm), an der Spitze mit verdickter Membran.

68

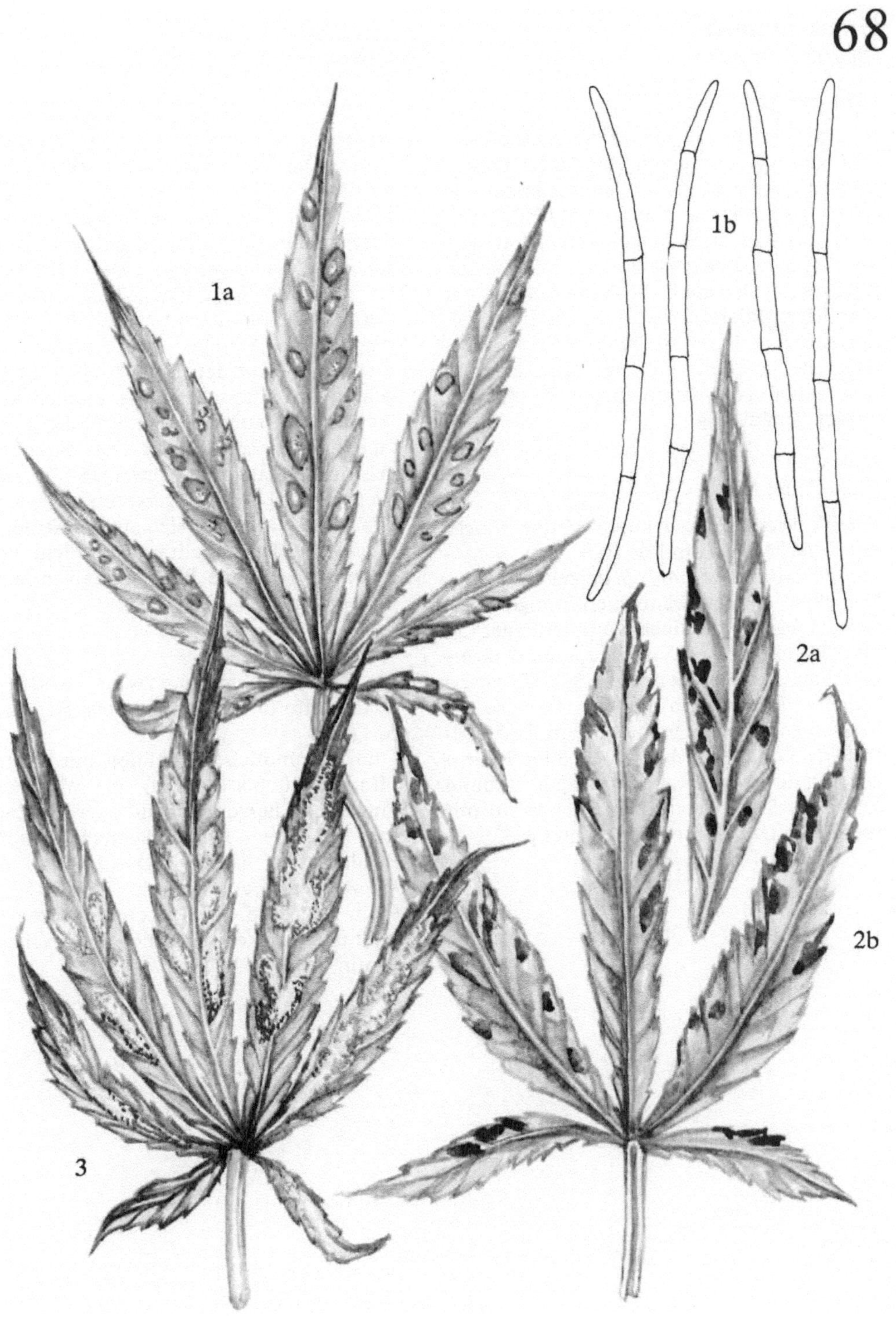

Grauschimmel
(*Botrytis cinerea* Pers.)

SCHADBILD

Im Sommer treten vorwiegend in Blattachseln oder im Verzweigungspunkt der Seitentriebe zunächst Rindenaufhellungen auf, die später ausgedehnte mausgraue bis olivfarbene und stäubende Myzelüberzüge aufweisen (1a, b, c). Zunächst sind die männlichen Pflanzen, später auch die Samenstände der weiblichen Pflanzen betroffen. Bei stengelumfassendem Befall sterben die über der Befallsstelle gelegenen Pflanzenteile ab (1d) bzw. vorzeitiges Absterben der Pflanze bei starker Schädigung.

ERREGER
(siehe Tafel 62)

Botrytis cinerea Pers., Hauptfruchtform: *Sclerotinia fuckeliana* (Lib.) de Bary, Syn. *Botryotinia fuckeliana* (de Bary) Whetzel.
Der Pilz besitzt bäumchenförmige, verzweigte, basal bräunliche Konidienträger (50 bis 150 µm groß, 7,5 bis 12,5 µm Träger-Durchmesser), von denen an Sporenmutterzellen mit Sterigmen 1zellige, farblose (in Massen grau erscheinende), eiförmige bis ellipsoide Konidien (9 bis 15 × 6,5 bis 10 µm) abgeschnürt werden. Nicht selten Bildung schwarzer Sklerotien (Hauptfruchtform) mit runzeliger Oberfläche (2 bis 7 mm groß).

Stengelbräune
(*Mycosphaerella cannabis* [Wint.] Röder)

SCHADBILD

Im Frühjahr verfärbt sich der Wurzelhals braun. Die Verfärbung dehnt sich dann in der Folge auf den Stengel aus und schreitet nach oben fort. Das verfärbte Gewebe ist durch einen dunkelbraunen Rand vom gesunden Gewebe getrennt. Ältere Befallsstellen nehmen einen blaßgelben Farbton an (2a). Auf den Blättern treten dann fast kreisrunde, erst braune, dann ausbleichende Flecke auf. Auf den Befallsstellen an Stengeln und Blättern sind die dunkelbraunen bis schwarzbraunen Sporenlager des Erregers zu erkennen. Zur Zeit der Reife ist der Stengel massenhaft mit schwarzen Pünktchen (Perithecien des Erregers) überzogen. Die Schädigung erstreckt sich auf den Rindenbereich. Die Faserqualität wird nicht beeinträchtigt. Befallene Pflanzen zeigen Wachstumshemmungen.

ERREGER

Mycosphaerella cannabis (Wint.) Röder, Nebenfruchtform *Phyllosticta cannabis* (Lasch.) Speg.
Dunkle, rundliche Pyknidien mit Austrittsöffnung (90 bis 180 µm), ins Wirtsgewebe eingesenkt, hervorbrechend oder die Epidermis mit einem kurzen Schnabel durchstoßend. Asci: 65 bis 85 × 9 bis 10 µm (75 × 9,5 µm), Ascosporen: 13 bis 14 × 5 bis 9 µm (13,6 × 5,4 µm). Konidiophoren kurz oder unentwickelt. Konidien klein, einzellig, hyalin, oval bis länglich.

Hanfanthraknose
(*Colletotrichum atramentarium* [Berk.
et Br.] Taubenh.)

SCHADBILD

Bei feuchtwarmem Wetter treten nach der
Blüte am Stengel dunkelgraue bis schwarze
Verfärbungen auf. Sie finden sich zunächst
an den männlichen Pflanzen, später auch an
den weiblichen. Die Rinde löst sich im Bereich der Befallsstellen vom Holzkörper. Die
betroffenen Stengel verlieren ihre Festigkeit
und brechen leicht um. Befallene Pflanzen
zeigen Wachstumshemmungen.

ERREGER

Colletotrichum atramentarium (Berk. et Br.)
Taubenh., Syn. *Colletotrichum coccodes*
(Wallr.) Hughes.
Verzweigtes, septiertes, leicht gefärbtes Myzel, schwarze Acervuli (Durchmesser etwa
0,4 mm) mit braunen, septierten, spitz zu-
laufenden Borsten (80 bis 350 µm) (3). An
Konidienträgern entstehen die rosa bis farb-
losen, leicht gebogenen, einzelligen, ovalen,
an den Enden abgerundeten Konidien (3 bis
8 × 17 bis 22 µm).

Sklerotienkrankheit (Hanfkrebs)
(*Sclerotinia sclerotiorum* [Lib.] de Bary)

SCHADBILD

Ab Juni zeigen sich an den Stengeln weiß-
lich-grüne Rindenverfärbungen, in deren Bereich sich ein weißliches Pilzgeflecht befindet. In dem dichten Myzel treten auffallend
schwärzliche, etwa 2 bis 10 mm im Durchmesser betragende, rundliche Sklerotien
(Dauerfruchtkörper) auf (4a). Befallene
Pflanzen zeigen Wachstumshemmungen
und sterben meist schon vor der Blüte unter
Gelb- und Braunverfärbung der Blätter und
Stengel ab, zerfasern zum Teil (4b, c).

ERREGER
(siehe Tafel 62)

Sclerotinia sclerotiorum (Lib.) de Bary, Syn.
Sclerotinia libertiana Fuckel, *Whetzelinia sclerotiorum* (Lib.) Korf et Dumont, *Peziza sclerotiorum* Lib.

Wurzelfäule
(*Corticium rolfsii* Curzi)
(ohne Abbildung)

SCHADBILD

Keimpflanzen werden schwarz, die unterirdischen Pflanzenteile verrotten bis zum Hypokotyl. Ältere Pflanzen welken, Blätter vergilben und sterben ab. Meist noch vor der Blüte Absterben der Pflanzen. An den Wurzeln und am Wurzelhals befindet sich ein weißes Myzel auf verbräuntem und faulendem Rindengewebe. Verbräunung und Absterben des Rindengewebes dehnen sich mit Fortschreiten der Befallsentwicklung auf das untere Stengelgewebe aus. Im Myzel auf den Befallsstellen treten zahlreiche 10 bis 20 mm im Durchmesser betragende, runde, braune bis braunschwarze, glattwandige oder feinstachelige Sklerotien auf.

ERREGER

Corticium rolfsii Curzi, Sklerotienstadium *Sclerotium rolfsii* Sacc.
Myzel weiß, mit vielen schmalen Myzelsträngen im Luftmyzel. Sklerotien im Myzel fast rund (Durchmesser 10 bis 20 mm), braun bis braunschwarz, Oberfläche glatt oder feinstachelig, beim Trocknen leicht schrumpfend.

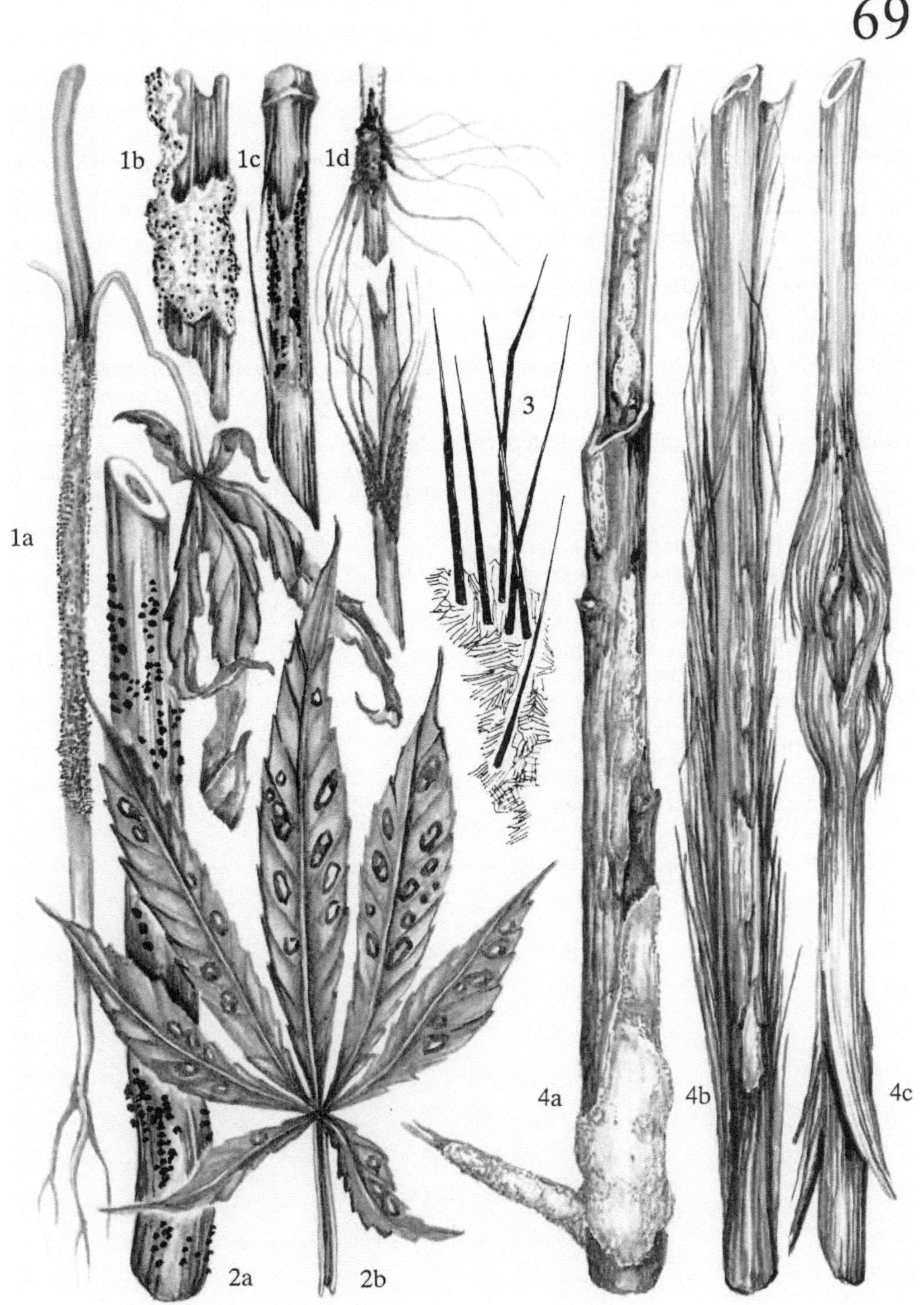

69

Hanferdfloh
(*Psylliodes attenuata* Koch)

SCHADBILD

Schon kurz nach dem Auflaufen treten an den Blättern mehr oder weniger zahlreiche kleine, fensterartige, runde und hell verfärbte Fraßstellen oder Fraßlöcher auf. Die Blätter können siebartig durchlöchert sein (1a). Es kann im Jungpflanzenstadium zu Kahlfraß kommen. In späteren Wachstumsstadien werden auch die Triebe angenagt, betroffene Blätter verbräunen und vertrocknen. Auf den Pflanzen etwa 1,8 bis 2,6 mm lange, eiförmige, metallisch grüne bis bronzefarbene, springende Käfer (1b). Später minieren in den Wurzeln und im Wurzelhals weißliche, etwa 3 bis 4 mm lange Käferlarven.

SCHÄDLING

Hanferdfloh (Hopfenerdfloh) (*Psylliodes attenuata* Koch, Syn. *Psylliodes apicalis* [Steph.]). Im Mai bis Juni erscheinen die Käfer aus den Winterlagern in verschiedenen Verstekken auf den Pflanzen und führen hier einen Reifefraß durch. Sie legen ihre Eier in den Boden. Die Larven fressen an den Wurzeln bzw. minieren in ihnen. Sie verpuppen sich im Boden. Etwa im August erscheinen die Jungkäfer, die nach einer Fraßzeit bis zum Herbst in die Winterlager abwandern.

Schattenwickler
(*Cnephasia wahlbomiana* L.)

SCHADBILD

Ab Mitte Mai findet man in den Beständen vereinzelt, mitunter aber auch in größerer Zahl Pflanzen mit versponnener Triebspitze (2), die sich gegenüber unbefallenen Pflanzen (3) deutlich abheben. Die Spitzenblätter sind zusammengedreht. In diesen Gespinsten frißt eine graugrüne, später grüne bis blaßgrüne und etwa 13 mm lang werdende Larve, die auf der Rückenseite mehrere schwarze Punktreihen aufweist. Die Larve zerstört die Triebspitze. Diese kann auch abgebissen werden, so daß nur noch der Triebstumpf zurückbleibt. Diese Pflanzen neigen dann zu Verzweigungen im Triebspitzenbereich. Die Larve ist in der Lage, mehrere Pflanzen nacheinander zu befallen.

SCHÄDLING

Schattenwickler (*Cnephasia wahlbomiana* L.)
(siehe auch Tafel 65).
Die grau bis bräunlich gefärbten Falter besitzen eine Flügelspannweite von etwa 16 bis 23 mm. Sie fliegen ab Anfang Mai und legen ihre Eier an die Triebspitzen. Die Larven fressen in den Gespinsten und verpuppen sich in der Regel auch in diesen bzw. im Boden. Nach etwa 2 bis 3 Wochen fliegen die Falter der zweiten Generation. Es überwintern die jungen Larven in Gespinsten an den verschiedensten Verstecken. Die Verpuppung erfolgt im zeitigen Frühjahr.

Hanfwickler
(*Grapholitha delineana* [Walk.])
(ohne Abbildung)

SCHADBILD

Ab Juni können Hanfpflanzen mit verkrümmten Stengeln beobachtet werden. Die Pflanzen sind im Wuchs gehemmt, ihre Blätter vergilben. Im Inneren des Stengels frißt eine etwa 10 bis 13 mm lange, graugrüne Larve. Auffällig ist am Stengel eine Anschwellung. Hier handelt es sich um die Eindringstelle der Larven. Später fressen die Larven an Blüten und Samen.

SCHÄDLING

Hanfwickler (Kleine Hanfmotte, Chinesischer Hanfsamenwickler) (*Grapholitha delineana* [Walk.], Syn. *Cydia delineana* [Walk.], *Grapholitha sinana* [Feld.]).
Die unscheinbaren Falter fliegen ab Mai. Sie legen ihre Eier an die Stengel. Die Junglarven bohren sich in die Stengel ein und fressen darin in Gängen. Die Verpuppung erfolgt im Boden in einem Kokon oder in den Samenständen. Es treten bis zu 3 Generationen im Jahr auf. Die Larven überwintern in ihrem Kokon und verpuppen sich im Frühjahr, mitunter auch schon im Herbst.

Minierfliegen
(Verschiedene Arten)

SCHADBILD

Etwa ab Juni treten auf den Fiederblättern der Hanfblätter unterschiedlich geformte Gang- oder Platzminen auf. Die Epidermis der Blätter ist an diesen Stellen gelblich bis gelblich-grau verfärbt und vertrocknet schließlich. Es können verschiedene Minenformen nebeneinander auf einem Fiederblatt vorkommen. Hebt man die Epidermis über den Minen ab, so findet man darunter in den Minengängen etwa 3 mm lange, gelblich-weiße Fliegenlarven (4a, 6a) und zum Teil gelbliche bis bräunliche, etwa 2,5 mm lange Puppen (4b) und Kotkörnchen.

SCHÄDLINGE

Für dieses Schadbild kommen verschiedene Minierfliegen-Arten in Frage, vor allem:
– Erbsenminierfliege (*Phytomyza atricornis* Meig.) (Tafel 30, 65) (Schadbild: 4c),
– Zichorienminierfliege (*Liriomyza strigata* Meig.) (Schadbild: 5),
– Hanfminierfliege (*Liriomyza cannabis* Hendel)
– Hanfminierfliege (*Liriomyza eupatorii* Kaltenb.) (Schadbild: 6b).
Die Minierfliegen sind etwa 2 bis 2,5 mm lang und gelbbraun, schwarzbraun oder graubraun gefärbt. Sie fliegen etwa ab Mitte Mai bis in den Juni hinein und legen ihre Eier an die Blätter. Die Junglarven bohren sich in diese ein und legen die meist für jede Art charakteristischen Minen an. Zum Teil verpuppen sich die Larven in den Minen, zum Teil im Boden (Bestimmung durch Spezialisten).

70

Hanfblattlaus
(*Phorodon cannabis* [Pass.])

SCHADBILD

Ab Anfang August kräuseln sich die Hanfblätter und rollen sich ein (1 a, b, c). Mitunter treten auch rötliche Verfärbungen an den Blättern auf. Stark betroffene Blätter verbräunen schließlich und vertrocknen. Auf den Unterseiten der gekräuselten und noch grünen Blätter leben etwa 1,9 bis 2,7 mm lange, geflügelte (1 e) und ungeflügelte (1 f), gelblich-grüne und grünstreifige Blattläuse in Kolonien.

SCHÄDLING

Hanfblattlaus (*Phorodon cannabis* [Pass.], Syn. *Diphorodon cannabis* [Pass.]).
Diese nicht wirtswechselnde Blattlaus legt im Herbst ihre Wintereier an stehengebliebene Hanfpflanzen im Bereich der Samenstände. Im Frühjahr schlüpfen die Larven (1 d) und müssen aus Samen aufgelaufene Jungpflanzen des Hanfes aufsuchen. Dadurch kommt es nur sehr langsam zum Aufbau einer größeren Blattlauspopulation. In der Regel ist deshalb ein Massenauftreten erst ab Anfang bis Mitte August zu erwarten. Charakteristisch für die Blattlausart ist unter anderem, daß ihre Siphonen fast ein Drittel der Körperlänge erreichen. Mit dem Auftreten von Männchen und Weibchen ist ab September zu rechnen. Die ersten Wintereier werden Ende September abgelegt. Die Blattlaus ist Überträger pflanzenpathogener Viren (vor allem Gurkenmosaik-Virus (CMV), Luzernemosaik-Virus (AlMV), Tafel 14, 37).

Hellgrüne Zwergzikade
(*Empoasca flavescens* F.)

SCHADBILD

Etwa ab Juni treten an den Blättern feine Saugstellen in Form weißlicher Pünktchen auf, die schnell zusammenfließen. Dadurch erscheinen die Blätter fahlgelb bis weißlichgelb gesprenkelt. Schließlich verfärben sie sich mehr oder weniger großflächig weißlichgrau bis weißlich-graugelb. Es kann zu leichten Blattdeformationen kommen. Vor allem auf der Blattunterseite leben hellgrüne, etwa 4 mm lange, zum Teil springende Insekten (2).

SCHÄDLING

Hellgrüne Zwergzikade (*Empoasca flavescens* F.).
Die hellgrünen bis gelblich-grünen Tiere erreichen im erwachsenen Stadium eine Länge von etwa 5 mm. An den befallenen Blättern sind die verschiedenen Entwicklungsstadien nebeneinander anzutreffen. Die beweglichen Stadien besitzen Sprungvermögen und springen bzw. fliegen bei Berührung der Pflanzen leicht ab. Mitunter können noch weitere Arten in ähnlicher Weise schädigend auftreten, vor allem
– *Euscelis plebejus* Fall.,
– *Aphrodes bicinctus* Schr.,
– *Macrosteles laevis* Rib.
(Artbestimmung durch Spezialisten).

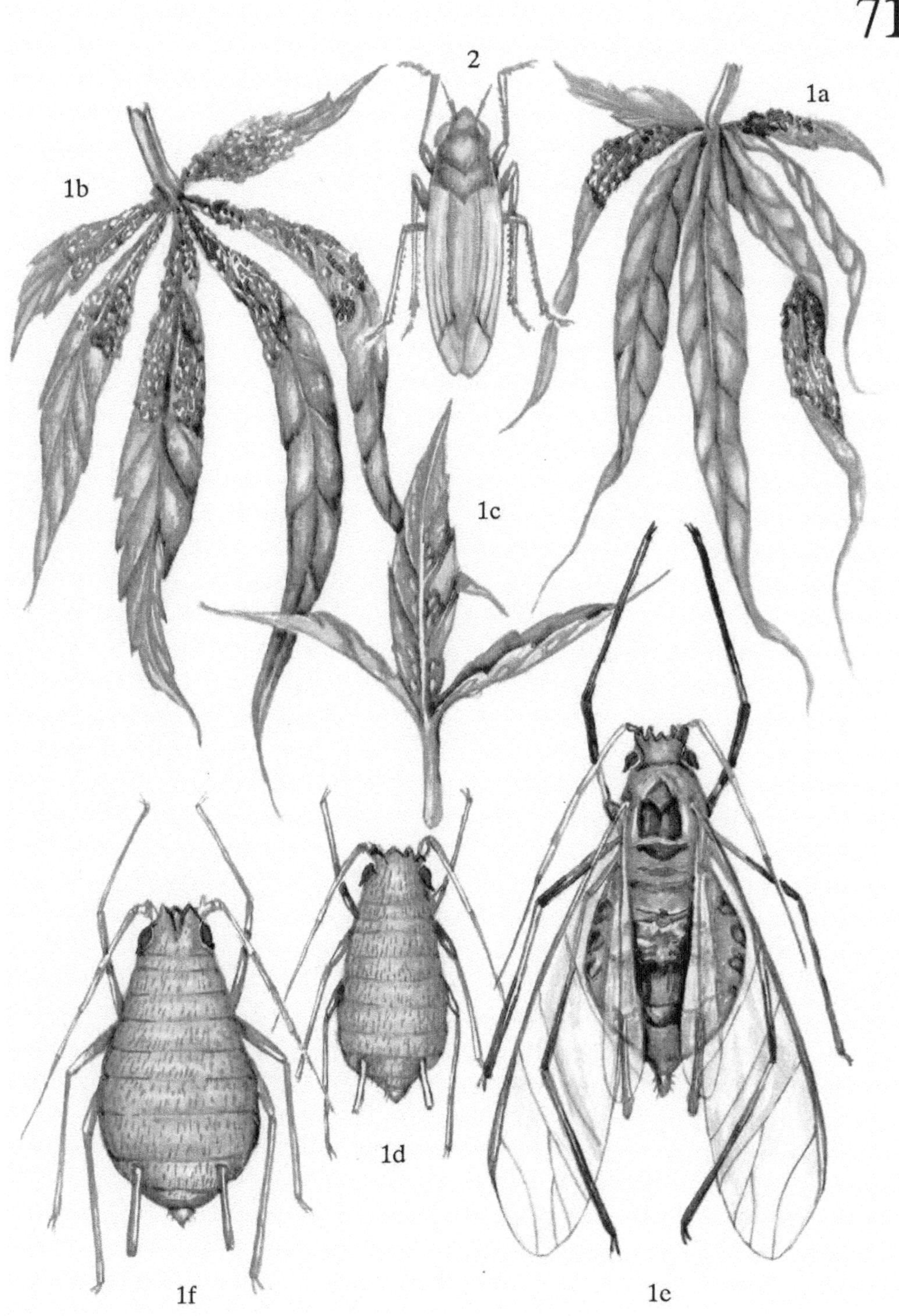
2
1a
1b
1c
1c
1d
1f
1c

Benutzte und weiterführende Literatur

AINSWORTH, G. C.: Ainsworth & Bisby's Dictionary of the Fungi. 6. Bd. Kew, Surrey, England: Commonwealth Mycol. Inst. 1971

Anonym: CMI Descriptions of Pathogenic Fungi and Bacteria. Commonwealth Mycol. Inst., Kew, Surrey, England

ARX, J. A. von: Pilzkunde. Lehre: Verlag J. Cramer 1968

BARNETT, H. L.: Illustrated Genera of imperfect Fungi. 2. Bd. Minneapolis: Burgess Publishing Company 1960

BENADA, J.; ŠEDEVÝ, J.; ŠPAČEK, J.: Atlas der Krankheiten und Schädlinge an Ölpflanzen. Praha: Statní zemědělské nakladatelství 1963

BERGMANN, W.: Ernährungsstörungen bei Kulturpflanzen. Entstehung und Diagnose. Jena: VEB Gustav Fischer Verlag 1988

BESSEY, E. A.: Morphology and Taxonomy of Fungi. Philadelphia: The Blakiston Co. 1950

BILAJ, W. I.: Fusarii (*Fusarium*-Arten) Kiew: Naukowa Dumka 1977

BLUMER, S.: Echte Mehltaupilze (*Erysiphaceae*). Jena: VEB Gustav Fischer Verlag 1967

BOOTH, C.: The Genus *Fusarium*. Kew, Surrey, England: Commonwealth Mycol. Inst. 1971

BÖRNER, C.: Europae centralis Aphides (Die Blattläuse Mitteleuropas). Mitt. Thür. Bot. Ges. Weimar (1952), Heft 4, Beiheft 3

BUCHANAN, R. E.; GIBBONS, N. E. (Hrsg.): Bergey's Manual of Determinative Bacteriology. 8. Aufl. Baltimore: The Williams and Wilkins Co. 1974

DECKER, H.: Phytonematologie. Berlin: VEB Deutscher Landwirtschaftsverlag 1969

DIECKMANN, L.; FRITZSCHE, R.: Käfer. In: FRITZSCHE, R.: Pflanzenschädlinge Bd. 7. Radebeul: Neumann-Verlag 1971

DOBROZRAKOVA, T. L.; LETOVA, M. F.; STELANOV, K. M.; CHOCHRJAKOV, M. K.: Opredelitel' beleznej rastenij. Moskva, Leningrad 1956

DOMSCH, K. H.; GAMS, W.: Pilze aus Agrarböden. Stuttgart: Gustav Fischer Verlag 1970

ELLIOTT, Charlotte: Manual of Bacterial Plant Pathogens. 2. Aufl. Waltham, Mass.: Chronica Botanica Compt. 1951

FLACHS, K.: Leitfaden zur Bestimmung der wichtigeren parasitären Pilze an landwirtschaftlichen und gärtnerischen Kulturgewächsen sowie im Obstbau. München: Verlag Luitpold Lang 1953

FRIESE, G.: Insekten. Taschenlexikon der Entomologie unter besonderer Berücksichtigung der Fauna Mitteleuropas. 2. Aufl. Leipzig: VEB Bibliographisches Institut 1970

FRITZSCHE, R.: Pflanzenschädlinge, Bd. 3, Milben. Radebeul: Neumann-Verlag 1964

FRITZSCHE, R.; GEILER, H.; SEDLAG, U.: Angewandte Entomologie. Jena: VEB Gustav Fischer Verlag 1968

GERLACH, W.; NIRENBERG, H.: The Genus *Fusarium* – a Pictoriae Atlas. Mitt. Biol. Bundesanst. Braunschweig (1982), Heft 209

GILMAN, J. C.: A Manual of Soil Fungi. 2. Ed. Ames. Iowa USA: The Iowa State Univ. Press. 1957

GODAN, D.: Schadschnecken. Stuttgart: Verlag Eugen Ulmer 1979

GORLENKO, M. W.: Bakterial'nye bolezni rastenij. 3. Aufl. Moskva 1966

GRAM, E.; WEBER, A.: Plant Diseases. London 1952

HEINZE, K.: Schädlinge und Krankheiten im Akkerbau. In: Leitfaden für die Schädlingsbekämpfung. Bd. 3, Stuttgart: Wiss. Verlagsges. 4. Aufl. 1983

HEITEFUSS, R.; KÖNIG, K.; OBST, A.; RESCHKE, M.: Pflanzenkrankheiten und Schädlinge im Ackerbau. Frankfurt (Main): DLG-Verlag 1984

HEY, A.: Für die Saatenanerkennung bedeutsame Krankheiten und Schädlinge an landwirtschaftlichen Kulturpflanzen. Radebeul: Neumann-Verlag 1957

HOFFMANN, G.-M.; SCHMUTTERER, H.: Parasitäre

Krankheiten und Schädlinge an landwirtschaftlichen Kulturpflanzen.
Stuttgart: Verlag Eugen Ulmer 1983

ISRAILSKI, W. P.: Bakterielle Pflanzenkrankheiten.
Berlin: Deutscher Bauernverlag 1955

JOLY, P.: Le Genre *Alternaria*. Paris: Ed. Paul Lechevalier 1964

KLAUSNITZER, B.: Hautflügler: In: FRITZSCHE, R.:
Pflanzenschädlinge. Bd. 9. Leipzig, Radebeul:
Neumann-Verlag 1978
KLINKOWSKI, M.: Pflanzliche Virologie. Bd. 2,
3. Aufl. Berlin: Akademie-Verlag 1977
KLINKOWSKI, M.; MÜHLE, E.; REINMUTH, E.; BOCHOW, H.: Phytopathologie und Pflanzenschutz.
Bd. II, Berlin: Akademie-Verlag 1974
KOCH, M.: Wir bestimmen Schmetterlinge. Bd.
I–IV. Radebeul, Berlin: Neumann-Verlag 1954

LAMARQUE, G.: Maladies et Accidents culturaux
du Tournesol. Inst. Nat. de la Rech. Agronomique (INRA) 75007 Paris: 1985

MÜHLE, E.: Kartei für Pflanzenschutz und Schädlingsbekämpfung. Lieferung 1–12. Leipzig: Verlag S. Hirzel 1953–1972
MÜHLE, E.; WETZEL, T.; FRAUENSTEIN, K.; FUCHS,
E.: Praktikum zur Biologie und Diagnostik der
Krankheitserreger und Schädlinge unserer Kulturpflanzen. Leipzig: Verlag S. Hirzel 1977
MÜLLER, H.-J.: Bestimmung wirbelloser Tiere im
Gelände. Jena: VEB Gustav Fischer Verlag
1985

NEERGAARD, P.: Danish species of *Alternaria* und
Stemphylium. London: Oxford Univ. Press 1945
NOLTE, H.-W.: Krankheiten und Schädlinge der
Ölfrüchte. Radebeul, Berlin: Neumann-Verlag
2. Aufl. 1952

PIDOPLITSCHKO, N. M.: Gribi parasiti kulturnich
rastanij, opredelitelj w trech tomach (Parasitische Pilze der Kulturpflanzen, Bestimmungsbuch in drei Bänden).
Kiew: Naukowa Dumka 1977

ROTHMALER, W.: Exkursionsflora. Bd. 1. Niedere
Pflanzen – Grundband. Berlin: Volk und Wissen Volkseigener Verlag 1983

SCHAAD, N. L. (Hrsg.): Laboratory Guide for Identification of plant pathogenic bacteria. St. Paul,
Minn.: Am. Phytopathol. Soc. 1980
SCHMIDT, G.: Die deutschen Namen wichtiger
Arthropoden. Mitt. Biol. Bundesanst. f. Landund Forstwirtschaft Berlin-Dahlem, Heft 137,
1970
SEDLAG, U.: Ur-Insekten. Die neue Brehm-Bücherei. Leipzig: Akad. Verlagsges. Geest & Portig
KG 1953
SEIDEL, D.; WETZEL, T.; BOCHOW, H.: Pflanzenschutz in der Pflanzenproduktion. Berlin: VEB
Deutscher Landwirtschaftsverlag 1983
SEIFERT, G.: Die Tausendfüßer. Die Neue BrehmBücherei Wittenberg-Lutherstadt: A. Ziemsen-
Verlag 1961
SPAAR, D.; KLEINHEMPEL, H.: Bekämpfung von Viruskrankheiten der Kulturpflanzen. Berlin: VEB
Deutscher Landwirtschaftsverlag 1985
SPAAR, D.; KLEINHEMPEL, H.; FRITZSCHE, R.: Diagnose von Krankheiten und Beschädigungen an
Kulturpflanzen. Band: Gemüse. Berlin: VEB
Deutscher Landwirtschaftsverlag 1985 und Berlin, Heidelberg, New York, Tokyo: Springer-
Verlag 1986
SPAAR, D.; KLEINHEMPEL, H.; FRITZSCHE, R.: Diagnose von Krankheiten und Beschädigungen an
Kulturpflanzen: Band: Getreide, Mais und Futtergräser. Berlin: VEB Deutscher Landwirtschaftsverlag 1987 und Berlin, Heidelberg, New
York, Tokyo: Springer-Verlag 1987
SPAAR, D.; KLEINHEMPEL, H.; FRITZSCHE, R.: Diagnose von Krankheiten und Beschädigungen an
Kulturpflanzen. Band: Kartoffeln. Berlin: VEB
Deutscher Landwirtschaftsverlag 1987 und Berlin, Heidelberg, New York, Tokyo: Springer-
Verlag 1987
SPAAR, D.; KLEINHEMPEL, H.; MÜLLER, H.-J.; NAUMANN, K.: Bakteriosen der Kulturpflanzen. Berlin: Akademie-Verlag 1977
STAPP, C.: Pflanzenpathogene Bakterien. Berlin
und Hamburg: Verlag Paul Parey 1958

WETZEL, T.: Pflanzenschädlinge, Bekämpfung,
Probleme, Lösungen. 2. Aufl. Leipzig, Jena,
Berlin: Urania Verlag 1976
WETZEL, T.: Diagnosemethoden. In: SPAAR, D.;
KLEINHEMPEL, H.; FRITZSCHE, R.: Diagnose von
Krankheiten und Beschädigungen an Kulturpflanzen. Berlin: VEB Deutscher Landwirtschaftsverlag 1984

Abbildungsnachweis

Für die Anfertigung der Aquarelle bzw. die Darstellung diagnostisch wichtiger Merkmale wurden neben den Abbildungsvorlagen der Autoren zu Vergleichszwecken herangezogen:

ALAVI, A.: The Opium Poppy. Teheran: 1974

Anonym: „Bayer" Pflanzenschutz-Compendium. Leverkusen: 1962

Anonym: CMI Descriptions of Pathogenic Fungi and Bacteria. Commonwealth Mycol. Inst., Kew, Surrey, England

ARX, J. A. von: Pilzkunde. Lehre: Verlag J. Cramer 1968

BARNETT, H. L.: Illustrated Genera of imperfect Fungi. 2. Ed. Minneapolis: Burgess Publishing Company 1960

BENADA, J.; ŠEDEVÝ, J.; ŠPAČEK, J.: Atlas der Krankheiten und Schädlinge an Ölpflanzen. Praha: Statní zemědělské nakladatelstvi 1963

BERGMANN, W.: Ernährungsstörungen bei Kulturpflanzen. Entstehung und Diagnose. Jena: VEB Gustav Fischer Verlag 1983

BESSAY, E. A.: Morphology and Taxonomy of Fungi. Philadelphia: The Blakiston Co. 1950

BILAJ, W. I.: Fusarii (*Fusarium*-Arten). Kiew: Naukowa Dumka 1977

BLUMER, S.: Echte Mehltaupilze (*Erysiphaceae*). Jena: VEB Gustav Fischer Verlag 1967

BOOTH, C.: The Genus *Fusarium*. Kew, Surrey, England: Commonwealth Mycol. Inst. 1971

DECKER, H.: Phytonematologie. Berlin: VEB Deutscher Landwirtschaftsverlag 1969

EFREMOLENKO, V. M.: Atlas komach skidnikiv pol'obich kultur. Kiew: 1984

GRAM, E.; BOVIEN, R.; STAPEL, C.: Farbtafel-Atlas der Krankheiten und Schädlinge an landwirtschaftlichen Kulturpflanzen. Berlin, Hamburg: Verlag Paul Parey 2. Aufl. 1971

HEINZE, K.: Schädlinge und Krankheiten im Ackerbau. In: Leitfaden für die Schädlingsbekämpfung. Bd. 3, Stuttgart: Wiss. Verlagsges. 4. Aufl. 1983

HEITEFUSS, R.; KÖNIG, K.; OBST, A.; RESCHKE, M.: Pflanzenkrankheiten und Schädlinge im Ackerbau. Frankfurt (Main): DLG-Verlag 1984

HEY, A.: Für die Saatenanerkennung bedeutsame Krankheiten und Schädlinge an landwirtschaftlichen Kulturpflanzen. Radebeul: Neumann-Verlag 1957

HOFFMANN, G.-M.; SCHMUTTERER, H.: Parasitäre Krankheiten und Schädlinge an landwirtschaftlichen Kulturpflanzen. Stuttgart: Verlag Eugen Ulmer 1983

JOLY, P.: Le Genre *Alternaria*. Paris: Ed. Paul Lechevalier 1964

KLINKOWSKI, M.; MÜHLE, E.; REINMUTH, E.; BOCHOW, H.: Phytopathologie und Pflanzenschutz. Bd. II. Berlin: Akademie-Verlag 2. Aufl. 1974

LAMARQUE, G.: Maladies et Accidents culturaux du Tournesol. Inst. Nat. de la Rech. Agronomique (INRA) 75007 Paris: 1985

MELICHAR, J.; RATAJ, K.: Atlas chorob a škudcu kulturnich rostlin. Dil IX. Vydala Československá Akademie Zemědělských věd ve Statnim Zemědělskěm Nakladatelstvi. Praha: 1958

NEERGAARD, P.: Danish species of *Alternaria* and *Stemphylium*. London: Oxford Univ. Press 1945

PERESIKIN, V. F.: Atlas chorob pol'ovich kul'tur. Kiew: 1978

PIDOPLITSCHKO, N. M.: Gribi parasiti kulturnich rastenij, opredelitelj w trech tomach. (Parasitische Pilze der Kulturpflanzen, Bestimmungsbuch in drei Bänden). Kiew: Naukowa Dumka 1977

REITTER, R. E.: Fauna Germanica. Bd. I–V. Stuttgart: K. G. Lutz-Verlag 1912

SCHLUMBERGER, O.: Hilfsbuch für die Hagelabschätzung I. und II. 2. Aufl. Berlin, Hamburg: Verlag Paul Parey 1951

SEDLAG, U.: Ur-Insekten. Die Neue Brehm-Bücherei, Leipzig: Akad. Verlagsges. Geest & Portig KG 1953

SPAAR, D.; KLEINHEMPEL, H.; FRITZSCHE, R.: Diagnose von Krankheiten und Beschädigungen an Kulturpflanzen. Band: Gemüse, Berlin: VEB Deutscher Landwirtschaftsverlag 1985 und Berlin, Heidelberg, New York, Tokyo: Springer-Verlag 1986

SPAAR, D.; KLEINHEMPEL, H.; FRITZSCHE, R.: Diagnose von Krankheiten und Beschädigungen an Kulturpflanzen. Band: Getreide, Mais und Futtergräser. Berlin: VEB Deutscher Landwirtschaftsverlag 1987 und Berlin, Heidelberg, New York, Tokyo: Springer-Verlag 1987

SPAAR, D.; KLEINHEMPEL, H.; FRITZSCHE, R.: Diagnose von Krankheiten und Beschädigungen an Kulturpflanzen. Band: Kartoffeln. Berlin: VEB DLV 1987 und Berlin, Heidelberg, New York, Tokyo: Springer-Verlag 1987

Verzeichnis der wissenschaftlichen Namen

242